21世纪高职系列教材
SHIJI GAOZHI XILIE JIAOCAI

钢筋混凝土及砌体结构（上）

主编／马利耕　主审／卢　宏

哈尔滨工程大学出版社

内 容 简 介

本教材分为上、下两册。上册为基本构件部分，主要讲述材料的力学性能、结构设计方法、受弯构件、受压构件、受拉构件、受扭构件的受力性能、承载力计算方法、配筋构造、裂缝和变形验算及预应力混凝土构件的基本知识和计算方法；下册为结构设计部分，主要讲述梁板结构、框架结构、单厂结构、砌体结构的结构布置、构件选型、内力计算、配筋构造、施工图绘制等。

图书在版编目(CIP)数据

钢筋混凝土及砌体结构(上)/马利耕主编.—哈尔滨：哈尔滨工程大学出版社，2007.6

ISBN 978-7-81073-734-0

Ⅰ.钢…　Ⅱ.马…　Ⅲ.①钢筋混凝土结构-高等学校-教材②砌体结构-高等学校-教材　Ⅳ.TU375　TU36

中国版本图书馆 CIP 数据核字(2007)第 073033 号

出版发行　哈尔滨工程大学出版社
社　　址　哈尔滨市南岗区东大直街 124 号
邮政编码　150001
发行电话　0451-82519328
传　　真　0451-82519699
经　　销　新华书店
印　　刷　肇东粮食印刷厂
开　　本　787mm×1 092mm　1/16
印　　张　14
字　　数　300 千字
版　　次　2007 年 6 月第 1 版　2009 年 8 月第 2 版
印　　次　2009 年 8 月第 3 次印刷
定　　价　24.00 元
http://press.hrbeu.edu.cn
E-mail:heupress@hrbeu.edu.cn

前言

本教材是以教育部提出的“以综合素质培养为基础，以能力培养为主线”为指导思想，结合高等职业教育的教学培养目标，按国家新修订的《混凝土结构设计规范》(GB50010—2002)而编写的。全面贯彻素质教育思想，从社会发展对高技术人才的需求出发，在内容的构建上结合专业岗位群对职业能力的需要而确定教材的知识点、技能点和素质要求点，并注重新知识、新工艺、新方法的应用，注重对学生的创新精神和实践技能的培养，新教材在理论体系、组织结构和阐述方法等方面作了一些新的尝试，以适应高等职业技术院校的教学需要。

本教材共十三章，分为上下两册。上册内容包括绪论、钢筋混凝土材料的力学性能、结构设计方法、钢筋混凝土受弯构件正截面承载力计算、钢筋混凝土受弯构件斜截面承载力计算、钢筋混凝土受扭构件正截面承载力计算、钢筋混凝土受压构件正截面及斜截面承载力计算、钢筋混凝土受拉构件正截面承载力计算、钢筋混凝土构件裂缝和变形验算、预应力混凝土轴心受拉构件的承载力计算。下册内容包括钢筋混凝土梁板结构、多层框架结构、砌体结构、单层厂房结构。本教材针对高职高专系列学生，内容以够用为度，掌握原理、方法和提高技能为原则，力求内容充实精练，讲解深入浅出，概念完整准确，文字通俗易懂，突出实践教学。为了学以致用，本教材结合工程实际编写例题；为了便于学生更好地消化理解所学知识，每章后都有基本训练题(包括填空题、选择题、判断题、简答题、技能题)并附有答案。

本教材适用于建筑工程技术与管理专业及土建类非建筑工程专业教学使用，也可作为土建工程技术人员的参考书。

本教材由马利耕主编。由于水平有限，书中难免有不当之处，欢迎批评指正。

编　者

2007年5月

目 录

绪　　论

第一节　混凝土结构的概念和特点

混凝土结构包括素混凝土结构、钢筋混凝土结构、预应力混凝土结构、型钢混凝土结构和钢纤维混凝土结构等。素混凝土结构是指不配置任何钢筋的混凝土结构，常用于承受压力的结构中，如路面、挡土墙等。钢筋混凝土结构是指用圆钢筋作为配筋的普通混凝土结构，是混凝土结构中最具代表性的一种结构，是土木工程中应用最广的一种结构形式，适用于各种受拉、受压和受弯的结构，如桁架、梁、板、柱、拱等。预应力混凝土结构是在结构或构件中配置了预应力钢筋的结构，目前广泛应用于大跨度建筑和防渗结构中，如大跨屋架、桥梁等。型钢混凝土结构是指用型钢或钢板焊成的型钢作为配筋的混凝土结构，可用于梁柱构件中。钢纤维混凝土结构是将短的、不连续的钢纤维均匀乱向地掺入普通混凝土中而制成的一种“特殊”混凝土，钢纤维混凝土结构有无筋钢纤维混凝土结构和钢筋钢纤维混凝土结构，用于预制桩的桩尖和桩顶部分及抗震框架节点等。

混凝土材料的抗拉强度很低，仅为其抗压强度的1/18 ~ 1/9，当结构构件中出现拉应力时，混凝土极易开裂破坏。如图0－1(a)所示，素混凝土简支梁跨度为4 m，截面尺寸为$b \times h = 200\ \mathrm{mm} \times 300\ \mathrm{mm}$，混凝土强度等级为C20，梁跨中作用一集中荷载，当荷载达到8 kN左右时，截面受拉区的拉应力达到混凝土抗拉强度极限值，试件突然发生断裂破坏，此时，受压区混凝土尚未达到抗压强度，破坏没有明显的预兆。考虑钢筋的抗拉强度很高，在该梁的受拉区放置3 Φ 16的HPB235级纵向钢筋，在受压区放置2 Φ 10的HPB235级架立钢筋和适量的箍筋，如图0－1(b)所示，当荷载不大时，混凝土开裂，但试件没有发生断裂破坏，拉力全部转由钢筋承担，当荷载达到36 kN左右时，钢筋屈服，受压区混凝土被压坏，试件破坏，破坏有明显的预兆。

试验表明：在混凝土构件的受拉区配置适量的钢筋能大大提高构件的承载力，并且大大改善了结构的受力性能。

钢筋混凝土由钢筋和混凝土两种不同的材料组成，两种材料物理、力学性能不同，它们之间能有效的共同工作，其主要原因如下：

(1)混凝土硬化后与钢筋之间具有良好的黏结力，使两者之间能传递力和变形，这是两种不同性质的材料能够共同工作的基础；

(2)钢筋和混凝土具有相近的温度线膨胀系数，钢筋为1.2×10^{-5}/℃，混凝土为$(1.0 \sim 1.5) \times 10^{-5}$/℃，这使两者间的黏结力不致因温度变化而破坏；

(3)混凝土包裹钢筋使钢筋免受大气侵蚀，保证了构件的耐久性。

钢筋混凝土结构在土木工程中应用之所以广泛，是因为它与其他结构形式比有很多优点，主要优点如下：

(1)强度高。和砌体结构、木结构相比，其强度高。在一定条件下可用来代替钢结构，达到节约钢材、降低造价的目的；

(2)耐久性好。钢筋埋放在混凝土中，受混凝土保护不易发生锈蚀，而且混凝土的强度

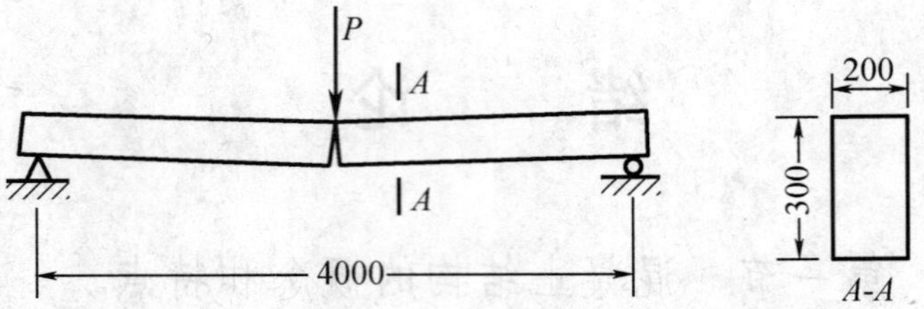

(a)

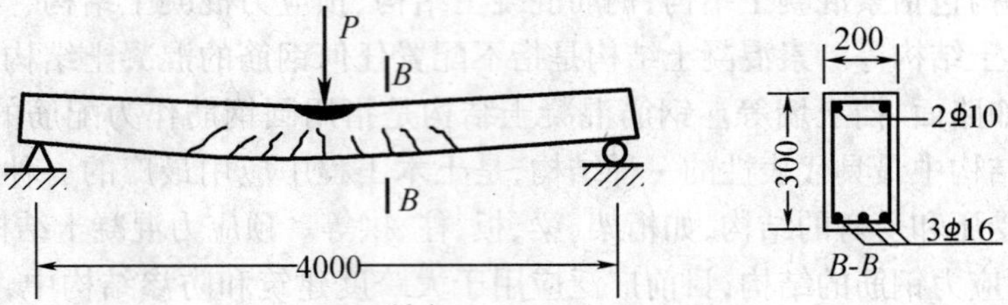

(b)

图0-1 素混凝土梁与钢筋混凝土梁的破坏情况对比

随着时间的增长还会有所增长,因而提高了结构的耐久性;

(3)耐火性好。当发生火灾时,钢筋有混凝土保护层包裹,不会像钢结构那样很快达到软化温度而破坏;

(4)可模性好。可根据需要浇筑成各种形状和尺寸的结构;

(5)整体性好。整体浇筑的钢筋混凝土结构整体性好,对抵抗地震、风载和爆炸等冲击作用有利;

(6)易于就地取材。在混凝土结构中用量最多的是砂、石等材料,这些材料可以就地取材。

事物总是一分为二的,钢筋混凝土结构同样也存在一些缺点,主要缺点如下:

(1)自重大。不利于大跨度结构及高层结构;

(2)抗裂性差。由于混凝土的抗拉强度很低,荷载作用下极易开裂,过早开裂虽不影响承载力,但对要求防渗漏的结构在使用上受到一定限制;

(3)现浇结构需大量模板和支撑,施工复杂,工期长,并受施工环境和气候条件限制;

(4)补强维修困难,隔热、隔音性能较差。

钢筋混凝土结构的这些缺点使它的应用范围受到一些限制,随着科学技术的发展,上述缺点已在一定程度上得到了克服和改善。如采用轻质混凝土可以减轻结构自重;采用预应力混凝土可以提高结构或构件的抗裂性能;采用装配式结构可以节约模板和支撑,提高施工速度;采用植筋或粘钢等技术可以对发生局部损坏的混凝土结构或构件进行修复等。

第二节 混凝土结构的组成及分类

混凝土结构是由一系列受力形式不同的构件组成的,这些结构构件受力不同,可将其按受力特点进行分类如下:

受弯构件 如各种单独的梁、板及由梁板组成整体的楼盖、屋盖等。

受压构件　如柱、剪力墙和屋架的压杆等。

受拉构件　如屋架的拉杆、水池的池壁等。

受扭构件　如带有悬挑雨篷的梁、框架的边梁等。

混凝土结构是由混凝土梁、板、柱、墙、基础等结构构件组成的整体空间体系。楼板是指承受荷载并将荷载传到梁或直接传到墙、柱等竖向支承的构件,其形式有单向板、双向板等。梁是指承受板传来的荷载并将之传到墙、柱上的构件,其形式有普通梁、墙梁、过梁等。柱是指支承楼面体系,承受板和梁传来荷载的构件,其形式有轴心受压柱、偏心受压柱。墙与柱相似,其形式有承重墙、非承重墙等。基础是指承受上部结构传来的荷载并将荷载传到地基上的构件,其形式有独立基础、桩基础、条形基础、筏片基础、箱型基础等。

混凝土结构按结构受力状态和结构外形可分为杆件系统和非杆件系统;按结构制造方法可分为整体式、装配式和装配整体式;按结构初始应力状态可分为普通钢混结构和预应力钢混结构;按其构成可分为实体结构和组合结构;按受力方式可分为平面结构和空间结构;按结构体系可分为框架结构、框剪结构、剪力墙结构、筒体结构、空间薄壳结构等;按建筑物层数可分为单层结构、多层结构、高层结构。

第三节　混凝土结构的发展概况

混凝土结构是在19世纪中期开始得到应用的,距今已有150年左右的历史,前100年发展缓慢,后50年,特别是最近二三十年发展非常迅速,现已成为世界各国应用最广泛的结构形式,混凝土已成为现代最主要的工程材料之一,并在未来很长时间内仍将是一种重要的工程材料。进入20世纪,混凝土结构在计算理论、材料和工程应用等方面得到了很大的发展。

在计算理论方面,20世纪初期,由于人们对混凝土结构材料的性能认识不够,多数国家采用以弹性理论为基础的容许应力设计方法。实践证明,这种设计方法与结构的实际情况出入很大,现已不再采用。到20世纪40年代出现了按破损阶段的设计方法,这种方法考虑了混凝土和钢筋的塑性,与材料的实际情况接近,但仍需根据经验确定总安全系数。在20世纪50年代提出了极限状态设计方法,采用的计算系数是根据荷载及材料强度的变异性由统计规律确定的,并考虑了影响结构构件承载力的非统计因素,这种设计方法又称为半经验、半概率极限状态设计方法,这种方法概念比较明确,设计方法合理,到了20世纪70年代已为多数国家所接受。随着结构设计理论的进一步发展,结构及其构件的安全系数或分项系数更趋合理,结构可靠度理论得到完善,提出了以失效概率度量结构安全性的以概率理论为基础的极限状态设计方法。这种方法对各种荷载、材料强度的变异规律进行了大量的调查、统计、分析,合理地确定了各分项系数,而且用失效概率和可靠度指标能够比较明确地说明结构“可靠”或“不可靠”的概念,目前已被多数国家采用。

在材料方面,目前国内常用的混凝土强度等级为20~40 N/mm^2,国外常用的强度等级为60 N/mm^2;在实验室内,我国已制成强度等级为100 N/mm^2 以上的混凝土,美国已制成强度等级为200 N/mm^2 以上的混凝土。在工程应用中将达到80 N/mm^2,今后常用的混凝土强度可达100 N/mm^2,在特殊结构中可配制出更高强度的混凝土。

混凝土材料主要的发展方向是高强、轻质、耐久、抗裂和易于成型。目前国内在大力发展轻质混凝土,以减轻结构自重;在混凝土中掺入高分子化合物,以提高混凝土的抗裂性和耐久性,同时提高强度。

钢筋材料的发展方向是高强、防腐、有较好的延性和较好的黏结锚固性能。螺旋肋钢筋强度高、延性好,与混凝土的黏结性好;在钢筋表面涂环氧树脂可提高钢筋防腐性能。

在工程应用方面,尽管混凝土结构比其他结构出现的晚,但其发展和应用速度却非常快,并已成为当今世界许多国家的主导结构,广泛应用于房屋建筑、桥梁、水利等工程中。目前世界上最高的钢筋混凝土建筑是上海浦东环球金融中心大厦,95层460 m高;世界上最大跨度的预应力混凝土简支桥梁为奥地利的阿尔姆桥,跨度为76 m;世界上最大跨度的预应力混凝土连续梁桥为巴西瓜纳巴拉桥,跨度为300 m;世界上最高的钢筋混凝土重力坝是瑞士的大狄克桑斯坝,高285 m。

第四节　本课程内容及特点

本课程从学习钢筋混凝土材料的力学性能和以概率理论为基础的极限状态设计方法开始,然后对各种钢筋混凝土构件的受力性能、设计方法及配筋构造进行讨论,如受弯构件的正截面和斜截面承载力计算、受扭构件正截面承载力计算、受压构件正截面和斜截面承载力计算、受拉构件正截面和斜截面承载力计算、各种构件裂缝宽度验算、受弯构件变形验算、预应力混凝土构件计算。最后学习钢筋混凝土楼盖结构设计方法、多层框架结构设计方法、单层厂房结构设计方法及砌体结构设计方法。

钢筋混凝土是由钢筋和混凝土这两种力学性能不同的材料组成的一种复合材料,钢筋和混凝土材料均为非匀质、非连续、非弹性材料,因此不能完全应用材料力学的公式。混凝土具有复杂性、离散性,目前尚没有完整的强度理论,而只是依赖于对试验资料进行统计分析,从中得出半理论、半经验公式,因此需注意适用范围和限制条件。本书主要讨论基本构件的受力性能、计算方法、配筋构造及结构方案、构件选型、材料选择及配筋构造措施等。

结构设计是一个综合问题,要求技术先进、安全适用、经济合理。本课程实践性强,教学上采用课堂讲授、课程设计、毕业实习、毕业设计相结合的方法。学习本课程时应学会运用现行《混凝土结构设计规范》,规范是设计、审核、审批的依据,必须遵守;同时由于科技水平的不断发展,设计规范也必然需要不断修订和补充,因此要用发展的观点来看待规范,要善于观察和分析,不断进行探索和创新。

习　题

一、填空题

0-1　要使配筋后的混凝土发挥作用,就要求钢筋与混凝土两者共同受力,_______一致,同时,钢筋的数量和位置等必须正确。

0-2　在混凝土中配置钢筋的主要作用是提高结构和构件的_______和_______。

0-3　结构或构件的破坏类型有_______和_______。

二、选择题

0-1　钢筋混凝土的主要缺点是(　　)。

A.承载力低　　　B.自重大　　　C.施工复杂　　　D.施工周期长

0－2　与素混凝土梁相比,钢筋混凝土梁的承载力(　　)。

A.提高很多　　　B.略有提高　　　C.相同　　　D.略有下降

三、问答题

0－1　钢筋混凝土结构的主要优缺点有哪些?

0－2　钢筋混凝土共同工作的基础是什么?

参考答案

一、填空题

0－1　变形

0－2　承载力　变形能力

0－3　延性破坏　脆性破坏

二、选择题

0－1　B　　0－2　A

三、问答题

0－1　优点:耐久性好,耐火性好,整体性好,可模性好,合理用材。
缺点:自重大,施工复杂,费模板,工期长。

0－2　钢筋混凝土之间有可靠的黏接力,钢筋和混凝土有相近的线膨胀系数。

第一章 钢筋混凝土材料的力学性能

第一节 钢筋的力学性能

一、钢筋的种类和级别

钢筋可分为两大类。一类是应力－应变图中有明显流幅的的钢筋,这类钢筋称为软钢,如热轧钢筋、冷拉钢筋;另一类是应力－应变图中没有明显流幅的的钢筋,这类钢筋称为硬钢,如热处理钢筋、钢丝、钢绞线。

钢筋按所含元素不同分为普通碳素钢和普通低合金钢;按生产加工工艺和力学性能不同分为热轧钢筋、冷加工钢筋、热处理钢筋、预应力钢丝和预应力钢绞线。热轧钢筋是由低碳钢、普通低合金钢在高温状态下轧制而成,按其外形特征可分为光面钢和变形钢;冷加工钢筋是对热轧钢筋进行冷加工而成,包括冷拉钢筋、冷拔钢筋、冷轧钢筋;热处理钢筋是将特定的热轧钢筋再通过加热淬火和回火等工艺处理的钢筋;预应力钢丝指消除应力的圆形钢丝、刻痕钢丝和螺旋肋钢丝;预应力钢绞线用冷拔钢丝制造而成。

热轧钢筋按其强度由低到高分为HPB235、HRB335、HRB400和RRB400四级,其中HPB235为低碳钢,是光面圆钢筋,强度较低,质量稳定,塑性、可焊性好,多用于小型钢筋混凝土构件中的受力筋及箍筋、构造筋;HRB335、HRB400和RRB400为低合金钢,是带肋钢筋,一般表面均为月牙纹形,依次强度逐渐提高,塑性、可焊性逐渐降低,多用于大型钢筋混凝土结构的受力钢筋及预应力构件中的非预应力钢筋,如图1－1所示。

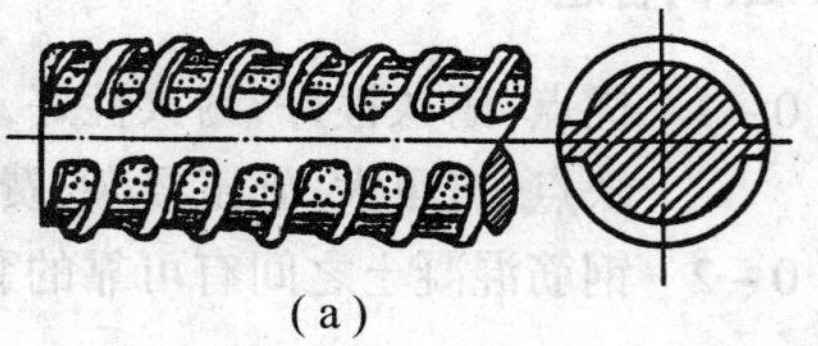

(a)

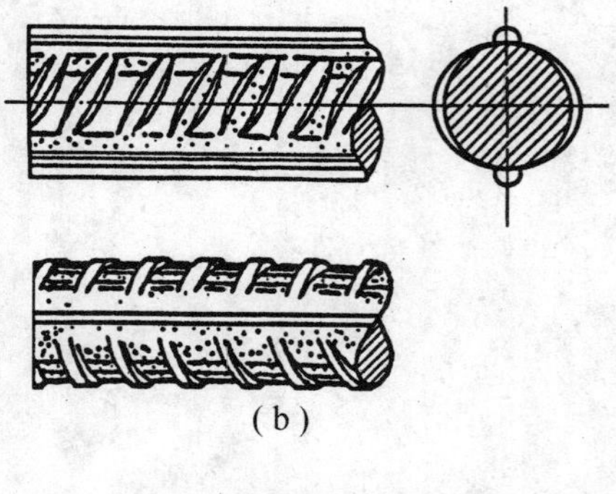

(b)

图1－1 变形钢筋的外形

(a)螺纹钢筋;(b)月牙纹形钢筋

二、钢筋的强度和变形

钢筋的强度、变形都可以用拉伸试验所得的应力－应变曲线来说明。

(一)钢筋的强度

1.软钢

将钢筋在拉伸机上拉伸,得应力－应变曲线,如图1－2所示,在应力达到 a 点之前,应力应变成正比,此时钢筋具有理想的弹性性质,若此时卸去荷载,则应变恢复为零,a 点对应的应力称为比例极限。应力超过比例极限后,应变较应力增长快,应力－应变曲线开始弯曲,在应力达到 b 点时,钢筋的应力－应变性质发生明显变化,超过 b 点后,钢筋应力将下降到 c 点,钢筋开始流塑,即应力基本不变,应变急剧增加,应力－应变曲线出现一个波动的小平台,这种现象称为屈服,b、c 两点被称作上、下屈服点,与下屈服点对应的应力称为屈服强度。这种塑性应变一直延续到 d 点,cd 段为

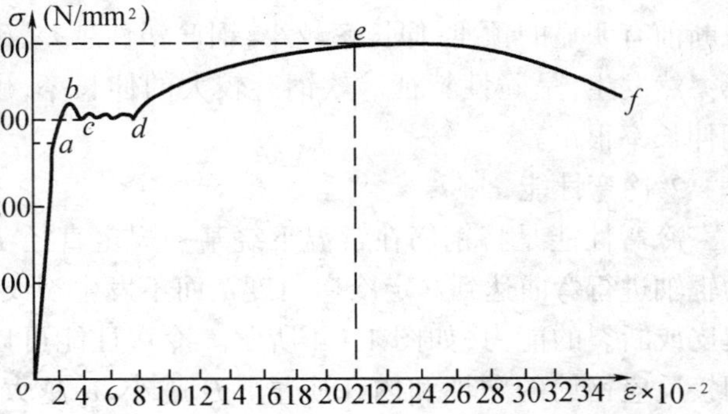

图 1-2 有明显流幅的钢筋应力-应变曲线

屈服平台，*cd* 间的应变称为钢筋的“流幅”。超过 *d* 点后，应力又继续增长，但这时曲线的斜率变得远比弹性阶段小，而且随着应力的增长越来越小，直到 *e* 点处钢筋达到极限抗拉强度，*de* 段称为“强化段”。超过 *e* 点后试件在最薄弱处应变急剧增长，截面迅速变小，出现颈缩现象，应力随之下降，直至 *f* 点断裂破坏，*ef* 段为下降段。

对软钢，当结构构件中某一截面钢筋应力达到屈服强度后，它将在荷载基本不增加的情况下产生持续的塑性变形，构件可能在钢筋尚未进入强化阶段前就已经破坏或产生过大的变形与裂缝。因此，钢筋的屈服强度是最重要的力学指标，而钢筋的屈强比即屈服强度与极限抗拉强度的比值则表示钢筋可靠性的潜力。构件设计时，取屈服强度为设计强度的取值依据，而钢筋的极限抗拉强度是检验钢筋质量的另一强度指标。

2. 硬钢

硬钢的应力-应变曲线如图 1-3 所示，当应力未超过图中 *a* 点的比例极限（约相当于极限抗拉强度的 65%）时，钢筋具有理想弹性性质。超过 *a* 点后，钢筋将表现出明显的塑性性质，应力应变持续增长，直到曲线最高点，此前曲线没有明显的屈服点，曲线最高点对应的应力称取极限抗拉强度。曲线达到最高点后，钢筋出现颈缩现象，曲线下降，直到钢筋被拉坏。

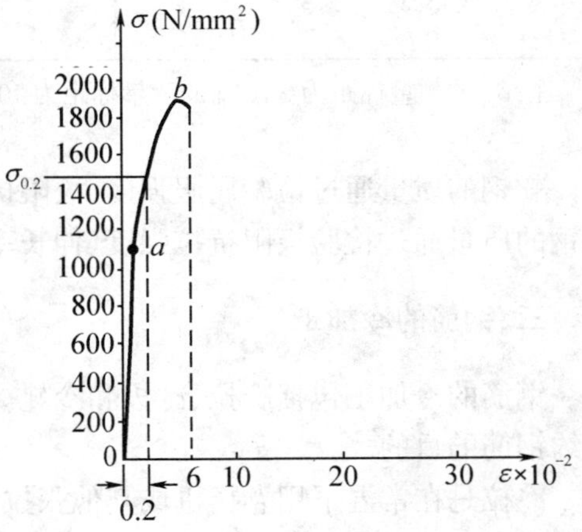

图 1-3 无明显流幅的钢筋应力-应变曲线

硬钢没有明显屈服点，但可在塑性变形开始明显增长处找到一个相当的假想屈服点，该点的应力一般取残余应变为 0.2% 时所对应的应力 $\sigma_{0.2}$，称为条件屈服强度。《规范》规定，条件屈服强度 $\sigma_{0.2}$ 取极限抗拉强度 σ_b 的 0.85 倍，即 $\sigma_{0.2}=0.85\sigma_b$。构件设计时取条件屈服强度为硬钢设计强度的取值依据。

（二）钢筋的变形

钢筋的变形用钢筋的塑性表示，而钢筋的塑性通常用伸长率和冷弯性能指标来衡量。

1. 伸长率

钢筋拉断后的伸长值与原长的比率称为伸长率。

$$\delta=(l-l_0)/\ l_0\times100\% \tag{1-1}$$

式中 δ——伸长率；

l——试件拉断后的标距长度；

l_0——试件受力前的标距长度，标准短试件为 $5d$，标准长试件为 $10d$。

伸长率越大,钢筋塑性越好,变形能力越强,钢筋拉断前有明显的预兆;伸长率越小,钢筋塑性越差,破坏突然发生,呈脆性特征。软钢有较大的伸长率,硬钢伸长率很小。

2.冷弯性能

冷弯性能是将钢筋在常温下绕某一规定直径 D 的辊轴进行弯曲达到一定冷弯角度 α 而不发生裂纹、起皮或断裂的能力,如图 1－4 所示。冷弯性能可以间接反应钢筋的塑性和内在质量。D 越小,α 越大,塑性越好,变形能力越强。几种钢筋的伸长率及冷弯试验要求见表 1－1。

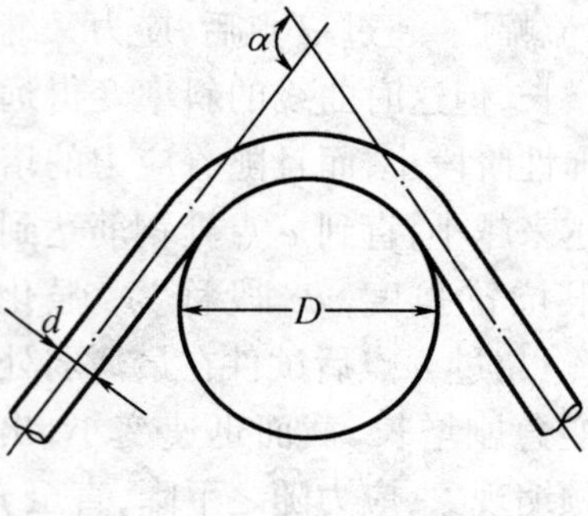

图 1－4　钢筋冷弯

表 1－1　钢筋的伸长率及冷弯试验要求

钢 筋 种 类		HPB235 级	HRB335 级	HRB400 级
伸长率/%	δ_5	25	16	14
	δ_{10}	21	–	–
冷弯要求	α	180°	180°	90°
	D	$1d$	$3d$	$3d$

注:δ_5 的测量标距为 $5d$,δ_{10} 的测量标距为 $10d$。

软钢的质量通过检验屈服强度、极限抗拉强度、伸长率和冷弯性能四项指标来保证,而硬钢的质量通过检验极限抗拉强度、伸长率和冷弯性能三项指标来保证。

三、钢筋的冷加工

钢筋的冷加工包括冷拉、冷拔和冷轧。对钢筋进行冷加工是为了提高钢筋的强度,达到节约钢筋的目的。

冷拉是在常温下用卷扬机或其他张拉设备将热轧钢筋进行张拉,使其应力超过原来的屈服强度进入强化阶段,然后卸荷,使钢筋应力恢复为零,则完成冷拉。对冷拉的钢筋立即再张拉,则第二次张拉时获得比原来更高的屈服强度,这种现象称为冷拉强化。若经过冷拉的钢筋放置一段时间后再进行张拉,其屈服强度又有所提高,这种现象称为时效硬化,如图 1－5 所示。需焊接的钢筋应先焊好再冷拉,以免焊接时的高温使冷拉强化消失。冷拉只能提高钢筋的抗拉强度,同时降低塑性,因此目前已不提倡使用冷拉钢筋。

冷拔是将光面热轧钢筋多次用强力拔过比它本身直径还小的硬质合金拔丝模。经过几次冷拔,钢筋强度比原来提高很多,钢筋没有明显的屈服点,同时塑性也降低很多,钢筋已由软钢转为硬钢。冷拔的钢筋受到纵向拉力和横向压力的作用,因此同时提高了

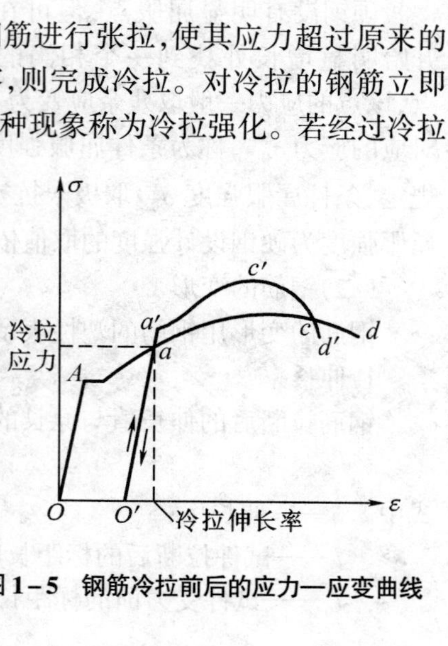

图 1－5　钢筋冷拉前后的应力—应变曲线

钢筋的抗拉强度和抗压强度。

冷轧钢筋是采用普通低碳钢或低合金钢热轧圆盘条为母材,冷轧后在其表面形成具有三面或两面月牙形横肋的钢筋。钢筋经过冷轧后强度大大提高,与混凝土的黏结强度也提高了,但塑性降低了。

四、钢筋的徐变、松弛和疲劳

钢筋在高应力作用下,应变随时间增长的现象称为徐变。钢筋受力后,若保持长度不变,则其应力随时间增长而降低的现象称为松弛。徐变和松弛与钢筋初始应力的大小、钢筋的品种、温度等因素有关。初始应力越大,温度越高,徐变和松弛越大。钢筋受重复周期动荷载作用时,在低于屈服强度的情况下突然发生脆性断裂破坏的现象称为疲劳破坏。疲劳破坏是由于钢筋内部或外表的缺陷引起了应力集中,使缺陷处的细小裂纹进一步扩展引起的。疲劳强度是指在某一规定应力幅度内,经受200万次循环加载后,才发生疲劳破坏的最大应力值。疲劳强度的大小与应力的幅值、钢筋外表面的几何形状、钢筋直径、钢筋强度、试验方法和使用环境等因素有关。

五、混凝土结构对钢筋性能的要求

1.强度要求。不同种类的钢筋,对其屈服强度和极限强度都有相应的要求,采用较高强度的钢筋可以节省钢筋,获得较好的经济效益。

2.变形要求。钢筋在拉断前要有足够的塑性,破坏前能有明显的预兆。各类合格钢筋都应满足伸长率和冷弯性能要求。

3.可焊性要求。在很多情况下,钢筋的接长和钢筋之间的连接需通过焊接,要求在一定的工艺条件下,钢筋焊接后不产生裂纹及过大的变形,保证焊接后的接头性能良好。

4.黏结力。为了保证钢筋与混凝土之间共同工作,两者之间应有足够的黏结力。

六、钢筋的弹性模量

钢筋在屈服前(严格讲是钢筋应力在达到比例极限之前),应力-应变为直线关系,其比值即为弹性模量

$$E_s = \sigma_s / \varepsilon_s \tag{1-2}$$

式中 σ_s——钢筋屈服前的应力;

ε_s——相应的钢筋应变。

各种钢筋的弹性模量根据受拉试验测定,同一种钢筋的受拉和受压弹性模量相同。钢筋弹性模量的具体数值见附表5。

第二节 混凝土的力学性能

一、混凝土的强度

1.混凝土的立方体抗压强度

国际上确定混凝土抗压强度所采用的混凝土试件形状有圆柱体和立方体两种。我国规定以立方体试件测定混凝土的抗压强度,并且根据立方体抗压强度标准值将混凝土划分成

若干个强度等级。混凝土的立方体抗压强度标准值是对边长为150 mm的立方体试块,在温度20±3 ℃及相对湿度不低于90%的环境里养护28天,以0.15~0.25 N/mm² 的速度加载,进行试验,测得的具有95%保证率的抗压强度,用符号 f_{cuk} 表示。《规范》规定的混凝土强度等级有14个级别,即C15,C20,C25,C30,C35,C40,C45,C50,C55,C60,C65,C70,C75,C80。字母C表示混凝土,C后的数字表示混凝土的立方体抗压强度标准值,单位为N/mm²。

混凝土的立方体抗压强度受到多种因素的影响,试件上下表面涂润滑剂时,测得的抗压强度变小;试件的尺寸越小,其抗压强度值越高;温度越高,混凝土的早期强度高;水灰比越大,混凝土的强度越低;潮湿环境下养护,混凝土的强度高;试验时的加载速度越快,混凝土的强度越高。

在实际工程中,混凝土构件的形状、尺寸都与立方体试件大不相同,混凝土的工作条件与立方体试块试验时的工作条件也不相同,因而两者表现出的强度也不相同,因此,立方体抗压强度不能直接用于结构设计,而只是衡量混凝土强度大小的基本指标。

2.混凝土的轴心抗压强度

截面边长相同的混凝土试件,随着高度的增加,其抗压强度将下降。当高宽比在2~4之间时,测出的混凝土抗压强度值比较稳定。用这种棱柱体试件在标准条件下测得的具有95%保证率的混凝土抗压强度称为混凝土的轴心抗压强度。

混凝土轴心抗压强度是最基本的强度指标。经试验分析可知,普通混凝土轴心抗压强度平均值约为立方体抗压强度的0.67倍。

3. 混凝土的轴心抗拉强度

混凝土的抗拉强度很低,一般只有抗压强度的1/18~1/9,在构件的承载力计算中一般不考虑混凝土的抗拉能力,但是混凝土的抗拉强度对钢筋混凝土构件很多方面的工作性能是有重要影响的,因此也是一项必须确定的重要指标。

测定混凝土抗拉强度的方法分为两类。一类为直接测试方法,如图1-6所示,用钢模浇筑成型的100 mm×100 mm×500 mm的棱柱体试件两端预埋钢筋,钢筋位于试件轴线上,将试验机的夹具夹住钢筋,对试件加力,使试件均匀受拉,破坏时,裂缝产生在试件的中部或钢筋埋入端的截面上,试件破坏时的平均拉应力即为混凝土的轴心抗拉强度。这种测试对试件尺寸及钢筋位置要求较严。另一类为间接测试方法,如劈裂试验、弯折试验等,劈裂试验如图1-7所示。对圆柱体或立方体试件施加线荷载,试件破坏时,在破裂面上产生与该面垂直且基本均匀分布的拉应力即为混凝土的轴心抗拉强度。

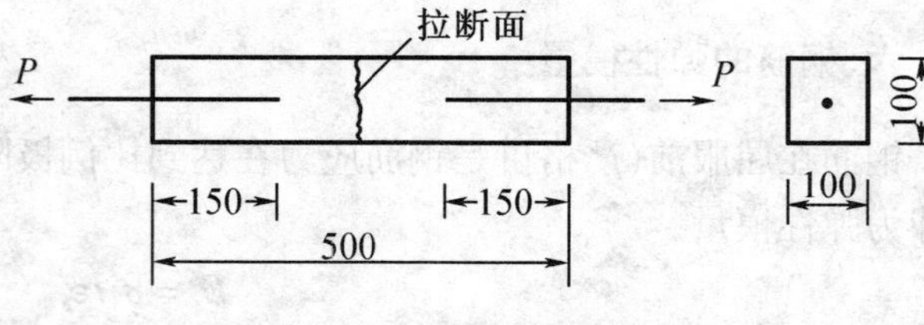

图1-6 混凝土抗拉试验试件

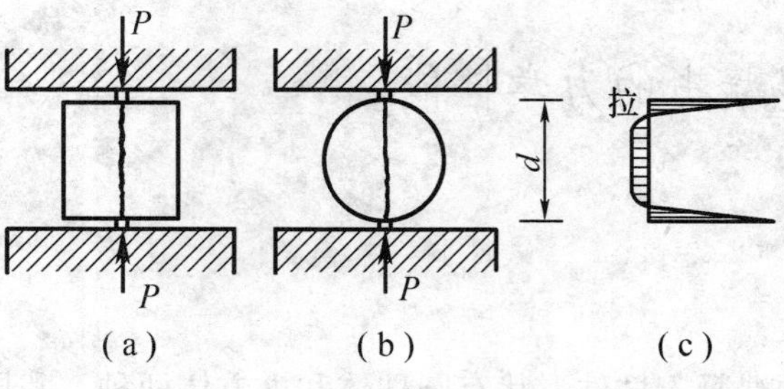

图1-7 劈裂抗拉试验

4.复合应力状态下混凝土的强度

在钢筋混凝土结构中,混凝土一般都处于复合应力状态。由于混凝土材料的特点,对于复合应力状态下的强度至今尚未建立完善的强度理论。试验表明，混凝土双向受拉时，两方向强度相互影响不大，混凝土强度与单向拉应力作用下几乎相同；一方向受拉、另一方向受压时，无论是抗拉强度还是抗压强度都有所下降；双向受压时，两个方向的抗压强度都有所提高，最多可提高27%。混凝土三向受压时，各个方向上的抗压强度都有很大的提高，其原因是侧向约束限制了混凝土受压后的横向变形，包括限制了混凝土内部裂缝的产生和发展，从而提高了混凝土在受压方向上的抗压强度。

在实际工程中，常常采用横向钢筋约束混凝土的办法提高混凝土的抗压强度，如在柱中采用密排螺旋钢筋，这种钢筋能有效地约束混凝土的横向变形，所以混凝土的强度和延性都有较大的提高。当混凝土内部沿某一剪切面受剪时，垂直于剪切面的正应力对混凝土的抗剪能力会有影响。垂直于剪切面的压应力能提高混凝土的抗剪能力，但压应力过大时会削弱混凝土的抗剪能力。垂直于剪切面的拉应力总会削弱混凝土的抗剪能力。在计算混凝土构件的抗剪能力时要考虑这种影响。

二、混凝土的变形

混凝土的变形可以分成两类。一类是由荷载产生的变形，包括一次短期加荷时的变形、重复荷载下的变形及长期荷载下的变形；另一类为混凝土的体积变形，包括混凝土的收缩变形及温度、湿度变化产生的变形。

1.混凝土在一次短期加荷时的变形性能

混凝土在一次短期加荷时的应力－应变关系是混凝土最基本的力学性能之一，它是研究钢筋混凝土构件强度、裂缝、变形、延性所必需的依据，通常用棱柱体试件进行测定。混凝土在一次短期加载下的应力－应变曲线如图1－8所示。

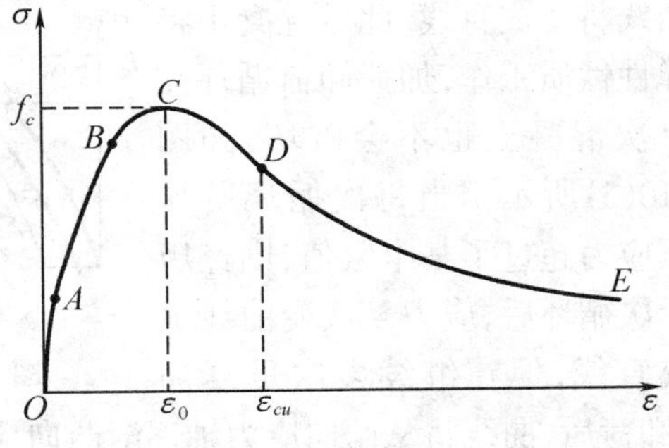

图1－8 混凝土在一次短期加载下的应力－应变曲线

*OA*段：当 $\sigma \leqslant 0.3f_c$ 时，应力－应变图呈直线，混凝土表现出理想的弹性性质，混凝土内部的初始微裂缝没有发展。

*AB*段：当 $\sigma = 0.3f_c \sim 0.8f_c$ 时，应力－应变图呈曲线，应变的增长速度超过应力的增长速度，混凝土表现出明显的非弹性性质，混凝土内部的微裂缝有所发展，但仍处于稳定状态。

*BC*段：当 $\sigma = 0.8f_c \sim 1.0f_c$ 时，应力－应变曲线的斜率急剧减小，应变的增长速度进一步加快，混凝土内部微裂缝进入非稳定发展阶段。

*C*点：当 $\sigma = f_c$ 时，混凝土发挥出它受压时的最大承载能力，此时内部微裂缝已延伸扩展成若干通缝，试件开始破坏。

*C*点以后：试件的承载力随应变增长逐渐减小，应力开始下降，试件表面出现一些不连续的纵向裂缝，以后应力下降加快，应力－应变曲线的坡度变陡。

从混凝土的应力－应变曲线可以看出，混凝土是一种弹塑性材料，只有当压应力很小时，才可视为弹性材料。曲线分为上升段和下降段，说明混凝土在破坏过程中，承载力有一个从增加到减少的过程，当混凝土的压应力达到最大值时，并不意味着立即破坏。因此，混凝土最大应变对应的不是最大应力，最大应力对应的也不是最大应变。

对于不同强度等级的混凝土,其相应的应力-应变曲线有着相似的形状,但也有区别。随着混凝土强度的提高,曲线上升段和峰值应变的变化不很显著,而下降段形状有较大的差异。强度越高,下降段越陡,如图1-9所示。

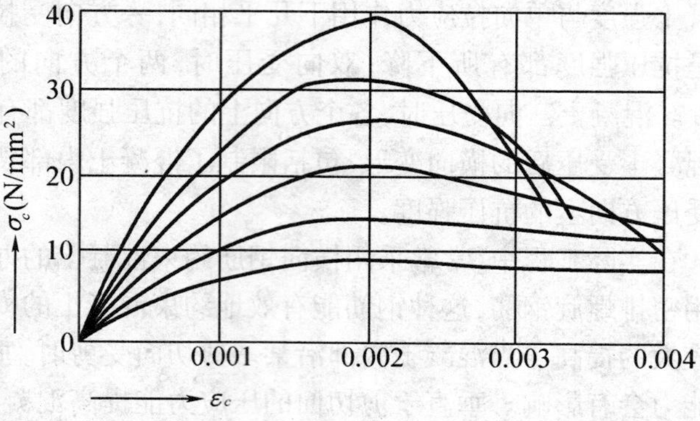

图1-9　混凝土应力—应变曲线与强度等级的关系曲线

影响混凝土应力-应变曲线的因素很多,除了混凝土强度外,组成材料的性质及配合比、试验方法、加荷速度及横向钢筋的约束作用也是重要的影响因素。

2.混凝土在重复荷载作用下的变形

将混凝土棱柱体试块加荷使其压应力达到某个数值,然后卸荷至零,并将这种过程多次重复,称为多次重复加荷。

混凝土在经历一次加荷、卸荷循环后就有一部分塑性变形不能恢复,在多次加荷、卸荷循环过程中,这些塑性变形将逐渐积累,但每次循环产生的塑性变形将随循环次数的增加而减少。当每次循环所加的压应力较小时,经过若干次加荷、卸荷循环后,累计塑性将不再增长,混凝土的加荷、卸荷应力-应变曲线将变成直线,此后混凝土将按弹性性质工作,加荷卸荷循环几百万次混凝土也不会破坏,如图1-10(a)所示。当每次循环所加的压应力超过了某个限值,则经历若干次循环后,应力-应变曲线也变成直线,但在继续多次重复加荷、卸荷后,曲线将从凸向应力轴逐渐凸向应变轴,混凝土趋近疲劳破坏,如图1-10(b)所示。通常把能使试件在循环200万次时才发生破坏的压应力称为混凝土的疲劳抗压强度,用符号f_c^f表示。

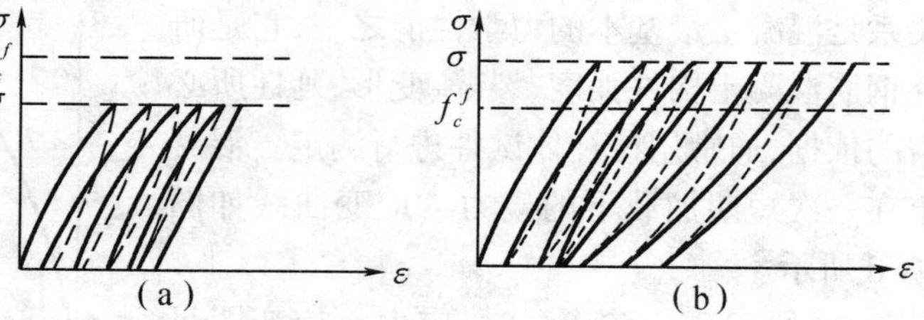

图1-10　混凝土在重复荷载下的应力-应变曲线

混凝土在重复荷载作用下的这种破坏称为疲劳破坏。混凝土的疲劳抗压强度低于其轴心抗压强度,并与混凝土的强度等级、荷载的重复次数、重复作用应力的变化幅度等有关,其值大约在$0.5f_c$左右。

3.混凝土在荷载长期作用下的变形

混凝土棱柱体试件受压后,除产生瞬时应变外,在外力不变的条件下其应变还将随时间的增长而增长,这种随时间的增长而增长的应变称为混凝土的徐变。

混凝土试件在某一不变荷载的长期作用下的应变随时间变化的关系曲线如图1-11所示。加荷瞬间产生的应变为瞬时应变ε_{ce},随着时间增长而产生的应变为徐变ε_{cr}。徐变开始时发展很快,6个月可完成最终徐变量的70%~80%,一年可完成90%左右,以后增长逐渐减慢,2~5年基本结束,两年产生的徐变约为瞬时应变ε_{ce}的2~4倍。若卸去全部荷载,则应变会瞬时恢复一部分,称为瞬时恢复应变ε'_{ce},经历一段时间后(约为20天),又有一部分

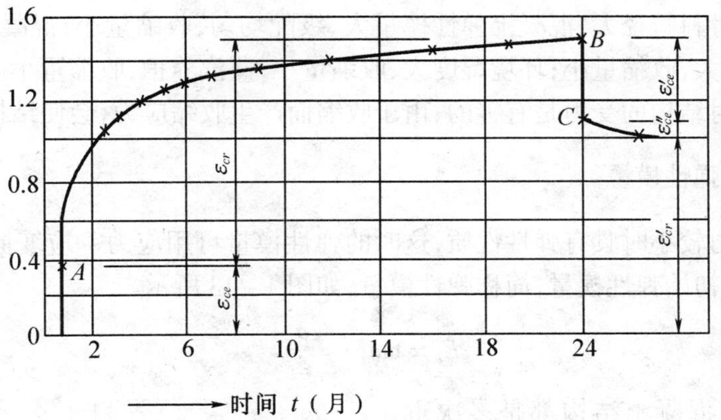

图 1－11　混凝土徐变与时间的关系

应变逐渐恢复，称为弹性后效 ε''_{ce}，最后留下相当一部分不能恢复的应变，称为残余应变 ε_{cr}。混凝土徐变 ε_{cr} 与瞬时应变 ε_{ce} 的比值称为徐变系数 φ_{cr}，$\varphi_{cr}=\varepsilon_{cr}/\varepsilon_{ce}$，其最终徐变系数值 $\varphi_{cr}=2\sim4$。

产生徐变的原因主要有两个，一是由于尚未转化为结晶体的水泥凝胶体黏性流动，二是由于混凝土内部的微裂缝在荷载长期作用下进一步扩展。

影响混凝土徐变的因素主要有混凝土的组成成分和配合比。骨料弹性模量越大，骨料体积在混凝土中所占比重越高，徐变越小；水泥用量大，凝胶体在混凝土中所占比重也大，徐变量越大，水灰比高，徐变越大；另外，养护温度高，湿度大，则水泥水化作用充分，徐变减小；构件体表比越小，徐变越大；龄期越长，徐变越小。

混凝土的徐变对构件的受力性能有重要影响，一方面对钢筋混土构件受力是有利的，荷载长期作用使构件变形增加，在截面中引起应力重分布，使钢筋应力增加，混凝土应力减少；另一方面对构件受力是不利的，徐变使预应力混凝土构件发生预应力损失。

4.混凝土的收缩变形

混凝土在空气中结硬时体积减小的现象称为收缩。混凝土在水中结硬时体积略有膨胀。混凝土的收缩随时间而增长，一般二周可完成全部收缩的 25%，一个月完成 50%，三个月以后增长缓慢，两年趋于稳定，最终收缩值约为 $(2-5)\times10^{-4}$，如图 1－12 所示。

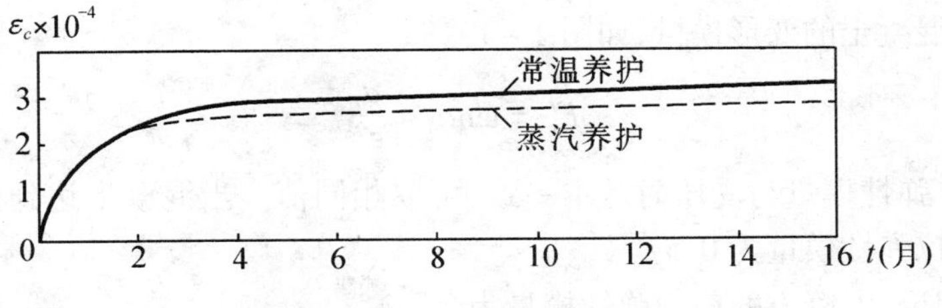

图 1－12　混凝土的收缩

引起混凝土收缩的原因主要有两个，一是由于水泥水化作用形成的水泥结晶体体积较原来材料小，即凝缩（初期大），二是由于混凝土内自由水分蒸发，即干缩。

影响混凝土收缩的因素主要有混凝土的组成成分和配合比。水泥强度高、用量大、水灰比大,收缩量大;骨料粒径大、混凝土弹性模量大、级配均匀,收缩量小;混凝土密实,收缩量小;构件的体表比大,收缩量小;环境湿度大,收缩量小;蒸汽养护,收缩量小。

混凝土收缩对结构的受力是有害的,由于收缩而产生收缩应力,会使结构产生裂缝。

三、混凝土的弹性模量

混凝土当应力较小时具有弹性性质,这时的弹性模量可用应力-应变曲线的原点切线的正切表示,称为初始弹性模量,简称弹性模量,如图1-13所示。

$$E_c = \tan\alpha_0 = \frac{\sigma_c}{\varepsilon_c} \tag{1-3}$$

实际工程中,混凝土结构都是多次重复受荷的,因此混凝土的弹性模量应由混凝土多次重复加荷的应力-应变曲线的斜率来确定。一般情况下,只要重复加载的最大应力不超过$0.5f_c$,随加载次数的增加,残余应变逐渐减小,应力-应变曲线近于直线并与第一次加载时的原点切线大致平行。

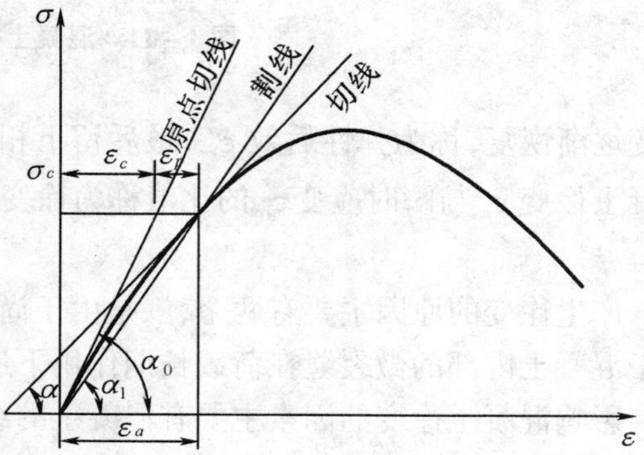

图1-13 混凝土弹性模量及变形模量

该直线斜率即为弹性模量,按此法做不同强度混凝土弹性模量测试,由试验数据统计分析,得混凝土弹性模量与立方体强度的关系为

$$E_c = 10^5/(2.2 + 34.7/f_{cu}) \tag{1-4}$$

上式适用于大多数情况下的结构内力分析和结构设计。

严格地讲,当混凝土进入塑性阶段后,初始弹性模量已不能反映这时的应力-应变性质,而应用切线模量和变形模量来反映。

切线模量是指在混凝土的应力-应变曲线上某点做一切线,该点对应的应力为σ_c,该切线的斜率为相应于应力σ_c的切线模量,如图1-13所示。

$$E''_c = \tan\alpha \tag{1-5}$$

变形模量是指在混凝土的应力-应变曲线原点与曲线上某点做割线,割线的斜率为割线模量,也称为混凝土的变形模量,如图1-13。

$$E'_c = \tan\alpha_1 = \frac{\sigma_c}{\varepsilon_a} \tag{1-6}$$

混凝土受拉弹性模量与受压时基本一致,可取相同值。当混凝土达到极限强度即将开裂时,可取其受拉弹性模量为$0.5E_c$。

根据弹性理论,混凝土的剪切弹性模量为

$$G_c = E_c/2(1 + \nu) \tag{1-7}$$

式中ν为泊松比。

泊松比为横向应变与纵向应变的比值。当混凝土压应力较小时,泊松比约为0.15~0.18,可近似取0.2;当混凝土接近破坏时,泊松比可达0.5以上。

混凝土的剪切弹性模量可按我国《混凝土结构设计规范》所给的混凝土弹性模量的 0.4 倍采用，相当于取 $\nu = 0.2$。混凝土弹性模量见附表 8。

第三节　钢筋与混凝土之间的黏结力

一、黏结力的形成

钢筋与混凝土之间的黏结是保证钢筋和混凝土这两种力学性质不同的材料在构件中共同工作的基础之一。在受弯构件中，根据内力沿构件的变化情况，将在钢筋表面引起沿纵向按不同规律分布的黏结应力。黏结应力指钢筋与混凝土接触面上的分布剪应力。它在钢筋与混凝土之间起传递内力的作用，使钢筋应力沿其长度发生变化，因此，在构件内由于黏结力的存在，阻止了钢筋与混凝土之间的相对滑动，使钢筋在混凝土内很好的工作。钢筋单位表面积上所能承担的最大纵向剪应力称为黏结强度。

黏结作用的产生有三方面原因，一是混凝土内水泥颗粒的水化作用形成凝胶体对钢筋表面产生的，称为胶结力；二是混凝土结硬时体积收缩，将钢筋裹紧产生的，称为摩擦力；三是钢筋表面凸凹不平与混凝土之间产生的机械咬合作用形成的，占一半以上，称为挤压力。

二、黏结力的测定

黏结力的测定常采用拔出试验，将钢筋埋入混凝土内，在另一端施力将钢筋拔出，如图 1-14所示。根据拔出试验可知，黏结应力按曲线分布，最大黏结应力在离端头某一距离处，且随拔出力的大小而变化。钢筋埋入长度越长，拔出力越大，但埋入过长则尾部的黏结力很小，甚至为零；混凝土强度越高，黏结力越大；带肋钢筋表面凸凹不平，黏结力大，光面钢筋的黏结力小，在端部做弯钩拔出力大。

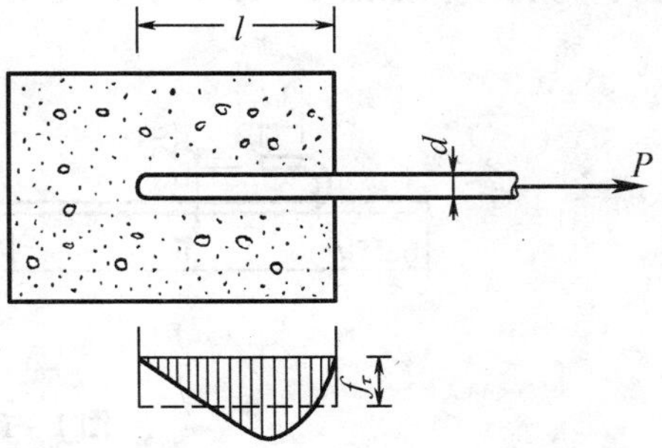

图 1-14　钢筋拔出试验中黏结应力分布图

黏结强度可由下式确定

$$f_\tau = P/\pi dl \tag{1-8}$$

式中　P——拔出力；

d——钢筋直径；

l——钢筋埋入长度。

根据试验资料，光面钢筋的黏结强度为 1.5 ~ 3.5 N/mm²，带肋钢筋的黏结强度为 2.5 ~ 6.0 N/mm²。

三、影响黏结力的因素

1.钢筋的特性

(1)钢筋锚固长度　钢筋锚固长度越长，锚固作用越大，黏结力越大。锚固长度是指钢筋伸入支座的长度或跨中切断钢筋时伸出的长度。钢筋必须满足锚固要求，以保证钢筋与混凝土之间的黏结，使钢筋更好地受力。当计算中充分利用钢筋的强度时，其锚固长度可由

下式确定

$$l_a = \alpha f_y d / f_t \tag{1-9}$$

式中 l_a——受拉钢筋的锚固长度；

f_y——锚固钢筋的抗拉强度设计值；

d——锚固钢筋的直径；

f_t——锚固区混凝土的抗拉强度设计值；

α——锚固钢筋的外形系数，见附表11。

当带肋钢筋锚固区混凝土保护层厚度大于钢筋直径的2倍或钢筋中心间距大于钢筋直径的4倍时，锚固长度可乘修正系数，修正系数见附表12；当实际配筋大于计算配筋时，锚固长度可乘配筋余量修正系数，其数值为计算配筋面积与实际配筋面积的比值；受拉钢筋的最小锚固长度不应小于附表13规定的数值，且在任何情况下不应小于式(1-10)计算的锚固长度的0.7倍及250 mm；在纵向受力钢筋锚固长度范围内应配至少3个箍筋，箍筋直径不宜小于锚固钢筋的直径或锚固并筋等效直径的0.25倍；间距不应大于单根锚固钢筋直径的10倍；当混凝土保护层厚度不小于钢筋的直径或并筋的等效直径时，不受以上限制。

(2)钢筋末端的弯钩　钢筋作弯钩可增加黏结强度。光面钢筋黏结性能差，一般除直径12 mm以下的受压钢筋及焊接网或焊接骨架中的光面钢筋外，其余光面钢筋的末端均应设置弯钩，弯钩形状如图1-15所示。

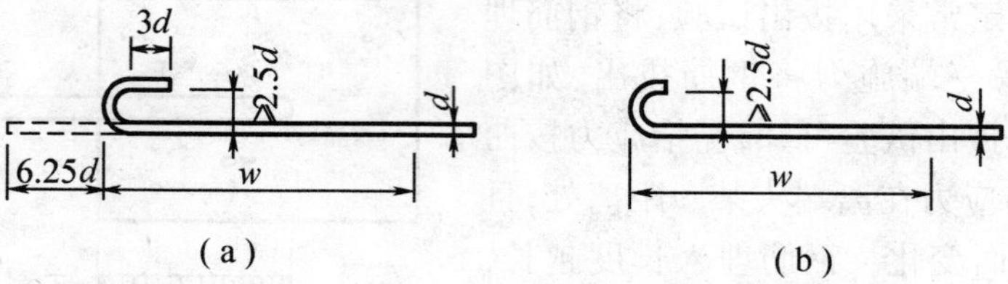

图1-15　光面钢筋弯钩

(a)手工弯标准钩；(b)机器弯标准钩

(3)钢筋的连接　《规范》规定，直接承受中、重级工作制吊车的构件，其纵向受拉钢筋不得采用绑扎搭接接头，也不宜采用焊接接头，如受力筋必须接头时，宜优先采用焊接或机械连接。对轴心受拉及小偏心受拉构件的纵向钢筋，不得采用绑扎搭接接头；当受拉钢筋直径 $d>28$ mm及受压钢筋直径 $d>32$ mm时，不得采用绑扎搭接接头。

受力钢筋的焊接接头应相互错开。当钢筋的焊接接头位于不大于35d且不大于500 mm的长度以内时，应视为位于同一连接范围内的焊接接头，同一连接范围内的焊接接头面积百分率应符合下列要求：非预应力受拉钢筋不应大于50%，预应力受拉钢筋不应大于25%，受压钢筋的接头面积百分率可不限制。

绑扎搭接范围内两根钢筋贴近且同时受力，钢筋与混凝土间的黏结作用被削弱，钢筋间的混凝土易被磨碎，因此同一截面内钢筋搭接接头不宜过多，搭接钢筋的横向间距不宜过密。

受力钢筋的连接宜设置在受力较小处，同一根钢筋宜少设接头。同一构件各根钢筋的搭接接头宜相互错开。不在同一连接范围内的搭接接头中心间距不应小于1.3倍的搭接长度。

位于同一连接范围内的受拉钢筋搭接接头面积百分率不宜超过25%，搭接长度为

$1.2l_a$，在任何情况下，受拉钢筋搭接长度不得小于 300 mm。当接头面积百分率超过 25% 时，搭接接头的长度应按下式计算

$$l_l = \xi l_a \qquad (1-10)$$

式中 l_l——受拉钢筋的搭接长度；

ξ——纵向受拉钢筋搭接长度修正系数，当接头面积小于等于 25%，50%，100% 时，ξ 依次为 1.2，1.4，1.6。

同一连接范围内的受压钢筋搭接接头面积百分率不宜超过 50%，搭接长度为 $0.85l_a$；当接头面积百分率超过 50% 时，搭接接头的长度为 $1.05l_a$。在任何情况下，受压钢筋搭接长度不得小于 200 mm。

(4)钢筋表面形状　钢筋表面形状凸凹不平，黏结力大，钢筋表面光滑，黏结力小。

2.混凝土的特性

(1)混凝土强度越高，黏结力越高。

(2)混凝土的保护层应满足附表 14 的规定，混凝土的保护层不仅保证黏结力传递，同时还保护钢筋不锈蚀、保证构件的耐火性。混凝土的保护层过薄，黏结力降低，在保护层最薄弱位置容易出现纵向劈裂裂缝，使黏结力提早破坏。

(3)混凝土浇筑质量越好，黏结强度越高。对高度较大的梁应分层浇筑和采用二次振捣。

习　题

一、填空题

1－1　对软钢取________强度为设计强度的取值依据，对硬钢取________强度为设计强度的取值依据。

1－2　钢筋按生产和加工工艺不同可分为________、________、________和________。

1－3　钢筋随着含碳量的提高，其强度________，塑性和可焊性________。

1－4　________是指材料或由材料所做成的构件抵抗破坏的能力。

1－5　________是指材料或由材料所做成的构件抵抗变形的能力。

1－6　当钢筋混凝土构件收缩受到内部钢筋约束时，会在钢筋中产生________应力，混凝土中产生________应力。

1－7　冷拉后的钢筋，其________强度可以提高，但不能提高________强度，且________降低；冷拔钢筋既可以提高________强度，还可以提高________强度。

1－8　混凝土在长期不变荷载作用下将产生________变形。

1－9　混凝土在空气中结硬时体积减少的现象叫________。

1－10　水泥含量越高，水灰比越大，收缩越________，骨料的弹性模量越大，浇捣混凝土越密实，收缩越________。

1－11　混凝土在一向受压、另一向受拉的双向应力状态下，其抗压强度和抗拉强度都会________。

1－12　钢筋冷拉时可以采用控制________和________的方法进行冷拉。

1-13　热轧钢筋和冷拉钢筋属于________钢,钢丝和热处理钢筋属于________钢。

1-14　混凝土的强度指标通过试验测出的有________、________、________。

1-15　钢筋冷加工的方法有________、________和________。

1-16　钢筋检验时应考虑________、________、________和________四项主要指标。

1-17　混凝土立方体抗压强度是指采用边长为________的立方体试块,在温度为________,相对湿度在不低于________的环境下养护________天,按________试验方法加压到破坏,所测得的具有________保证率的抗压强度极限值。

1-18　钢筋与混凝土间的黏结力主要由________、________、________三部分组成。

1-19　变形钢筋的黏结力最主要的是________。

1-20　混凝土的徐变会使钢筋与混凝土之间产生________,这对钢筋混凝土构件受力是有利的;混凝土的徐变会使预应力________,这对预应力构件是不利的。

1-21　持续作用的应力越大,徐变量越________;水泥用量越大、水灰比越大,徐变量越________;蒸汽养护的混凝土可使徐变________。

1-22　混凝土收缩由________和________两部分组成。

二、判断题

1-1　混凝土立方体试块的尺寸越大,强度越低。　(　　)

1-2　冷拉钢筋可以提高抗拉强度,但塑性降低。　(　　)

1-3　水灰比越大,混凝土的收缩徐变也越大。　(　　)

1-4　混凝土的徐变与水泥用量有关,水泥用量越高,徐变越小。　(　　)

1-5　混凝土的强度等级是由其立方体抗压强度确定的。　(　　)

1-6　一般来说,低强度的混凝土受压时的延性比高强度混凝土好。　(　　)

1-7　混凝土在双向压力作用下其单向抗压强度会降低。　(　　)

1-8　经过冷拔的钢筋强度和塑性都会提高。　(　　)

1-9　混凝土在不变压力的作用下,其应变会随时间增长。　(　　)

1-10　在正常情况下,混凝土的强度会随时间增长。　(　　)

1-11　热轧钢采用条件屈服强度作为设计强度的取值依据。　(　　)

1-12　对没有明显流幅的钢筋取极限抗拉强度作为设计强度的取值依据。　(　　)

1-13　混凝土收缩徐变与时间有关,且互相影响。　(　　)

1-14　黏结应力实际上就是钢筋与混凝土接触面上的剪应力。　(　　)

1-15　光面钢筋的黏结力主要由摩擦力和机械咬合力组成。　(　　)

1-16　钢筋与混凝土的黏结是两种材料形成整体共同工作的基本前提。　(　　)

1-17　混凝土受拉时的弹性模量与受压时相同。　(　　)

三、选择题

1-1　以下哪一项是混凝土强度等级的依据?(　　)

A.立方体抗压强度标准值　　B.棱柱体抗压强度标准值

C.圆柱体抗压强度标准值　　D.棱柱体抗压强度设计值

1-2　混凝土立方体抗压强度标准值是由混凝土立方体试块测得的,以下关于龄期和保证率的表述中正确的是(　　)

A.龄期为21天,保证率为90%　　B.龄期为21天,保证率为95%

C.龄期为28天,保证率为95%　　D.龄期为28天,保证率为97.73%

1-3 《规范》中混凝土的各种力学指标的基本代表值是(　　)

A.立方体抗压强度标准值　　B.立方体抗压强度设计值

C.轴心抗压强度标准值　　D.轴心抗压强度设计值

1-4 一般来说,混凝土内部最薄弱的环节是(　　)

A.砂浆的抗拉强度　　B.水泥石与骨料接触面间的黏结

C.水泥石的抗拉强度　　D.砂浆与骨料接触面间的黏结

1-5 高碳钢采用条件屈服强度,以 $\sigma_{0.2}$ 表示,即(　　)

A.取极限强度的20%　　B.取残余应变为0.002时的应力

C.取应变为0.2时的应力　　D.取应变为0.002时的应力

1-6 《规范》规定的受拉钢筋锚固长度 l_a(　　)

A.随混凝土强度等级的提高而增大

B.随钢筋等级提高而降低

C.随混凝土等级提高而减少,随钢筋等级提高而增大

D.随混凝土及钢筋等级提高而减少

1-7 混凝土在持续不变的压力长期作用下,随时间增长而增长的变形称为(　　)。

A.徐变　　B.应力松弛　　C.干缩　　D.收缩变形

1-8 对热轧钢筋进行冷拉,可以提高它的(　　)

A.抗拉屈服强度　　B.抗压屈服强度

C.塑性性能　　D.抗拉和抗压极限强度

1-9 有明显屈服点的钢筋有(　　)

A.热轧钢筋　　B.热处理钢筋　　C.冷拉钢筋　　D.钢丝

1-10 混凝土的徐变是指(　　)

A.加载后的瞬时应变　　B.卸载时瞬时恢复的应变　　C.不可恢复的应变

D.在不变荷载的长期作用下,随荷载作用时间的增长而增长的应变

1-11 《规范》确定 f_{cuk} 所用试块的边长是(　　)

A.100 mm　　B.150 mm　　C.200 mm　　D.250 mm

1-12 钢筋的含碳量越高,则(　　)

A.强度越高,塑性越好　　B.强度越低,塑性越差

C.屈服台阶越长,伸长率越小,塑性越差　　D.屈服台阶越短,伸长率越小,塑性越差

1-13 钢筋的屈服强度是指(　　)

A.比例极限　　B.屈服上限　　C.屈服下限　　D.弹性极限

1-14 没有明显屈服点的钢筋检验时唯一强度指标是(　　)

A.屈服强度　　B.条件屈服强度　　C.比例极限　　D.极限抗拉强度

1-15 边长为200 mm的立方体试块的强度换算成标准试块的强度时需乘以换算系数

A.0.9　　B.0.95　　C.1　　D.1.05

1-16 钢筋混凝土梁的受拉区边缘达到(　　)时,受拉区开始出现裂缝。

A.混凝土的实际抗拉强度　　B.混凝土的抗拉强度标准值

C.混凝土的抗拉强度设计值　　D.混凝土的抗压强度设计值

1－17　钢筋的蠕变是指钢筋受力后(　　)

A.随时间的增长应力不断增大的现象

B.随钢筋应力不断的增大应变逐渐增大的现象

C.钢筋应力保持不变的条件下应变随时间增长而逐渐增大

D.长度保持不变的条件下,应力随时间的增长而逐渐降低的现象

1－18　钢筋的应力松弛是指钢筋受力后(　　)

A.随时间的增长长度不断增大的现象

B.随钢筋的伸长应力降低的现象

C.在长度保持不变的条件下,应力随时间的增长而降低的现象

D.随时间的增长产生塑性变形的现象

四、名词解释

1－1　钢筋的伸长率

1－2　混凝土的徐变

1－3　钢筋的时效硬化

1－4　钢筋的条件屈服强度

1－5　混凝土的弹性后效

1－6　混凝土的强度等级

1－7　钢筋的冷拉和冷拔

五、简答题

1－1　经过冷加工的钢筋其性能发生了哪些变化?

1－2　混凝土的徐变与收缩对钢筋混凝土结构会产生哪些不利影响?

1－3　影响混凝土收缩和徐变的主要因素有哪些?

1－4　钢筋混凝土结构对钢筋性能有哪些要求?

1－5　钢筋与混凝土之间的黏结力是如何产生的?

1－6　混凝土处于三向受压状态下,其强度和变形性能有哪些特点?

1－7　在钢筋混凝土结构中,常用的混凝土强度等级和钢筋级别是哪些?

1－8　钢筋的锚固长度如何确定?

参考答案

一、填空题

1－1　屈服,条件屈服

1－2　热轧钢筋,冷拉钢筋,热处理钢筋,钢丝

1－3　提高,降低

1－4　强度

1－5　刚度

1－6　压、拉

1－7 抗拉强度，抗压强度，塑性。抗拉强度，抗压强度

1－8 徐变

1－9 收缩

1－10 大、小

1－11 降低

1－12 冷拉应力、冷拉伸长率

1－13 软，硬

1－14 立方体强度，轴心抗压强度，轴心抗拉强度

1－15 冷拉，冷拔，冷轧

1－16 屈服强度，极限抗拉强度，伸长率，冷弯

1－17 150m m，20±3 ℃，90%，28 天，标准，95%

1－18 胶结力，摩擦力，机械咬合力

1－19 机械咬合力

1－20 内力重分布，发生损失

1－21 大，大，减小

1－22 凝缩，干缩

二、判断题

1－1 ✓ 1－2 ✓ 1－3 ✓ 1－4 × 1－5 ✓ 1－6 ✓

1－7 × 1－8 × 1－9 ✓ 1－10 ✓ 1－11 × 1－12 ×

1－13 ✓ 1－14 ✓ 1－15 × 1－16 ✓ 1－17 ✓

三、选择题

1－1 A 1－2 C 1－3 A 1－4 B 1－5 B 1－6 C 1－7 A

1－8 A 1－9 A 1－10 D 1－11 B 1－12 D 1－13 C

1－14 D 1－15 D 1－16 A 1－17 C 1－18 C

四、名词解释

1－1 钢筋试件拉断后的伸长值与原长的比率称为伸长率。

1－2 混凝土棱柱体在某一不变荷载的长期作用下，应变随时间增长的现象称为混凝土的徐变。

1－3 经过冷拉的钢筋，放置一段时间后再次张拉，则应力应变图中的屈服点比刚冷拉后的屈服点又提高的现象称为时效硬化。

1－4 卸荷后残余应变为 0.2%时所对应的应力 $\sigma_{0.2}$ 作为没有明显屈服点的钢筋的设计强度取值依据，称为条件屈服强度。

1－5 混凝土在某一不变荷载的长期作用下应变将随时间增长，卸荷后，应变会恢复一部分，将随时间增长不断恢复的应变称为弹性后效。

1－6 混凝土的立方体强度标准值称为混凝土的强度等级。对边长为 150 mm 的立方体试块，在温度 20±3 ℃及相对湿度不低于 90%的环境里养护 28 天，以 0.15～0.25 N/mm^2 的速度加载，进行试验，测得的具有 95%保证率的抗压强度。

1-7 冷拉:把热轧钢筋用卷扬机或其他张拉设备进行张拉,使应力超过屈服点进入强化阶段。冷拔:将钢筋用强力拉过比他本身直径还小的硬质合金拔丝模。

五、简答题

1-1 经过冷拉或冷拉时效处理后,钢筋的抗拉强度提高了,伸长率减小了,塑性降低了。冷拔可使钢筋的抗拉和抗压强度都得到提高,但塑性降低很多,钢筋由软钢变为硬钢。

1-2 混凝土徐变会使构件变形增加,导致预应力混凝土中预应力损失。混凝土收缩受到阻碍时,混凝土中将产生拉应力,从而引起表面的或内部的收缩裂缝。在预应力混凝土中,收缩还会产生预应力损失。

1-3 影响收缩的因素:水泥用量越多、水泥强度等级越高、水灰比越大、收缩越大;骨料的弹性模量大、级配好、密实度好、混凝土捣制愈密实、收缩量小;环境温度低、湿度大时,收缩量小;构件的体表比大时,收缩量小。

影响徐变的因素:初始加载时混凝土的龄期愈小,徐变越大;水灰比大、水泥用量大,徐变大;骨料越坚硬、弹性模量高,徐变小;环境温度高、湿度低,徐变大。

1-4 (1)强度:包括屈服强度和极限强度。

(2)塑性:钢筋在变形前应有足够的变形能力。

(3)可焊性:在一定的工艺条件下要求钢筋焊接后不产生裂纹及过大的变形。

(4)与混凝土的黏结:钢筋与混凝土之间应有足够的黏结力,以保证彼此间很好的共同工作。

1-5 黏结力主要由胶结力、摩擦力、机械咬合力三部分组成。混凝土在结硬过程中,水泥凝胶体与钢筋间会产生胶结力,混凝土强度等级越高,胶结力愈大,混凝土收缩对钢筋产生正压力,随着胶结力的丧失,钢筋与周围混凝土有相对滑移趋势时,在接触面上就出现摩擦力。由于钢筋表面粗糙不平而产生的机械咬合作用。

1-6 混凝土轴向压缩,侧向膨胀,但侧向压应力在一定程度上阻碍了它的侧向膨胀,从而减少了轴向压缩变形,使得轴心抗压强度与轴向受压变形能力都得到提高。

1-7 在钢筋混凝土结构中,混凝土一般不低于C15,采用HRB335钢筋时,不宜低于C20,预制构件不宜低于C30;钢筋常采用HPB235、HRB335,有时也采用HRB400。

1-8 钢筋的锚固长度一般通过拔出试验确定。为了使钢筋在受拉时不被拔出,就必须使钢筋有一定的埋入长度,依靠此长度上的黏结应力将钢筋很好的黏结在混凝土中,此长度叫锚固长度。

第二章 结构设计方法

第一节 结构设计概论

一、结构上的作用、作用效应、结构抗力

1.结构上的作用

结构上的作用是指施加在结构上的集中荷载或分布荷载及引起结构外加变形或约束变形的所有原因。

施加在结构上的集中荷载或分布荷载称为直接作用,如风荷载。引起结构外加变形或约束变形的其他作用称为间接作用,如基础沉降、温度变化、混凝土收缩、焊接等作用。

结构上的作用可按下列原则分类。

(1)按随时间的变异分

永久作用　在设计基准期内其值不随时间变化或其变化与平均值相比可以忽略不计,如结构的自重、土压力、预加应力等。

可变作用　在设计基准期内其值随时间变化,且其变化与平均值相比不可忽视,如风荷载、吊车荷载、温度变化等。

偶然作用　设计基准期内不一定出现的作用,一旦出现量值很大,且持续时间很短,如地震、爆炸、撞击等。

(2)按空间位置的变异分

固定作用　在结构空间位置上具有固定的分布,如结构构件的自重、固定设备荷载。

可动作用　在结构空间位置上的一定范围内可以任意分布,如吊车荷载、人群荷载等。

(3)按结构的反应状态分

静态作用　不使结构或结构构件产生加速度,或所产生的加速度很小可以忽略不计,如结构的自重、楼面活荷载等。

动态作用　使结构或结构构件产生不可忽略的加速度,如地震、吊车荷载等。

2.作用效应

施加在结构上的各种作用,将使结构产生内力和变形(如弯矩、剪力、轴力、扭矩、挠度、转角、裂缝等),称这种内力和变形为作用效应。当作用为荷载时,称为荷载作用效应,用符号 S 表示。

$$S = CQ \tag{2-1}$$

式中　S——作用效应;

　　C——荷载效应系数。

3.结构抗力

结构或构件承受内力和变形的能力称为结构抗力,用符号 R 表示。其大小取决于截面形式、截面尺寸大小及材料强度等。

二、结构的功能要求

结构设计必须满足预定的功能要求,即具有可靠性。可靠性是指结构在规定的设计基准期内(一般为50年),在规定的条件下(正常设计、施工、使用、维修)完成预定功能(强度、刚度、稳定性、抗裂性、耐久性等)的能力。当建筑结构的使用年限达到或超过设计基准使用期后,并不意味该结构立即报废不能再使用,而是指它的可靠性水平已经明显降低。

结构的可靠性包括安全性,适用性,耐久性三个方面。

(1)安全性　结构能承受正常设计、正常施工、正常使用时可能出现的各种作用,在偶然荷载作用下或偶然事件发生时和发生后仍能保持必要的整体稳定性,不发生倒塌或连续破坏。

(2)适用性　结构在正常使用时具有良好的工作性能,如不发生超过规定限度的过大变形和裂缝。

(3)耐久性　是指结构或构件在正常使用和正常维护条件下,在规定的使用期限内维持其适用性的能力,如不发生由于混凝土碳化、钢筋锈蚀而影响寿命的情况。

三、结构的极限状态

1.极限状态的定义

整个结构或构件超过某一特定状态时(如到达极限承载力、失稳、变形过大、裂缝过宽等)就不能满足设计规定的某一功能要求,此特定状态为该功能的极限状态。

2.极限状态的分类

(1)承载力极限状态　结构或构件达到最大承载能力或达到不宜继续承载的变形状态称为承载力极限状态。当结构或构件出现了下列状态之一时,即认为超过了承载力极限状态。

①整个结构或结构的一部分作为刚体失去平衡,如雨篷因压重不足而倾覆。

②结构构件或其连接因超过材料强度而破坏(包括疲劳破坏),如轴心受压构件钢筋达到抗压强度。

③结构转变为机动体系而丧失承载力,如构件发生三铰共线形成机动体系。

④结构或构件丧失稳定,如细长杆达到临界荷载后压屈。

(2)正常使用极限状态　结构或构件达到正常使用或耐久性能的某项规定限值的状态,称为正常使用极限状态。当结构或构件出现了下列状态之一时,即认为超过了正常使用极限状态。

①影响正常使用或有碍观瞻的变形,如吊车梁变形过大使吊车不能正常行驶。

②影响正常使用或耐久性能的局部破坏,如水池壁开裂漏水。

③影响正常使用的振动,如机器振动而导致结构振幅超过规定限值。

④影响正常使用的其他特定状态,如相对沉降量过大。

四、结构工作状态

结构或构件的工作状态可由该结构构件所承受的荷载作用效应 S 和结构抗力 R 的关系来表示:

$$Z = R - S = g(R.S) \tag{2-2}$$

上式称为结构功能函数。

结构满足功能要求为可靠或有效,反之为不可靠或失效。可靠与失效状态的区分标志为极限状态。随着条件的变化,结构的工作状态有 3 种可能:

$Z>0$, 即 $R>S$,结构能完成预定功能,结构处于可靠状态;

$Z=0$, 即 $R=S$, 结构处于极限状态;

$Z<0$, 即 $R<S$,结构不能完成预定功能,结构处于失效状态。

五、结构的安全等级

结构设计应合理考虑可靠性和经济性。将结构的可靠性水平定得过高,会提高结构造价而与经济性原则相违背;但一味强调经济性,又会不利于可靠性。设计时应根据结构破坏可能产生的各种后果的严重性,对不同的建筑结构采用不同的安全等级。我国《建筑结构设计统一标准》对建筑结构的安全等级划分为三级,见表 2-1。建筑结构构件的安全等级宜与整个结构相同,其中部分构件的安全等级也可以调整。

表 2-1 建筑结构的安全等级

安全等级	破坏后果	建筑物类型
一级	很严重	重要的工业与民用建筑
二级	严重	一般的工业与民用建筑
三级	不严重	次要的建筑物

第二节 荷载和材料强度

荷载作用效应的大小主要取决于荷载大小,结构抗力的大小主要取决于材料强度。因此结构设计与荷载和材料强度密不可分。

一、荷载代表值

荷载是随机变量,任何一种荷载的大小都具有程度不同的变异性,因此进行建筑结构设计时,对于不同的设计情况采用不同的荷载代表值。

1.永久荷载的代表值

永久荷载的代表值只有一个,即它的标准值。荷载标准值指结构在其使用期间的正常下可能出现的最大荷载值,要求有 95% 的保证率。当没有足够统计资料时,应根据经验定。

永久荷载标准值可按结构设计给定的尺寸和材料容重计算。对某些变异性较大的材料和结构构件,其单位自重应根据其对结构的最不利状态,取其上限或下限值。

2.可变荷载的代表值

可变荷载的代表值有可变荷载标准值、可变荷载组合值、可变荷载准永久值、可变荷载频遇值。

(1)可变荷载标准值　可变荷载标准值按《建筑结构荷载规范》查用。

(2)可变荷载组合值　结构上作用多种可变荷载时,各种可变荷载同时达到最大值的概率很小,为使结构在两种或两种以上可变荷载作用时的情况与仅有一种可变荷载作用时可靠指标大致相同,应对其进行折减。

$$可变荷载的组合值 = \psi_c \times 可变荷载标准值 \tag{2-3}$$

式中 ψ_c 为可变荷载的组合值系数,按《建筑结构荷载规范》查用。

(3)可变荷载准永久值　可变荷载准永久值是按正常使用极限状态设计时,考虑可变荷载长期效应组合时采用的荷载代表值。可变荷载在整个设计基准期内出现时间较长的那部分荷载值,称为可变荷载的准永久值。

$$可变荷载准永久值 = \psi_q \times 可变荷载标准值 \tag{2-4}$$

式中 ψ_q 为可变荷载的准永久值系数,按《建筑结构荷载规范》查用。

(4)可变荷载频遇值　可变荷载频遇值是在设计基准期内,其超越时间为较小比率或超越频率为规定频率的荷载值。

$$可变荷载的频遇值 = \psi_f \times 可变荷载标准值 \tag{2-5}$$

式中 ψ_f 为可变荷载的频遇值系数,按《建筑结构荷载规范》查用。

二、荷载设计值

考虑荷载超过标准值的可能性,以及对不同变异性的荷载可能造成结构计算时可靠度严重不一致,在结构承载力设计时应采用荷载设计值。荷载设计值为荷载标准值乘以荷载分项系数,其大体相当于结构在非正常使用情况下荷载的最大值。而荷载分项系数是对荷载标准值的调整系数。

1.永久荷载分项系数 r_G

当其效应对结构不利时:由可变荷载效应控制的组合,$r_G = 1.2$;由永久荷载效应控制的组合,$r_G = 1.35$。

当其效应对结构有利时:一般取 $r_G = 1.0$。

当验算结构倾覆和滑移时:取 $r_G = 0.9$。

2.可变荷载分项系数 r_Q

一般情况取 $r_Q = 1.4$,对工业建筑楼面均布活荷载 $q_k \geqslant 4\ \mathrm{kN/m^2}$ 的情况,取 $r_Q = 1.3$。

三、材料强度代表值

1.材料强度标准值

材料强度标准值是指总的材料强度实测值中,强度标准值应具有不小于95%的保证率。钢筋材料强度标准值见附表1、附表2;混凝土材料强度标准值见附表6。

2.材料强度设计值

考虑材料强度小于标准值的可能性,结构承载力设计应采用材料强度设计值。材料强度设计值为材料强度标准值除以相应材料分项系数。

(1)混凝土材料分项系数 r_c　一般情况取 $r_c = 1.4$。混凝土材料强度设计值见附表7。

(2)钢筋材料分项系数 r_s　对HPB235、HRB335、HRB400钢筋,$r_s = 1.1$;对预应力钢丝、钢绞线和热处理钢筋,$r_s = 1.2$。钢筋材料强度设计值见附表3、附表4。

第三节　概率极限状态设计方法

一、结构的可靠度

结构的可靠度是指结构在规定时间和条件下完成预定功能的可能性大小，用概率表示。结构的可靠度是对结构可靠性的概率度量。

二、结构的可靠概率和失效概率

结构能够完成预定功能的概率 P_s 叫可靠概率，结构不能够完成预定功能的概率 P_f 叫失效概率。

作用效应 S 与结构上的作用有关，结构上的作用是随机的，因此作用效应也是随机的；结构抗力 R 与材料性能、构件几何参数及计算的精确性有关，他们都具有随机性，因此结构抗力也是随机变量。所以，结构的功能函数 Z 也是随机变量。假定 R 和 S 是相互独立的，而且都服从正态分布，则结构的功能函数 Z 也服从正态分布。如图 2－1 所示，图中纵坐标轴线以左阴影面积表示结构的失效概率（$Z<0$）。

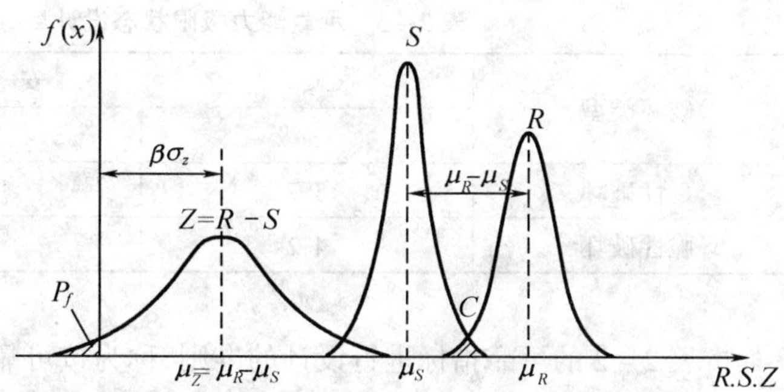

图 2－1　构件失效和结构抗力及荷载作用效应的关系

$$P_f = P(Z < 0) = \int_{-\infty}^{0} f(z)\mathrm{d}z \tag{2-6}$$

式中 $f(z)$ 为概率密度函数。

结构的失效概率与可靠概率的关系是 $P_s + P_f = 1$。因此讨论结构的可靠性时，可以用结构的可靠概率来度量，也可用结构的失效概率来度量。

我国的《建筑结构设计统一标准》在大量统计的基础上，对一般工业与民用建筑的失效概率规定不得超过如下限值：

延性破坏的结构 $[P_f] = 6.9 \times 10^{-4}$；脆性破坏的结构 $[P_f] = 1.1 \times 10^{-4}$

三、结构的可靠指标

结构的可靠指标 β 为结构功能函数 Z 的平均值 μ_z 与其标准差 σ_z 之比。

$$\beta = \mu_z/\sigma_z = (\mu_R - \mu_s)/(\sigma_R^2 + \sigma_s^2)^{1/2} \tag{2-7}$$

式中　μ_R——结构抗力平均值；

σ_R——结构抗力标准差；

μ_s——作用效应平均值；

σ_s——作用效应标准差；

μ_z——功能函数平均值;

σ_z——功能函数标准差。

β越大,P_f越小,故可以利用可靠指标代替结构失效概率来度量结构的可靠性。对于标准正态分布,β与P_f之间存在对应关系,可由概率理论得出。常用可靠指标与构件失效概率的对应关系见表2-2。《建筑结构设计统一标准》规定的各类结构构件按承载力极限状态设计时采用的可靠指标见表2-3。

表2-2 可靠指标 β 值与构件失效概率的对应关系

β	2.7	3.2	3.7	4.2
p_f	3.5×10^{-3}	6.9×10^{-4}	1.1×10^{-4}	1.3×10^{-5}

表2-3 承载能力极限状态设计目标可靠指标 β 值

破坏类型	安全等级		
	一级	二级	三级
延性破坏	3.7	3.2	2.7
脆性破坏	4.2	3.7	3.2

按表2-2的可靠指标进行设计的准则,称为按可靠指标的设计准则。这个设计准则虽然直接应用了概率论的原理,但在确定可靠指标时,将作用效应和结构抗力作为两个服从正态分布的独立随机变量,只考虑其平均值和标准差,没有考虑两者的联合分布特点等因素,计算中又作了一些假定和简化,所以这个准则只能称为近似概率准则。

第四节 实用设计表达式

结构构件应按承载力极限状态设计,按正常使用极限状态校核。

一、承载力极限状态设计表达式

我国规范采用以概率理论为基础的极限状态设计法和用多个分项系数表达的设计式进行设计。其结构构件的承载力设计应考虑作用效应的基本组合和偶然组合,采用下面设计表达式

$$r_0 S\leqslant R \qquad (2-8)$$

式中 r_0——结构重要性系数。安全等级为一级或设计使用年限≥100年,$r_0=1.1$;安全等级为二级或设计使用年限50年,$r_0=1$;安全等级为三级或设计使用年限≤50年,$r_0=0.9$;

R——结构构件抗力设计值;

S——作用(荷载)效应设计值,分别表示为弯矩设计值、剪力设计值、轴力设计值、扭矩设计值等。

(一)作用(荷载)效应设计值

对于基本组合，荷载效应组合的设计值应从下列组合值中取最不利值确定。

(1)由可变荷载效应控制的组合

$$S = r_G C_G G_K + r_{Q1} C_{Q1} Q_{1K} + \sum_{i=2}^{n} \psi_{ci} r_{Qi} C_{Qi} Q_{ik} \tag{2-9}$$

对常见住宅、办公楼等民用建筑，当仅有一个可变荷载时

$$r_0 S = r_0 (1.2 C_G G_K + 1.4 C_Q Q_K) \tag{2-10}$$

式中 ψ_{ci}——可变荷载的组合系数。对民用建筑楼面活荷载，一般情况下 $\psi_{ci}=0.7$；对书库、档案库等，$\psi_{ci}=0.9$；其他按有关规定选用。

(2)由永久荷载效应控制的组合

$$S = r_G C_G G_K + \sum_{i=1}^{n} \psi_{ci} r_{Qi} C_{Qi} Q_{ik} \tag{2-11}$$

对常见住宅、办公楼等民用建筑，一般情况下 $\varphi_{ci}=0.7$ 当仅有一个可变荷载时

$$r_0 S = r_0 (1.35 C_G G_K + 1.4 \times 0.7 C_Q Q_K) \tag{2-12}$$

对排架、框架结构，基本组合式可简化为

$$S = r_G C_G G_K + 0.9 \sum_{i=1}^{n} r_{Qi} C_{Qi} Q_{ik} \tag{2-13}$$

当仅有一个可变荷载时

$$S = r_G C_G G_K + r_Q C_Q Q_K \tag{2-14}$$

式中 G_K——永久荷载标准值；

Q_{1K}——第1个可变荷载标准值，为可变荷载标准值效应最大的一个；

Q_{ik}——其他第 i 个可变荷载标准值；

r_G——永久荷载分项系数；

r_{Q1}, r_{Qi}——第1个和其他第 i 个可变荷载分项系数；

C_G, C_{Q1}, C_{Qi}——永久荷载、第1个和其他第 i 个可变荷载的作用(荷载)效应系数；

ψ_{ci}——可变荷载 Q_i 的组合系数；

n——参与组合的可变荷载数。

对于偶然组合，内力的组合设计值宜按下列规定确定：偶然荷载(如地震)的代表值不乘分项系数；与偶然荷载同时出现的其他荷载，可以根据观测资料或工程经验采用适当的代表值；各种情况下荷载效应的设计值公式，可由有关规范另行规定。

(二)结构抗力设计值

结构抗力设计值的大小取决于截面几何尺寸、截面材料种类与强度等级等多种因素，它的一般形式为

$$R = R(f_c, f_s, \alpha_d \cdots)$$

式中 f_c——混凝土的强度设计值；

f_s——钢筋的强度设计值；

α_d——几何参数标准值。

二、正常使用极限状态设计表达式

对于正常使用极限状态，结构构件应分别按荷载效应的标准组合、准永久组合或标准组

合并考虑长期作用影响进行设计。采用下面设计表达式

$$S \leqslant C \tag{2-15}$$

式中 C——结构或构件达到正常使用要求的规定限值；

S——正常使用极限状态的荷载效应组合值。

1.荷载效应的标准组合式

$$S = C_G G_k + C_{Q1} Q_{1k} + \sum_{i=2}^{n} \psi_{ci} C_{Qi} Q_{ik} \tag{2-16}$$

2.荷载效应的频遇组合式

$$S = C_G G_k + \psi_{f1} C_{Q1} Q_{1k} + \sum_{i=2}^{n} \psi_{qi} C_{Qi} Q_{ik} \tag{2-17}$$

式中 ψ_{f1}——可变荷载 Q_1 的频遇值系数；

ψ_{qi}——可变荷载 Q_i 的准永久值系数。

3.荷载效应的准永久组合式

$$S = C_G G_k + \sum_{i=1}^{n} \psi_{qi} C_{Qi} Q_{ik} \tag{2-18}$$

习　题

一、填空题

2-1 建筑结构的可靠性包括________、________和________。

2-2 结构的两种极限状态是________和________。材料强度的破坏是超过了________极限状态。

2-3 作用按其随时间的变异分为________、________、________。

2-4 我国《建筑结构设计统一标准》规定结构的设计基准期一般为________年。

2-5 承载力极限状态与结构的安全性相对应，正常使用极限状态与结构的________性和________性相对应。

2-6 荷载的设计值可由荷载的标准值乘以对应的________计算。

2-7 材料的强度设计值可由材料的强度标准值除以对应的________计算。

2-8 结构的安全等级分为________级。其中安全等级为二级的构件，重要性系数为________。

2-9 永久荷载的分项系数：由可变荷载效应控制的组合，荷载对结构不利时，r_G 为________；由永久荷载效应控制的组合，荷载对结构不利时，r_G 为________。可变荷载的分项系数：一般 r_Q 为________；对工业楼盖，当 $q \geqslant 4$ kN/m 时，r_Q 为________。

2-10 钢筋强度标准值应具有不少于________的保证率。

2-11 极限状态是建筑结构失效与可靠之间的________。

2-12 在建筑结构使用期间内随时间变化而变化的荷载称为________。

2-13 在正常使用极限状态时，要根据荷载作用持续时间的不同区分为两种荷载效应组合：荷载的________效应组合和________效应组合。

2-14 当楼盖梁的负荷面积较大时，可变荷载全部满载的概率较小，应将其适当降低。

因此设计楼盖梁时，应按《荷载规范》对楼面活荷载________。

二、判断题

2－1　偶然作用发生的概率很小，持续的时间较短，对结构造成的损害也小。　(　　)
2－2　荷载的设计值一定大于荷载的标准值。　(　　)
2－3　材料的强度设计值一定小于材料的强度标准值。　(　　)
2－4　结构抗力的大小取决于荷载的大小。　(　　)
2－5　当结构抗力大于荷载效应时，结构处于可靠状态。　(　　)
2－6　对结构或构件进行承载力设计时，荷载应取标准值。　(　　)
2－7　结构使用年限超过设计基准期后，其可靠性减小。　(　　)
2－8　建筑结构在规定的时间和规定的条件下，完成预定功能的能力叫结构的可靠度。　(　　)
2－9　地震、爆炸、撞击都属于可变荷载。　(　　)
2－10　风荷载的大小与建筑物的体形尺寸有关。　(　　)

三、选择题

2－1　我国现行规范是以何种概率为基础的(　　)
A.半概率　B.全概率　C.近似概率
2－2　结构在规定的时间内，在规定的条件下，完成预定功能的概率称为结构的(　　)
A.可靠度　B.安全度　C.可靠性
2－3　建筑结构按承载力极限状态设计时，计算式中材料强度值应取(　　)
A.材料强度标准值　B.材料强度平均值　C.材料强度设计值
2－4　结构在使用年限超过设计基准期后(　　)
A.结构立即丧失其功能　B.不失效则可靠度不变　C.可靠度减小
2－5　建筑结构按承载力极限状态设计时，计算式中荷载值应取(　　)
A.荷载的平均值　B.荷载的标准值　C.荷载的设计值　D.荷载的准永久值
2－6　现行规范规定材料强度标准值为(　　)
A.材料强度的平均值　B.材料强度的设计值　C.材料的强度设计值乘以分项系数
2－7　结构在使用期间不随时间而变化的荷载称为(　　)
A.永久荷载　B.可变荷载　C.偶然荷载
2－8　当结构抗力小于荷载作用效应时，结构处于(　　)
A.可靠状态　B.失效状态　C.极限状态
2－9　雪荷载属于(　　)
A.永久荷载　B.可变荷载　C.偶然荷载
2－10　计算荷载在短期效应组合下梁的变形时，应取荷载的(　　)
A.标准值　B.最大值　C.设计值
2－11　现行规范中混凝土结构的设计理论是(　　)
A.以弹性理论为基础的容许应力计算法
B.以概率理论为基础的极限状态设计方法
C.考虑钢筋混凝土塑性性能的破坏阶段设计方法

2－12　结构或构件出现(　　)时,我们认为其超过了正常使用极限状态。

A.结构变成可变体系　　　　　　B.挠度超过允许值

C.构件出现了倾覆　　　　　　　D.超过了材料的强度

2－13　结构在正常使用荷载作用下,具有良好的工作性能。称为结构的(　　)

A.安全性　　B.适用性　　C.耐久性　　D.可靠性

四、名词解释

2－1　结构的可靠性

2－2　结构的可靠度

2－3　结构的极限状态

2－4　结构上的作用

2－5　荷载作用效应

2－6　结构抗力

2－7　荷载标准值、荷载设计值

2－8　材料强度标准值、材料强度设计值

五、简答题

2－1　结构的功能要求是什么?

2－2　极限状态分为哪几种?

2－3　为什么对截面承载力计算时采用材料设计值和荷载设计值,而对裂缝、变形验算时采用材料标准值和荷载标准值?

2－4　结构出现哪些情况表示达到了正常使用极限状态?

六、计算题

2－1　某教学楼钢筋混凝土简支梁,结构安全等级为二级,承受的永久荷载标准值 $g_k=6$ kN/m(包括梁的自重),可变荷载标准值 $q_k=15$ kN/m,梁的计算跨度为5 m,梁的截面尺寸为200 mm×500 mm,试计算梁跨中截面的弯矩设计值。

2－2　某教学楼的内廊为简支在砖墙上的现浇钢筋混凝土平板,计算跨度为2.38 m,板上作用的可变荷载标准值 $q_k=2\ \mathrm{kN/m^2}$,水磨石地面及细石混凝土垫层共30 mm厚(密度为22 $\mathrm{kN/m^3}$),板底粉刷白灰砂浆12 mm厚(密度为17 $\mathrm{kN/m^3}$),板厚为80 mm(密度为25 $\mathrm{kN/m^3}$),试计算板跨中截面的弯矩设计值。

参考答案

一、填空题

2－1　安全性、适用性、耐久性

2－2　承载力极限状态、正常使用极限状态、承载力

2－3　永久作用、可变作用、偶然作用

2－4　50年

2-5 适用、耐久

2-6 荷载分项系数

2-7 材料分项系数

2-8 三、1

2-9 1.2、1.35、1.4、1.3

2-10 95%

2-11 临界状态

2-12 可变荷载

2-13 短期、准永久

2-14 乘以折减系数

二、判断题

2-1 × 2-2 × 2-3 ✓ 2-4 × 2-5 ✓ 2-6 ×
2-7 ✓ 2-8 × 2-9 × 10 ✓

三、选择题

2-1 C 2-2 A 2-3 C 2-4 C 2-5 C 2-6 C 2-7 A
2-8 B 2-9 B 2-10 A 2-11 B 2-12 B 2-13 B

四、名词解释

2-1 结构在规定的时间内,在规定的条件下完成预定功能的能力,称为结构的可靠性。

2-2 结构在规定的时间内,在规定的条件下完成预定功能的可能性大小,称为结构的可靠度。

2-3 极限状态:整个结构或构件超过某一特定状态时(如到达极限承载力、失稳、变形过大裂缝过宽)就不能满足设计规定的某一功能要求,此特定状态为极限状态。

2-4 使结构产生内力和变形的所有原因,如荷载、外加变形、约束变形、基础沉降、温度变形。

2-5 结构或构件在种作用因素作用下,将在结构构件内产生内力和变形,称这种内力和变形为作用效应。当作用为荷载时,叫荷载作用效应。

2-6 指结构或构件承受内力和变形的能力。

2-7 荷载标准值是指结构在其使用期间的正常下可能出现的最大荷载,是随机变量,要求有 95%的保证率。当没有足够统计资料时,应根据经验定。

荷载设计值大体相当于结构在非正常使用情况下荷载的最大值,可靠度大。

荷载设计值 = 荷载标准值 × 分项系数

2-8 材料强度标准值是材料强度实测值的总体中,具有不少于 95%的保证率的材料强度值。

材料强度设计值 = 材料强度标准值/分项系数

五、简答题

2-1 结构的功能要求是可靠性:结构在规定的设计基准期内(50年),在规定的条件下(正常设计,施工,使用,维修),完成预定功能的能力。包括安全性,适用性,耐久性。

2-2 极限状态分为承载力极限状态和正常使用极限状态使结构或构件达到最大承载能力或达到不宜继续承载的变形则达到承载力极限状态。结构或构件达到正常使用或耐久性能的某项规定限值则达到正常使用极限状态。

2-3 结构或构件超过承载力极限状态后所带来的后果比超过正常使用极限状态的后果严重,因此对承载力极限状态的可靠性要求要高些,为此承载力极限状态采用荷载设计值和材料强度设计值,并考虑结构重要性系数来进行承载力计算;而裂缝、变形等正常使用极限状态验算时采用荷载标准值和材料强度标准值,且不考虑结构重要性系数。

2-4 当结构或构件出现下列状态之一时就认为达到了正常使用极限状态:(1)影响正常使用或外观的过大变形;(2)影响适用性或耐久性的局部损坏;(3)影响正常使用的振动;(4)达到影响正常使用的特定状态。

第三章 受弯构件的正截面承载力计算

第一节 概 述

受弯构件是指受弯矩和剪力共同作用的构件。受弯构件是工程应用最广泛的一类构件,房屋中的梁、板是典型的受弯构件。

钢筋混凝土梁、板可分为预制梁、板和现浇梁、板两类。受弯构件在荷载作用下,截面上可能产生弯矩和剪力。试验表明,钢筋混凝土受弯构件可能沿弯矩最大的截面发生破坏,也可能沿剪力最大或弯矩及剪力都较大的截面发生破坏。当受弯构件沿弯矩最大的截面发生破坏时,破坏截面与构件的轴线垂直,称为正截面破坏;当受弯构件沿剪力最大的截面发生破坏时,破坏截面与构件的轴线斜交,称为斜截面破坏。在进行受弯构件设计时,既要保证构件不发生正截面破坏,又要保证构件不发生斜截面破坏,可分别通过正截面和斜截面承载力计算来保证。本章主要介绍受弯构件正截面承载力计算问题,下一章介绍受弯构件斜截面承载力计算问题。

仅在截面受拉区配置受力钢筋的受弯构件,称为单筋受弯构件;同时在截面受拉区和受压区配置受力钢筋的受弯构件,称为双筋受弯构件。

第二节 受弯构件的一般构造要求

进行钢筋混凝土结构和构件设计时,除了要符合计算结果的要求外,还必须要满足有关的构造要求,以防止因计算中没有考虑的因素影响而造成结构构件的破坏,同时保证结构和构件在使用和施工上是可行的。

一、板的一般构造要求

(一)板的截面形式

板的截面形式有矩形、空心形、槽形等,如图 3-1 所示。

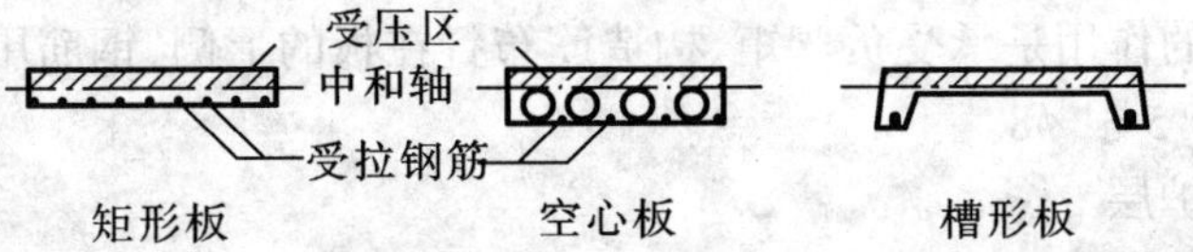

图 3-1 板常见截面形式

(二)板的类型

板的类型有单向板和双向板。单向板受力与梁接近,只考虑一个方向弯矩的作用;双向板考虑两个方向弯矩的作用。

(三)板的厚度

现浇钢筋混凝土板的厚度除应满足各项功能要求外,还应符合表3-1的规定。预制板的最小厚度应满足钢筋保护层厚度的要求。现浇板以10 mm为模数,预制板以5 mm为模数。简支板的板厚一般取$\geqslant \frac{l}{35}$,悬臂板的板厚一般应$\geqslant \frac{l}{12}$,多跨连续板的板厚一般应$\geqslant \frac{l}{40}$。

表3-1 现浇钢筋混凝土板的最小厚度

板的类别		厚度/mm
单向板	屋面板	60
	民用建筑楼板	60
	工业建筑楼板	70
	行车道下的楼板	80
双向板		80
密肋板	肋间距小于或等于700 mm	40
	肋间距大于700 mm	50
悬臂板	板的悬臂长度小于或等于500 mm	60
	板的悬臂长度大于500 mm	80
无梁楼板		150

(四)板的钢筋

1.板中受力钢筋的作用是承受弯矩,沿板跨方向布置在受拉侧,钢筋用量需计算确定。受力钢筋的直径通常为6~12 mm,直径小,钢筋布置则密,受力均匀。直径种类不宜太多,以便于施工。为了使板受力均匀和保证混凝土的密实性,当板厚$h<150$ mm时,受力钢筋的间距不宜大于200 mm;当板厚$h\geqslant150$ mm时,受力钢筋的间距不宜大于$1.5h$,且不宜大于250 mm,同时受力钢筋的间距一般不小于70 mm。

2.板中分布钢筋的作用是将板面上的荷载更均匀地传给受力钢筋,承担混凝土收缩及温度变化在垂直板跨方向产生的拉应力,同时在施工中固定受力钢筋的位置。分布钢筋布置在受力筋内侧并与之垂直,钢筋用量按构造要求确定,其截面面积不应小于单位长度上受力钢筋截面面积的15%,且不宜小于该方向板截面面积的0.15%;分布钢筋的间距不宜大于250 mm,直径不宜小于6 mm;对集中荷载较大或温度变化较大的情况,应适当增加其用量。

3.板中构造筋的作用是承受负弯矩,构造筋布置在板的上侧,钢筋用量按构造确定,《规范》规定每米不少于5根$\phi8$。

(五)混凝土保护层

板的混凝土保护层指受力筋的外边缘到混凝土外表面的距离,其最小厚度取决于周围环境和混凝土的强度等级,混凝土保护层最小厚度见附表14。

板的有效高度h_0指受拉筋合力重心到受压边缘混凝土的距离。考虑到混凝土保护层的厚度要求,当板厚$h<100$ mm时,$h_0=h-20$ mm;当板厚$h\geqslant100$ mm时,$h_0=h-25$ mm。

二、梁的一般构造要求

(一)梁的截面形式

梁的截面形式有矩形、T形、I字形、倒L形等，如图3－2所示。

(二)梁的截面尺寸

矩形截面梁的高宽比 h/b 一般取 2～3.5；T形截面梁的高宽比 h/b 一般取 2.5～4；梁的截面尺寸应符合模数要求。常用的梁宽 b = 120 mm，150 mm，180 mm，200 mm，220 mm，250 mm，300 mm 等，以 50 mm 为模，常用的梁高 h = 250 mm，300 mm，350 mm，750 mm，800 mm，900 mm等，以 100 mm 为模。

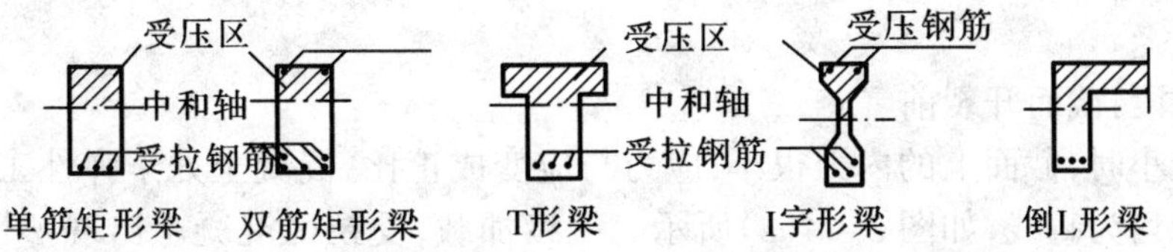

图3－2 梁常见截面形式

简支梁的截面高度一般取其跨度的 1/10～1/14，悬臂梁的截面高度一般取挑出长度的1/6左右。

(三)梁的钢筋

1.梁中纵向受力钢筋的作用是承受弯矩，钢筋用量需计算确定。纵向受力钢筋常用的直径为 10～28 mm，太粗不易加工，且与混凝土黏结力差；太细根数增加，不好布置。当采用两种不同直径的钢筋时，其差值至少应为 2 mm，但不宜超过 6 mm，根数不得少于 2 根。为了便于浇筑混凝土，保证混凝土良好的密实性，钢筋的净间距及钢筋的最小保护层厚度应满足图3－3的要求，当截面下部纵筋多于两排时，上排水平方向的中距应比下两排中距大一倍。

2.梁中弯起钢筋斜段部分的作用是承受剪力，水平段部分承受支座负弯矩。钢筋用量需计算确定。

3.梁中箍筋的作用是承受剪力，联系受拉及受压钢筋共同工作，并固定其位置，便于浇灌混凝土，钢筋用量需计算确定。

4.梁中架立钢筋的作用是固定箍筋，与受力筋形成骨架，钢筋用量按构造要求确定。架立钢筋的直径与梁的跨度 l 有关。当 $l<4$ m时，架立钢筋的直径不宜小于 8 mm；当 $l>6$ m时，架立钢筋的直径不宜小于 12 mm；当 4 m$\leqslant l \leqslant$6 m时，架立筋的直径不宜小于 10 mm。

5.梁中侧向构造筋的作用是增加梁的钢骨架的刚性及梁的抗扭能力，承受侧向变形。钢筋用量按构造要求确定。当梁腹板高 $h\geqslant$450 mm 时，在梁的两侧应沿梁高配置直径不小于 10 mm 的侧向构造筋，其截面面积不应小于腹板截面面积的 0.1%，且间距不宜大于 200 mm，并用S形 ϕ6 钢筋固定。

(四)梁的有效高度 h_0

梁有效高度是指梁纵向受拉筋合力重心到截面受压边缘混凝土的距离，如图

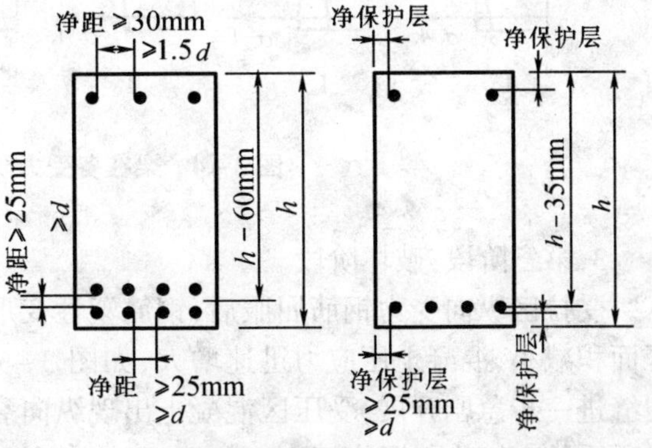

图3－3 梁中钢筋净距、保护层厚度及有效高度

3－3 所示。当纵向受拉钢筋配置为一排时，$h_0 = h - 35$ mm；当配置二排时，$h_0 = h - 60$ mm。

第三节　受弯构件正截面试验研究

一、适筋梁正截面受力的三个阶段

试验表明，对配筋量适中的梁，从加荷到破坏，纯弯段正截面的受力状态可分为三个阶段。

1.第一阶段：截面开裂前

当荷载较小时，截面上的内力很小，应力与应变成正比，混凝土处于弹性工作阶段。截面的应力分布均为直线，如图 3－4(a)所示。继续加载，受拉区混凝土出现塑性变形，受拉区的应力图形呈曲线；当荷载达到某一数值时，受拉区边缘混凝土达到其实际抗拉强度时，截面即将开裂，这时梁承受的弯矩为开裂弯矩。此时，受压区混凝土仍处于弹性工作阶段，如图 3－4(b)所示。

2.第二阶段：从截面开裂到纵筋开始屈服

稍加荷，受拉区混凝土立即开裂，截面应力发生重分布，混凝土退出工作，全部拉力由钢筋承受；受压区混凝土产生塑性变形，应力呈曲线分布，如图 3－4(c)所示。荷载继续增加，裂缝不断扩展，并向上延伸，受压区面积减小，混凝土压应力增加，受拉钢筋开始屈服，如图 3－4(d)所示。

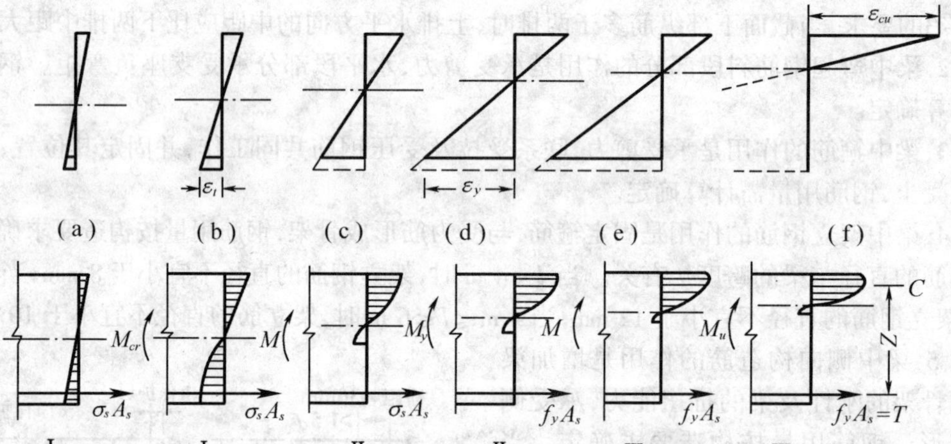

图 3－4　梁在各受力阶段的应力－应变图

3.第三阶段：破坏阶段

受拉区纵向受力钢筋屈服后，钢筋塑性变形急速发展，裂缝迅速扩展，并向上延伸，受压区面积减小，混凝土压应力迅速增大，如图 3－4(e)所示。在荷载几乎保持不变的情况下，裂缝进一步急剧开展，受压区混凝土出现纵向裂缝，混凝土被完全压碎，截面发生破坏，这时梁承受的弯矩为极限弯矩 M_u，如图 3－4(f)所示。

试验表明，从开始加载到构件破坏，整个受力过程中，变形前截面为平面，变形后仍为平面。截面的应变符合平截面假定。

上述截面受力分析使我们了解了截面受力的全过程，同时为裂缝、变形及承载力计算提供了依据。第一阶段末构件所承受的抗裂弯距为截面构件抗裂验算的依据；第二阶段构件所承受的弯矩为构件裂缝宽度及变形验算的依据；第三阶段末构件所承受的极限弯矩为构件承载力计算的依据。

二、配筋率对构件正截面破坏特征的影响

构件的配筋率是指构件所配置的纵向受力钢筋截面面积与截面有效面积的比值，即

$$\rho = A_s / bh_0 \tag{3-1}$$

式中 A_s——纵向受力钢筋截面面积；

b——构件的截面宽；

h_0——构件的截面高。

试验证明，构件的正截面破坏特征与配筋率、钢筋和混凝土强度等级、截面形式等因素有关，但以配筋率对构件正截面破坏特征的影响最为明显。配筋率不同，构件的破坏形式不同，如图 3-5 所示，可分为三类。

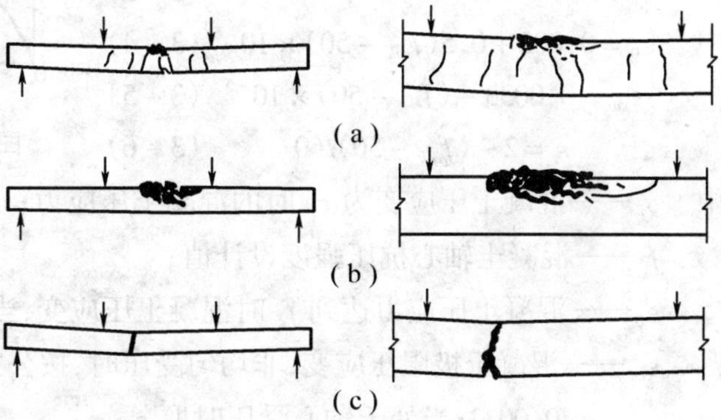

图 3-5 梁的三种破坏形态

(a)适筋梁；(b)超筋梁；(c)少筋梁

1.适筋梁

当配筋率适中时，构件的破坏首先是从受拉钢筋达到屈服点开始的，然后受压混凝土被压碎。钢筋和混凝土的强度都能得到充分利用。破坏前钢筋有较长的塑性变形，破坏时有明显的预兆，属于塑性破坏，称为适筋梁破坏。

2.超筋梁

当配筋率过大时，构件的破坏是由于受压区的混凝土被压碎而引起的，受拉区纵向受力钢筋不屈服。构件破坏时裂缝尚不宽，挠度尚不大，没有明显预兆，属于脆性破坏，钢筋强度得不到充分利用，浪费材料，称为超筋梁破坏。

3.少筋梁

当配筋率过小时，构件受拉区混凝土一开裂，立即裂缝很宽，受拉钢筋立即达到屈服强度，构件立即发生破坏。构件破坏前没有明显预兆，属脆性破坏，受压区混凝土尚未破坏，浪费材料，称为少筋梁破坏。

由上述可见，超筋梁破坏和少筋梁破坏都不能充分利用材料的强度，而且破坏前均无明显的预兆，破坏将造成严重的后果，因此应禁止将梁设计成超筋梁和少筋梁，而只允许设计成适筋梁，设计时通过控制配筋率或受压区高度来保证。

第四节 受弯构件正截面承载力计算的基本规则

一、基本假定

1. 截面应变保持平面。

2. 不考虑截面受拉区混凝土的抗拉强度，即全部拉力由钢筋承担。

3. 混凝土受压区的应力应变曲线简化形式如图 3-6 所示。

当 $\varepsilon_c \leqslant \varepsilon_0$ 时

$$\sigma_c = f_c[1-(1-\varepsilon_c/\varepsilon_0)^n] \quad (3-2)$$

当 $\varepsilon_0 \leqslant \varepsilon_c \leqslant \varepsilon_{cu}$ 时

$$\sigma_c = f_c \quad (3-3)$$

其中
$$\varepsilon_0 = 0.002 + 0.5(f_{cuk}-50)\times 10^{-5} \quad (3-4)$$
$$\varepsilon_{cu} = 0.0033 - (f_{cuk}-50)\times 10^{-5} \quad (3-5)$$
$$n = 2-(f_{cuk}-50)/60 \quad (3-6)$$

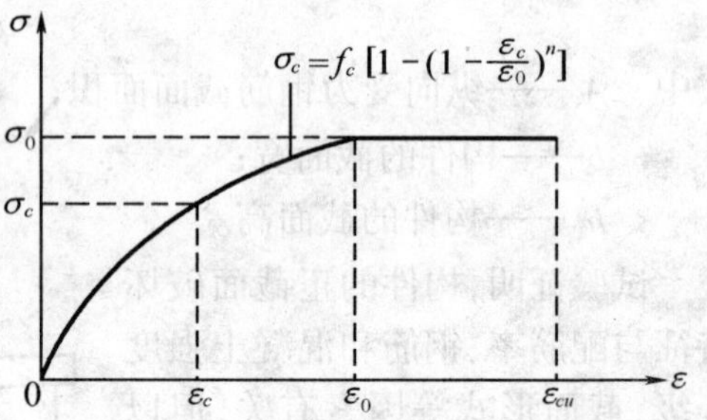

图 3-6 混凝土受压区应力—应变图

式中 σ_c——混凝土压应变为 ε_c 时的混凝土压应力；

f_c——混凝土轴心抗压强度设计值；

ε_0——混凝土压应力达到 f_c 时混凝土压应变，当 $\varepsilon_0 < 0.002$ 时，取 0.002；

ε_{cu}——混凝土极限压应变，非均匀受压时，按公式(3-5)计算，当 $\varepsilon_{cu} > 0.0033$ 时，取 0.0033；当处于轴心受压时取 $\varepsilon_{cu} = \varepsilon_0$；

n——系数，当 $n > 2$ 时，取 $n = 2$；

f_{cuk}——混凝土立方体抗压强度标准值。

4. 纵向钢筋的应力取等于钢筋应变与其弹性模量的乘积，但其绝对值不应大于相应的强度设计值。

二、等效矩形应力图

为了简化计算，受压区混凝土的应力图形可用一个等效的矩形应力图代替。矩形应力图的应力取为 $\alpha_1 f_c$，如图 3-7 所示。α_1 为矩形应力图的应力值与混凝土轴心抗压强度设计

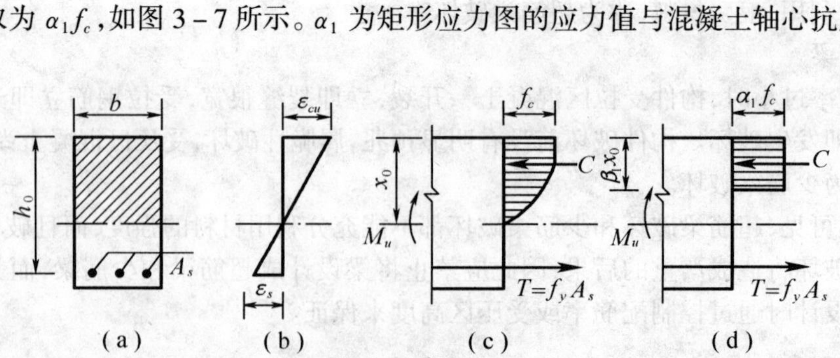

图 3-7 等效应力图

值的比值。受力性能等效的条件是等效矩形应力图的面积与原图的面积相等，即压应力的合力大小不变；等效矩形应力图形形心位置与原图相同，即合力作用点不变。根据等效条件，可以求出按等效矩形应力图计算的受压区高度 x 与按平截面假定确定的受压区高度 x_0 之间存在下列关系

$$x = \beta_1 x_0 \tag{3-7}$$

式中 β_1——矩形应力图形的受压区高度与原图形的受压区高度的比值；

x——换算受压区高度。

系数 α_1 和 β_1 的取值见表 3-2。

表 3-2 系数 α_1 和 β_1

	≤C50	C55	C60	C65	C70	C75	C80
α_1	1.00	0.99	0.98	0.97	0.96	0.95	0.94
β_1	0.80	0.79	0.78	0.77	0.76	0.75	0.74

三、界线相对受压区高度及梁的最大、最小配筋率

(一)界限相对受压区高度 ξ_b

相对受压区高度是指截面换算受压区高度 x 与截面有效高度 h_0 的比值，用符号 ξ 表示。

$$\xi = x/h_0 \tag{3-8}$$

界限相对受压区高度是指适筋梁界限破坏时，截面换算受压区高度 x 与截面有效高度 h_0 的比值。界限破坏是指受拉钢筋应力达到屈服强度的同时，受压区混凝土边缘达到极限压应变，这种破坏称为界限破坏。

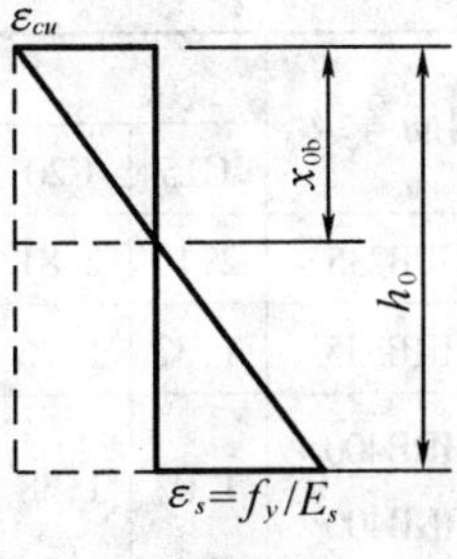

图 3-8 界限配筋时配有明显屈服点钢筋的应变情况

1. 配置有明显屈服点钢筋的受弯构件

由图 3-8 得

$$\xi_b = x_b/h_0 = \beta_1 x_{0b}/h_0 = \beta_1 \varepsilon_{cu}/(\varepsilon_{cu} + \varepsilon_s)$$
$$= \beta_1/(1 + f_y/\varepsilon_{cu}E_s) \tag{3-9}$$

其中
$$\varepsilon_s = f_y/E_s \tag{3-10}$$

2. 配置无明显屈服点钢筋的受弯构件

由图 3-9 得

$$\xi_b = \beta_1/(1 + 0.002/\varepsilon_{cu} + f_y/\varepsilon_{cu}E_s) \tag{3-11}$$

其中
$$\varepsilon_s = 0.002 + f_y/E_s \tag{3-12}$$

式中 f_y——钢筋抗拉设计强度；

E_s——钢筋弹性模量。

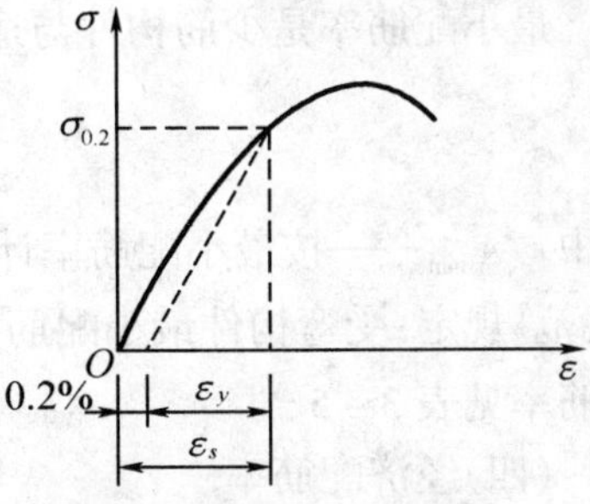

图 3-9 配有无明显屈服点钢筋的应力-应变关系

当 $\xi > \xi_b$ 时，$\sigma_s < f_y$，即构件破坏时钢筋不能屈服，属于超筋梁；当 $\xi \leq \xi_b$ 时，构件破坏时钢筋能屈服，属于适筋梁或少筋梁。因此 ξ_b 是衡量构件破坏时钢筋强度能否充分利用的特征值。

配置有明显屈服点钢筋的受弯构件,常用的界限相对受压区高度 ξ_b 见表 3-3。

表 3-3 受弯构件有屈服点钢筋的 ξ_b

钢筋等级	混凝土的强度等级						
	≤C50	C55	C60	C65	C70	C75	C80
HPB235	0.614	0.606	0.594	0.584	0.575	0.565	0.555
HRB335	0.550	0.541	0.531	0.522	0.512	0.503	0.493
HRB400 RRB400	0.518	0.508	0.499	0.490	0.481	0.472	0.463

(二)最大配筋率 ρ_{max}

最大配筋率是超筋构件与适筋构件的界限配筋率。截面相对受压区高度与截面配筋率之间存在对应关系。由后面的单筋矩形截面梁基本计算公式可以求出

$$\rho_{max} = A_{smax}/bh_0 = \alpha_1 f_c \xi_b / f_y \tag{3-13}$$

式中 A_{smax} 为按最大配筋率计算的钢筋面积。

配置有明显屈服点钢筋的受弯构件,常用的最大配筋率见表 3-4。

表 3-4 受弯构件最大配筋率 ρ_{max}

钢筋等级	混凝土的强度等级													
	C15	C20	C25	C30	C35	C40	C45	C50	C55	C60	C65	C70	C75	C80
HPB235	2.10	2.81	3.48	4.18	4.88	5.58	6.19	6.75	7.23	7.62	8.01	8.36	8.64	8.92
HRB335	1.32	1.76	2.18	2.62	3.07	3.51	3.89	4.24	4.52	4.77	5.01	5.21	5.38	5.55
HRB400 RRB400	1.03	1.38	1.71	2.06	2.40	2.74	3.05	3.32	3.53	3.74	3.92	4.08	4.21	4.34

(三)最小配筋率 ρ_{min}

最小配筋率是少筋构件与适筋构件的界限配筋率,它是根据受弯构件的开裂弯矩确定的。

$$\rho_{min} = A_{smin}/bh_o \tag{3-14}$$

式中 A_{smin}——按最小配筋率计算的钢筋面积。

《规范》规定:受弯构件最小配筋率取 $45f_t/f_y\%$ 和 0.2% 中的较大者。受弯构件常用的最小配筋率见表 3-5。

(四)经济配筋率

设计经验表明,当实心板的配筋率为 0.4% ~0.8% 、矩形梁的配筋率为 0.6% ~1.5% 、T 形梁的配筋率为 0.9% ~1.8% 时,构件的用钢量和总造价都较低,施工比较方便,受力性能也比较好。上述配筋率为梁、板的经济配筋率。设计时应将梁、板的配筋率控制在上述范围内。

表 3-5 受弯构件最小配筋率 ρ_{min}

钢筋等级	混凝土的强度等级													
	C15	C20	C25	C30	C35	C40	C45	C50	C55	C60	C65	C70	C75	C80
HPB235	0.200	0.236	0.272	0.306	0.336	0.336	0.386	0.405	0.420	0.437	0.448	0.459	0.467	0.476
HRB335	0.200	0.200	0.200	0.215	0.236	0.257	0.270	0.284	0.294	0.306	0.314	0.321	0.327	0.333
HRB400 RRB400	0.200	0.200	0.200	0.200	0.200	0.214	0.225	0.236	0.245	0.255	0.261	0.268	0.273	0.278

第五节 单筋矩形截面受弯构件正截面承载力计算

一、基本公式及适用条件

(一)基本公式

截面即将破坏时处于静力平衡状态,根据图 3-10 所示受力图,可建立两个静力平衡方程,一个是所有各力在水平方向的合力为零,另一个是所有各力对截面上任何一点的合力矩为零,即

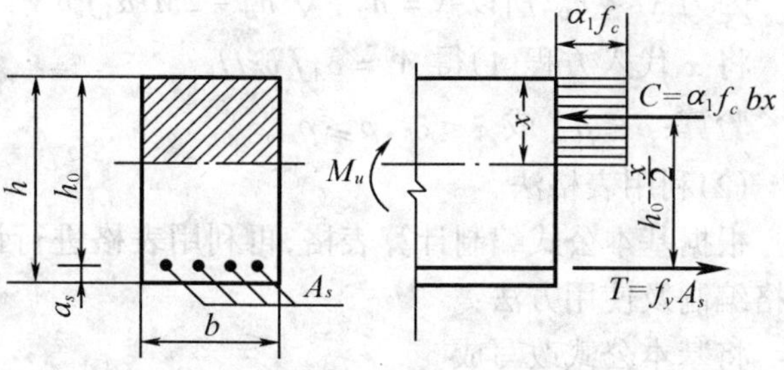

图 3-10 单筋矩形截面梁的计算简图

$$\sum x = 0 \quad \alpha_1 f_c bx = f_y A_s \tag{3-15}$$

当对受拉钢筋的合力作用点取矩时,有

$$\sum M_s = 0 \quad M = \alpha_1 f_c bx(h_0 - x/2) \tag{3-16a}$$

当对受压区混凝土压应力合力作用点取矩时,有

$$\sum M_c = 0 \quad M = f_y A_s(h_0 - x/2) \tag{3-16b}$$

按照承载力极限状态设计应满足

$$M \leqslant M_u \tag{3-17}$$

$$M_u = \alpha_1 f_c bx(h_0 - x/2) = f_y A_s(h_0 - x/2) \tag{3-18}$$

式中 M——荷载产生的弯矩设计值;

M_u——受弯构件正截面抗弯承载力设计值,也叫构件的极限弯矩。

(二)适用条件

式(3-15)、(3-16)仅适用于适筋构件,不适用于少筋和超筋构件。因此《规范》规定,任何受弯构件必须满足下列适用条件。

1.防止超筋破坏,应满足

$$\rho \leqslant \rho_{max} \text{或} \ \xi \leqslant \xi_b \tag{3-19}$$

两式含义相同。

2.防止少筋破坏,应满足

$$\rho \geqslant \rho_{\min} \tag{3-20}$$

计算时若 $\rho > \rho_{\max}$ 或 $\xi > \xi_b$,则可考虑加大截面尺寸、提高材料强度等级或设计成双筋截面;若 $\rho < \rho_{\min}$ 则可取 $\rho = \rho_{\min}$,按 $A_s = \rho_{\min} bh$ 计算钢筋用量。

二、计算类型及计算方法

(一)截面设计

1.已知:$b \times h, M, f_c, f_y$,求 A_s。

解 (1)直接计算法

利用基本公式可进行受弯构件的各类承载力计算,但一般必须解二次联立方程,计算比较麻烦。

$$\alpha_1 f_c bx = f_y A_s \tag{1}$$

$$M = \alpha_1 f_c bx(h_0 - x/2) \tag{2}$$

联立解方程,$x_0 = h_0 \pm \sqrt{h_0^2 - 2M/\alpha_1 f_c b}$

因为 $x < h_0$,所以 $x = h_0 - \sqrt{h_0^2 - 2M/\alpha_1 f_c b}$

将 x 代入方程(1)得 $A_s = \alpha_1 f_c bx/f_y$

验算:$\rho \leqslant \rho_{\max}$ 或 $\xi \leqslant \xi_b$,$\rho \geqslant \rho_{\min}$

(2)利用表格法

根据基本公式编制计算表格,再利用表格进行计算会使计算工作大大简化。下面介绍表格编制及使用方法:

将基本公式改写成

$$\alpha_1 f_c bx = f_y A_s = \alpha_1 f_c bh_0 \xi \tag{3-21}$$

$$M \leqslant M_u = \alpha_1 f_c bx(h_0 - x/2) = \alpha_1 f_c bh_0^2(1-0.5x/h_0)x/h_0 = \alpha_1 f_c bh_0^2 \xi(1-0.5\xi) \tag{3-22a}$$

$$M \leqslant M_u = f_y A_s(h_0 - x/2) = f_y A_s h_0(1-0.5x/h_0) = f_y A_s h_0(1-0.5\zeta) \tag{3-22b}$$

设

$$\alpha_s = \xi(1-0.5\xi) \tag{3-23}$$

$$\gamma_s = 1-0.5\xi \tag{3-24}$$

则

$$M_u = \alpha_s \alpha_1 f_c bh_0^2 \tag{3-25}$$

$$M_u = \gamma_s f_y A_s h_0 \tag{3-26}$$

系数 α_s、γ_s 与 ξ 之间存在一一对应关系,给定一个值,即可求出另两个值。因此可将它们制成表格,见附表15。设计时可直接查用,避免解二次联立方程。若查表不便时,直接用下式计算

$$\xi = 1 - \sqrt{1-2\alpha_s} \tag{3-27}$$

$$\gamma_s = [1 + \sqrt{1-2\alpha_s}]/2 \tag{3-28}$$

由式(3-25)得 $\alpha_s = M/\alpha_1 f_c bh_0^2$

由附表15查得 ξ, γ_s

由式(3-21)得 $A_s = \alpha_1 f_c b\xi h_0/f_y$

或由式(3-26)得 $A_s = M/\gamma_s f_y h_0$

验算:$\rho \leqslant \rho_{max}$ 或 $\xi \leqslant \xi_b$,$\rho \geqslant \rho_{min}$

2.已知:M, f_c, f_y,求 A_s,$b \times h$。

解 按照刚度条件初步确定 h,再按高宽比确定 b,$b \times h$ 应符合模数要求,其他同上。

(二)截面复核计算

1.已知:$b \times h, f_c, f_y, A_s, M$,验算截面承载力是否满足要求。

2.已知:$b \times h, f_c, f_y, A_s$,求 M_u。

解 (1)直接计算法

验算配筋率 $\rho \geqslant \rho_{min}$

利用基本公式

$$\alpha_1 f_c bx = f_y A_s \quad (1)$$

$$M = \alpha_1 f_c bx(h_0 - x/2) \quad (2)$$

联立解方程 $x = f_y A_s / \alpha_1 f_c b < \xi_b h_o$

将 x 代入方程(2)得 $M_u = \alpha_1 f_c bx(h_0 - x/2)$

(2)利用表格法

验算配筋率 $\rho \geqslant \rho_{min}$

$\xi = x/\ h_0 = f_y A_s / \alpha_1 f_c b h_0 \leqslant \xi_b$,由附表15查得 α_s 或 γ_s

则 $M_u = \alpha_0 \alpha_1 f_c b h_0^2 = \gamma_s f_y A_s h_0$

若 $M \leqslant M_u$,则承载力满足要求;若 $M > M_u$,则承载力不满足要求。

例3-1 如图3-11所示为某教学楼中的矩形钢筋混凝土简支梁,结构安全等级为二级,计算跨度 $l_0 = 6$ m,板传来的永久荷载标准值 $g_k = 16$ kN/m(包括梁自重),板传来的可变荷载标准值 $q_k = 15$ kN/m,采用的混凝土强度等级为C20,钢筋为HRB335级钢筋,梁的截面尺寸为 $b \times h = 250 \times 500$ mm,试计算所需的纵向受拉钢筋面积。

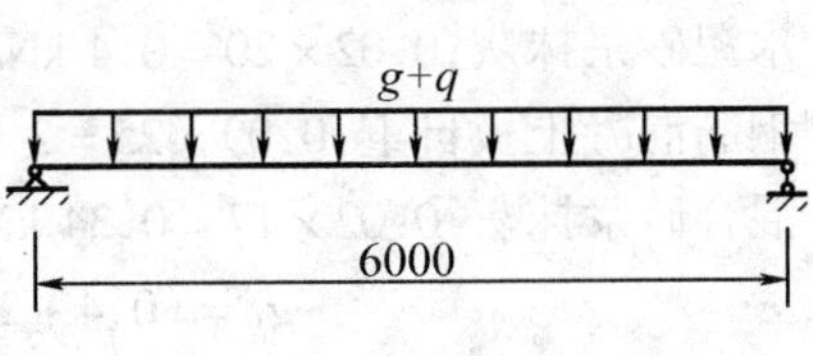

图3-11 例3-1图

解 查表得 $f_c = 9.6\ \text{N/mm}^2$,$f_t = 1.1\ \text{N/mm}^2$,$\alpha_1 = 1$,$f_y = 300\ \text{N/mm}^2$,$\xi_b = 0.55$,$\gamma_0 = 1.0$

由可变荷载效应控制的组合:$\gamma_G = 1.2$, $\gamma_Q = 1.4$

$$q = 1.2 \times 16 + 1.4 \times 15 = 40.2\ \text{kN/m}$$

由永久荷载效应控制的组合:$\gamma_G = 1.35$,$\gamma_Q = 1.4$,$\psi = 0.7$

$$q = 1.35 \times 16 + 1.4 \times 0.7 \times 15 = 36.3\ \text{kN/m} < 40.2\ \text{kN/m}$$

梁承受的均布荷载设计值:$q = 40.2$ kN/m

梁跨中截面弯矩设计值:$M = ql^2/8 = 1/8 \times 40.2 \times 6^2 = 180.9$ kN/m

梁的有效高度按纵向钢筋放置一排考虑:$h_0 = 500 - 35 = 465$ mm

由基本公式:$1 \times 180.9 \times 10^6 = 9.6 \times 250x(465 - x/2)$

$$x^2 - 930x + 150\ 750 = 0,\ x = 209.1\ \text{mm} < \xi_b\ h_0 = 0.550 \times 465 = 255.8\ \text{mm}$$

受拉钢筋截面积:$A_s = \alpha_1 f_c bx / f_y = 1.0 \times 9.6 \times 250 \times 209.1/300 = 1\ 673\ \text{mm}^2$

最小配筋率:$45 f_t / f_y\% = 45 \times 1.1/300\% = 0.165\% < 0.2\%$,取 $\rho_{min} = 0.2\%$

$$\rho_{min}\, bh = 0.002 \times 250 \times 500 = 250\ \text{mm}^2 < 1\ 673\ \text{mm}^2$$

由以上验算,截面符合适筋条件。

选配钢筋:2 ϕ 25 + 1 ϕ 22, $A_s = 1\ 742\ mm^2 > 1\ 673\ mm^2$

一排钢筋所需的最小宽度为

$$b_{min} = 4 \times 25 + 2 \times 25 + 1 \times 22 = 172\ mm < b = 250\ mm$$

例 3-2 已知条件同上例,用表格法计算。

解 $\alpha_s = M/\alpha_1 f_c bh_0^2 = 1 \times 180.9 \times 10^6 / 1.0 \times 9.6 \times 250 \times 465^2 = 0.349$

查表 $\xi = 0.45 < \xi_b$,则受拉钢筋截面积为

$$A_s = \alpha_1 f_c b\xi h_0 / f_y = 1.0 \times 9.6 \times 250 \times 0.45 \times 465/300 = 1\ 674\ mm^2$$

计算结果与上例相同。

例 3-3 某悬挑雨篷板计算跨度为 1.2 m,板上水泥砂浆抹灰 20 mm 厚,板下混合砂浆抹灰 20 mm 厚,板上作用的可变荷载标准值 $q_k = 2\ kN/m^2$,混凝土强度等级采用 C20,纵向受拉筋采用 HPB235 级钢筋。试确定板厚及纵向受拉钢筋截面面积。

解 查表得 $f_c = 9.6\ N/mm^2$, $f_t = 1.1\ N/mm^2$, $\alpha_1 = 1$, $f_y = 210\ N/mm^2$, $\xi_b = 0.614$, $\gamma_0 = 1.0$

按刚度要求:板厚 $h \geqslant l/12 = 100\ mm$,板根部厚度取 $h = 100\ mm$,板端部厚度取 $h = 80\ mm$

板的有效高度按纵向钢筋放置一排考虑,根部弯矩最大,所以按根部计算

$$h_0 = 100 - 20 = 80\ mm$$

取 1 m 板带计算:

永久荷载标准值

水泥砂浆抹灰: $0.02 \times 20 = 0.4\ kN/m^2$

钢筋混凝土板自重: $0.09 \times 25 = 2.25\ kN/m^2$

混合砂浆抹灰: $0.02 \times 17 = 0.34\ kN/m^2$

$$g_k = (0.4 + 2.25 + 0.34) \times 1 = 2.99\ kN/m$$

可变荷载标准值: $q_k = 2 \times 1 = 2\ kN/m$

由可变荷载效应控制的组合: $\gamma_G = 1.2$, $\gamma_Q = 1.4$

$$q = 1.2 \times 2.99 + 1.4 \times 2 = 6.388\ kN/m$$

由永久荷载效应控制的组合: $\gamma_G = 1.35$, $\gamma_Q = 1.4$, $\psi = 0.7$

$$q = 1.35 \times 2.99 + 1.4 \times 0.7 \times 2 = 5.997\ kN/m$$

梁承受的均布荷载设计值: $q = 6.388\ kN/m$

梁跨中截面弯矩设计值: $M = ql^2/2 = 6.388 \times 1.2^2/2 = 4.6\ kN\cdot m$

利用表格计算:

$$\alpha_s = M/\alpha_1 f_c bh_0^2 = 1 \times 4.6 \times 10^6 / 1 \times 9.6 \times 1\ 000 \times 80^2 = 0.075$$

查表: $\xi = 0.078 < \xi_b$

受拉钢筋截面积

$$A_s = \alpha_1 f_c b\xi h_0 / f_y = 1 \times 9.6 \times 1\ 000 \times 0.078 \times 80/210 = 285.3\ mm^2$$

最小配筋率: $\rho_{min} = 45 f_t / f_y\% = 45 \times 1.1/210\% = 0.236\% > 0.2\%$

取 $\rho_{min} = 0.236\%$

实际配筋率: $\rho = A_s / bh_0 = 285.3/1\ 000 \times 80 = 0.36\%$

$$\rho > \rho_{min}$$

由以上验算可知，截面符合适筋条件。

选配钢筋：受力筋：选 $\phi 8@170$ mm（$A_s = 296\ \text{mm}^2$）

分布筋：选 $\phi 6@250$ mm（$A_s = 113\ \text{mm}^2$）

例 3－4 已知单筋矩形截面梁 $b \times h = 250 \times 500$ mm，配有 3 ϕ 20 的 HRB335 级纵向受拉筋，混凝土强度等级采用 C20，承受的弯矩设计值为 110 kN·m，试验算该梁是否安全。

解 查表得 $f_c = 9.6\ \text{N/mm}^2$，$f_t = 1.1\ \text{N/mm}^2$，$\alpha_1 = 1$，$f_y = 300\ \text{N/mm}^2$，$\xi_b = 0.55$

梁的有效高度按纵向钢筋放置一排考虑：$h_0 = 500 - 35 = 465$ mm，$A_s = 941\ \text{mm}^2$

最小配筋率：$\rho_{min} = 45 f_t / f_y \% = 45 \times 1.1/300\% = 0.165\% < 0.2\%$

取 $\rho_{min} = 0.2\%$

实际配筋率：$\rho = A_s / bh_0 = 941/250 \times 465 = 0.809\%$

$\rho > \rho_{min}$ 由基本公式：$x = f_y A_s / \alpha_1 f_c b = 300 \times 941/1 \times 9.6 \times 250 = 117.6\ \text{mm} < \xi_b h_0$

$M_u = \alpha_1 f_c bx(h_0 - x/2) = 1 \times 9.6 \times 250 \times 117.6 \times (465 - 117.6/2) = 114.6\ \text{kN·m}$

$M_u > M$，说明该梁安全。

第六节　双筋矩形截面受弯构件正截面承载力计算

一、概述

双筋截面受弯构件的用钢量比单筋截面多，不经济，应尽量少用。一般只适用于下列三种情况。

1. 当截面承受的弯矩较大，而截面尺寸受到使用条件限制，材料强度等也不宜改变时，若设计成单筋截面，会使 $\xi > \xi_b$，成为超筋截面梁。

2. 不同荷载作用（如地震），使同一截面承受正负弯矩作用。

3. 由于某种原因在截面的受压区已配置了受力钢筋（如连续梁的某些支座截面）。

双筋截面梁破坏时，受压钢筋的应力取决于它的应变，对于 HPB235，HRB335，HRB400 和 RRB400 级钢，应变为 0.002 时，钢筋应力均可达到强度设计值。当受压筋采用高强钢筋时，在受压区混凝土压碎时，钢筋强度设计值只能发挥到 $0.002E'_s = 0.002 \times 2 \times 10^5 = 400\ \text{N/mm}^2$，因此《规范》规定，钢筋抗压强度设计值最大取 $400\ \text{N/mm}^2$。

如果截面受压区高度太小，在截面破坏时，受压钢筋的应变就达不到 0.002，那么受压钢筋就不能屈服，因此《规范》规定受压区高度必须满足 $x \geqslant 2a'_s$。

二、基本公式及适用条件

（一）基本公式

双筋截面受弯构件的受力特点和破坏特征与单筋截面基本相同，受力情况如图 3－12 所示，同单筋截面一样列出两个静力平衡方程

$$\sum x = 0 \quad \alpha_1 f_c bx + f'_y A'_s = f_y A_s \tag{3-29}$$

$$\sum M = 0 \quad M = f'_y A'_s (h_0 - a'_s) + \alpha_1 f_c bx (h_0 - x/2) \tag{3-30}$$

按照承载力极限状态设计应满足

$$M \leqslant M_u \tag{3-31}$$

$$M_u = f'_y A'_s (h_0 - a'_s) + \alpha_1 f_c bx(h_0 - x/2) \tag{3-32}$$

式中 A'_s——纵向受压钢筋截面积；

a'_s——受压钢筋的合力作用点到截面受压边缘的距离。

梁：一般当受压筋布置一排时，取 $a'_s = 35$ mm；当受压筋布置二排时，取 $a'_s = 60$ mm。

板：一般取 $a'_s = 20$ mm。

(二)适用条件

1.防止超筋破坏，应满足

$$\rho \leqslant \rho_{\max} \text{或} \xi \leqslant \xi_b \tag{3-33}$$

两式含义相同。

2.为保证受压筋达到抗压设计强度，应满足

$$x \geqslant 2a'_s \tag{3-34}$$

计算时若 $\xi > \xi_b$，可适当增加受压钢筋用量或加大截面尺寸、提高材料强度等级；若 $x < 2a'_s$，可取 $x = 2a'_s$，各力对受压钢筋合力点取矩，得

$$M = f_y A_s (h_0 - a'_s) \tag{3-35}$$

双筋截面中的受拉钢筋常常配置较多，一般均能满足最小配筋率的要求，不必进行验算。

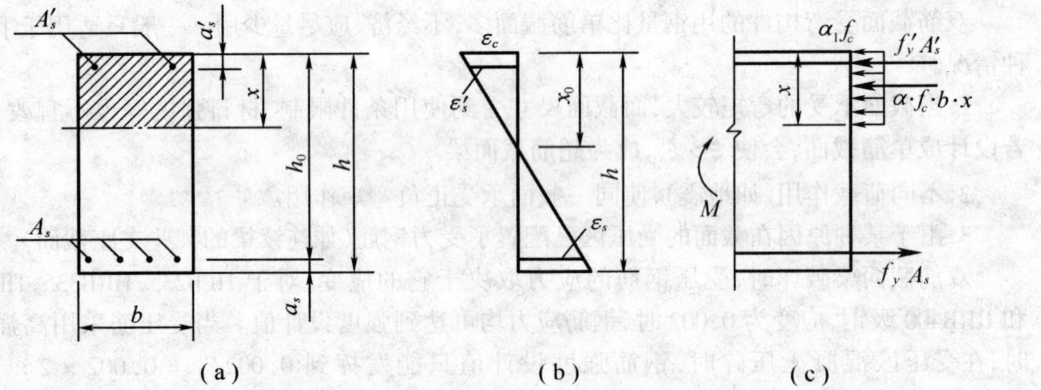

图 3-12 双筋矩形截面梁的计算简图

三、计算类型及计算方法

(一)截面设计

1.已知：$b \times h, M, f_c, f_y, f'_y$，求 A_s, A'_s。

解 利用基本公式

$$\alpha_1 f_c bx + f'_y A'_s = f_y A_s \tag{1}$$

$$M = f'_y A'_s (h_0 - a'_s) + \alpha_1 f_c bx(h_0 - x/2) \tag{2}$$

两个方程，三个未知数，无法求解，需要补充一个方程。为充分利用混凝土的抗压强度，

节约钢材，令 $x=\xi_b h_0$ 代入方程(2)，有

$$M=f'_yA'_s(h_0-a'_s)+\alpha_1 f_c bx(h_0-x/2)=f'_yA'_s(h_0-a'_s)+\alpha_1 f_c bh_0^2\xi_b(1-0.5\xi_b)$$

$$A'_s=[M-\alpha_1 f_c bh_0^2\xi_b(1-0.5\xi_b)]/f'_y(h_0-a'_s)$$

将 A'_s 代入方程(1)

得 $A_s=[\alpha_1 f_c bh_0\xi_b+f'_yA'_s]/f_y$

适用条件均满足，不必验算。

2.已知：$b\times h, M, f_c, f_y, f'_y, A'_s$(构造要求)，求 A_s。

解 利用基本公式

$$M=f'_yA'_s(h_0-a'_s)+\alpha_1 f_c bx(h_0-x/2) \quad (1)$$

$$\alpha_1 f_c bx+f'_yA'_s=f_yA_s \quad (2)$$

基本公式中只有两个未知数 x 和 A_s，可以直接求解。

根据公式(1)

$$x=h_0-\sqrt{h_0^2-2[M-f'_yA'_s(h_0-a'_s)]/\alpha_1 f_c b}$$

当 $x\geqslant 2a'_s$ 且 $x\leqslant\xi_b h_0$ 时，将 x 代入公式(2)

得 $A_s=(\alpha_1 f_c bx+f'_yA'_s)/f_y$

若 $\xi>\xi_b$，说明给定的受压钢筋截面积太小，应重新配置 A'_s，按 A'_s 和 A_s 均未知情况重新计算，同上一类型题。

若 $x\leqslant 2a'_s$，取 $x=2a'_s$，则 $A_s=M/f_y(h_0-a'_s)$

(二)截面复核

1.已知：$b\times h, f_c, f_y, f'_y, A_s, A'_s, M$，验算承载力是否满足要求。

2.已知：$b\times h, f_c, f_y, f'_y, A_s, A'_s$，求 M_u。

解 利用基本公式

$$\alpha_1 f_c bx+f'_yA'_s=f_yA_s \quad (1)$$

$$M=f'_yA'_s(h_0-a'_s)+\alpha_1 f_c bx(h_0-x/2) \quad (2)$$

根据公式(1) $x=(f_yA_s-f'_yA'_s)/\alpha_1 f_c b$

当 $x\geqslant 2a'_s$ 且 $x\leqslant\xi_b h_0$ 时，将 x 代入公式(2)

$$M_u=f'_yA'_s(h_0-a'_s)+\alpha_1 f_c bx(h_0-x/2)$$

若 $x>\xi_b h_0$，只能取 $x=\xi_b h_0$，则 $M_u=\alpha_1 f_c bh_0^2\xi_b(1-0.5\xi_b)+f'_yA'_s(h_0-a'_s)$；

若 $x<2a'_s$，取 $x=2a'_s$，则 $M_u=f_yA_s(h_0-a'_s)$

若 $M\leqslant M_u$，则承载力满足要求；若 $M>M_u$，则承载力不满足要求。

例 3-5 已知某教学楼一矩形截面楼面大梁截面尺寸为 $b\times h=250\times 500$ mm，承受的弯矩设计值为 300 kN·m，混凝土强度等级采用 C25，纵向受拉筋采用 HRB400 钢筋。求此梁所需配置的纵向钢筋。

解 查表得 $f_c=11.9\ \text{N/mm}^2, f_t=1.27\ \text{N/mm}^2, \alpha_1=1, f_y=360\ \text{N/mm}^2, \xi_b=0.518$

验算是否需要设计成双筋截面梁：

因弯矩较大，截面较小，预计受拉钢筋布置两排：$h_0=500-60=440$ mm

单筋矩形截面梁所能承担的最大弯矩为

$$M_{u\max}=\alpha_1 f_c bh_0^2\xi_b(1-0.5\xi_b)=1\times 11.9\times 250\times 440^2\times 0.518(1-0.5\times 0.518)$$

$= 221\ 075\ 334.5\ \text{N·m} = 221.1\ \text{kN·m} < M$

说明需要设计成双筋截面梁

为使钢筋总量最小,令 $\xi = \xi_b$;受压钢筋布置一排:$a'_s = 35$ mm

$$A'_s = [M - \alpha_1 f_c b h_0^2 \xi_b (1 - 0.5\xi_b)]/f'_y (h_0 - a'_s)$$
$$= [300 \times 10^6 - 221.1 \times 10^6]/360 \times (440 - 35) = 541.2\ \text{mm}^2$$
$$A_s = [\alpha_1 f_c b h_0 \xi_b + f'_y A'_s]/f_y$$
$$= [1 \times 11.9 \times 250 \times 440 \times 0.518 + 360 \times 541.2]/360 = 2\ 424.7\ \text{mm}^2$$

实际选用钢筋:受压钢筋:3 Φ 16($A_s = 603\ \text{mm}^2$)

受拉钢筋:5 Φ 25($A_s = 2\ 454\ \text{mm}^2$)

例 3-6 已知条件同上,但已在受压区配置了 2 Φ 20 的受压筋,求所需的纵向受拉钢筋截面面积。

解 查表得:$f_c = 11.9\ \text{N/mm}^2$, $f_t = 1.27\ \text{N/mm}^2$, $\alpha_1 = 1$, $f_y = 360\ \text{N/mm}^2$, $\xi_b = 0.518$, $A'_s = 628\ \text{mm}^2$

受拉钢筋布置两排:$h_0 = 500 - 60 = 440$ mm;受压钢筋布置一排:$a'_s = 35$ mm

$$x = h_0 - \sqrt{h_0^2 - 2[M - f'_y A'_s (h_0 - a'_s)]/\alpha_1 f_c b}$$
$$= 440 - \sqrt{440^2 - 2[300 \times 10^6 - 360 \times 628(440 - 35)]/1 \times 11.9 \times 250}$$
$$= 208.8\ \text{mm} \geq 2a'_s = 70\ \text{mm}$$
$$x < \xi_b h_0 = 0.518 \times 440 = 227.9\ \text{mm}$$
$$A_s = (\alpha_1 f_c b x + f'_y A'_s)/f_y = (1 \times 11.9 \times 250 \times 208.8 + 360 \times 628)/360 = 2\ 353.5\ \text{mm}^2$$

本设计总用钢量为 $628 + 2\ 353.5 = 2\ 981.5\ \text{mm}^2$。

上题总用钢量为 $541.2 + 2\ 424.7 = 2\ 965.9\ \text{mm}^2$,比较结果,本设计不经济,因为没有充分利用混凝土的强度,使得总用钢量增加。

例 3-7 已知某办公楼矩形截面梁截面尺寸为 $b \times h = 200\ \text{mm} \times 500\ \text{mm}$,已配有 3 Φ 25 的纵向受拉筋,面积 $A_s = 1\ 473\ \text{mm}^2$,2 Φ 16 的纵向受压筋,面积 $A'_s = 402\ \text{mm}^2$,混凝土强度等级采用 C25,纵筋采用 HRB335 钢筋,求梁所能承受的最大设计弯矩。

解 查表得 $f_c = 11.9\ \text{N/mm}^2$, $f_t = 1.27\ \text{N/mm}^2$, $\alpha_1 = 1$, $f_y = 300\ \text{N/mm}^2$, $\xi_b = 0.55$

受拉钢筋布置一排:$h_0 = 500 - 35 = 465$ mm;受压钢筋布置一排:$a'_s = 35$ mm

$$x = (f_y A_s - f'_y A'_s)/\alpha_1 f_c b$$
$$= (300 \times 1\ 473 - 300 \times 402)/1 \times 11.9 \times 200 = 135\ \text{mm} > 70\ \text{mm}$$
$$x < \xi_b h_0 = 0.55 \times 465 = 255.75\ \text{mm}$$
$$M_u = f'_y A'_s (h_0 - a'_s) + \alpha_1 f_c b x (h_0 - x/2)$$
$$= 300 \times 402(465 - 35) + 1 \times 11.9 \times 200 \times 135(465 - 135/2)$$
$$= 179.6\ \text{kN·m}$$

第七节 T形截面受弯构件正截面承载力计算

一、概述

矩形截面受弯构件受拉区混凝土开裂后便不能工作。在承载力计算中,没有考虑混凝土的抗拉强度，因此对于截面尺寸较大的矩形截面受弯构件，可挖去受拉区两侧的混凝土，将受拉筋集中布置在肋部，形成如图 3－13 所示的 T 形截面，它和原来的矩形截面所能承担的弯矩是相同的，而 T 形截面可以减轻结构自重，节省混凝土。T 形截面梁一般设计成单筋截面。

T 形截面伸出的部分称为翼缘，翼缘宽度为 b'_f，厚度为 h'_f；中间部分称为肋或腹部，肋宽为 b，截面总高为 h。倒 T 形截面和 I 字形截面由于不考虑受拉区混凝土受力，因此倒 T 形截面按宽为 b 的矩形截面计算，I 字形截面按 T 形截面计算。

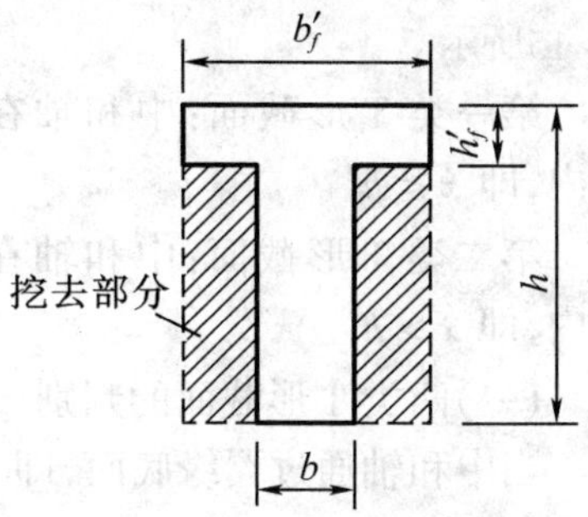

图 3－13　T 形截面梁

在实际工程中，T 形截面受弯构件应用十分广泛，如 T 形吊车梁等。现浇肋梁楼盖的连续梁，在跨中截面按 T 形截面计算；I 字形吊车梁、槽形板、空心板等截面换算成 T 形截面计算。

试验与理论研究表明，T 形截面受弯构件受弯后，翼缘的纵向压应力沿翼缘宽度方向分布是不均匀的，靠近肋部压应力较高，离肋部越远压应力越小，如图 3－14 所示，因此对翼缘计算宽度 b'_f 应加以限制。

试验表明，T 形截面翼缘计算宽度 b'_f 与翼缘厚度、梁跨度和受力情况等有关。《规范》规定按表 3－6 中有关规定的最小值取用，在规定的翼缘宽度范围内认为压应力均匀分布。

表 3－6　T 形、倒 L 形截面受弯构件翼缘计算宽度 b'_f

考虑情况		T 形截面		倒 L 形截面
		肋形梁(板)	独立梁	肋形梁(板)
按计算跨度 l_0 考虑		$1/3l_0$	$\frac{l_0}{3}$	$\frac{l_0}{6}$
按梁(肋)净距 S_n 考虑		$b+S_n$	–	$b+S_n/2$
按翼缘高度 h'_f 考虑	当 $h'_f/h_0 \geqslant 0.1$	–	$b+12h'_f$	–
	当 $0.1>h'_f/h_0 \geqslant 0.05$	$b+12h'_f$	$b+6h'_f$	$b+5h'_f$
	当 $h'_f/h_0<0.05$	$b+12h'_f$	b	$b+5h'_f$

注：①表中 b 为梁的腹板宽度；

②如肋形梁在梁跨内设有间距小于纵肋间距的横肋时，则不可不遵守表列第三种情况的规定；

③对有加腋的 T 形和倒 L 形截面，当受压区加腋的高度 $h_h>h'_f$ 且加腋的宽度 $b_h<3h_h$ 时，则其翼缘计算宽度可按表列第三种情况规定分别增加 $2b_h$(T 形截面)和 b_h(倒 L 形截面)；

④独立梁受压区的翼缘板在荷载作用下，经验算沿纵肋方向可能产生裂缝时，则计算宽度取用腹板宽度 b。

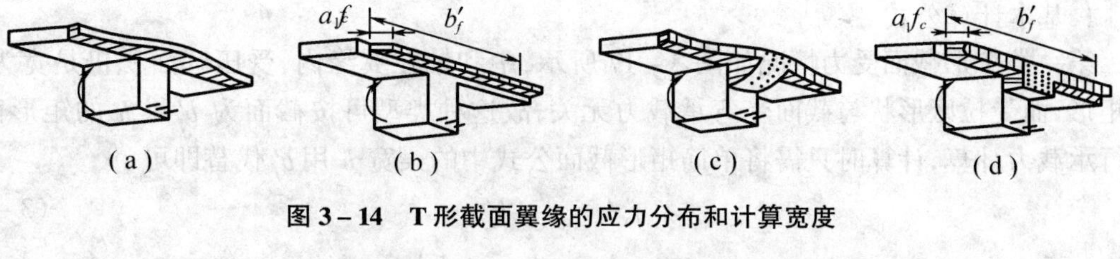

图 3－14　T 形截面翼缘的应力分布和计算宽度

二、基本计算公式及适用条件

T形截面受弯构件，按破坏时中和轴位置的不同分为两类，如图3-15所示。

第一类T形截面：中和轴在翼缘内，即 $x \leqslant h'_f$。

第二类T形截面：中和轴在腹板内，即 $x > h'_f$。

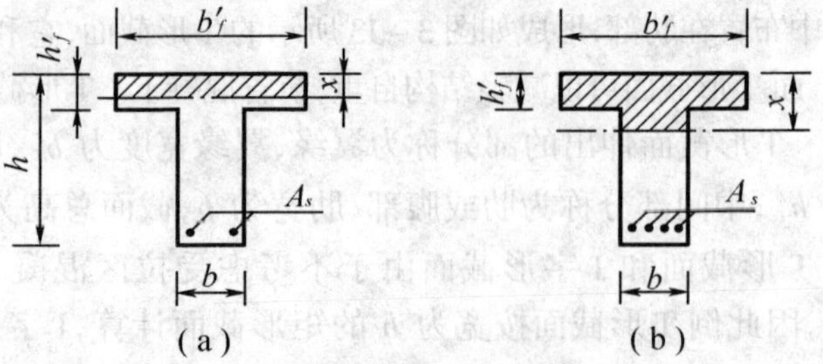

图3-15 两类T形截面

(一)两类T形截面的判别

当中和轴通过翼缘底面，即 $x = h'_f$ 时，为两类T形截面的界限情况，如图3-16所示。

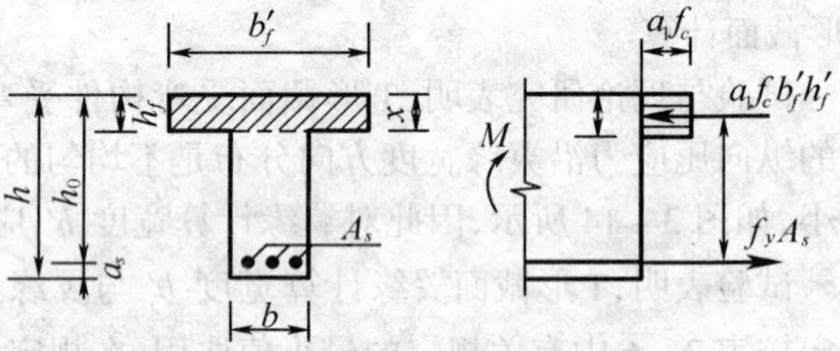

图3-16 两类T形截面的界限

由平衡条件得

$$\sum x = 0, \quad \alpha_1 f_c b'_f h'_f = f_y A_s \tag{3-36}$$

$$\sum M = 0, \quad M = \alpha_1 f_c b'_f h'_f \left(h_0 - \frac{h'_f}{2} \right) \tag{3-37}$$

若

$$f_y A_s \leqslant \alpha_1 f_c b'_f h'_f \tag{3-38}$$

或

$$M \leqslant \alpha_1 f_c b'_f h'_f \left(h_0 - \frac{h'_f}{2} \right) \tag{3-39}$$

即钢筋所承受的拉力小于或等于全部翼缘高度混凝土受压时所承担的压力，不需要全部翼缘混凝土受压就足以与钢筋负担的拉力或弯矩设计值相平衡，故 $x \leqslant h'_f$，属于第一类T形截面。

若

$$f_y A_s > \alpha_1 f_c b'_f h'_f \tag{3-40}$$

或

$$M > \alpha_1 f_c b'_f h'_f \left(h_0 - \frac{h'_f}{2} \right) \tag{3-41}$$

说明仅仅翼缘高度内的混凝土受压尚不足以与钢筋负担的拉力或弯矩设计值相平衡，中和轴将下移，即 $x > h'_f$，属于第二类T形截面。

式(3-39)和式(3-41)适用于截面设计时的判别；而式(3-38)和式(3-40)适用于截面校核时的判别。

(二)第一类T形截面的基本计算公式及适用条件

1.基本计算公式

第一类T形截面受力情况如图3-17所示，中和轴在翼缘内，受压区面积仍是宽为 b'_f 的矩形，而受拉区形状与截面受弯承载力无关，故这种类型可按截面为 $b'_f \times h$ 的矩形截面进行承载力计算，计算时只需将单筋矩形截面公式中的梁宽 b 用 b'_f 代替即可。

$$f_y A_s = \alpha_1 f_c b'_f x \tag{3-42}$$

$$M = \alpha_1 f_c b'_f x \left(h_0 - \frac{x}{2} \right) \tag{3-43}$$

按照承载力极限状态设计应满足

$$M \leqslant M_u \quad (3-44)$$

$$M_u = \alpha_1 f_c b'_f x\left(h_0 - \frac{x}{2}\right) \quad (3-45)$$

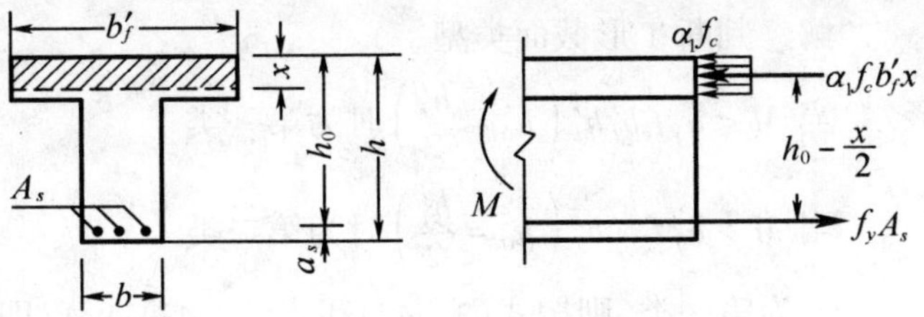

图 3-17 第一类 T 形截面计算简图

2.适用条件

(1)为防止超筋破坏,应满足

$$\rho \leqslant \rho_{max} \text{或} \ \xi \leqslant \xi_b \quad (3-46)$$

对于第一类 T 形截面,$x \leqslant h'_f$,由于 h'_f / h_0 一般都较小,因而 ξ 值较小,所以均满足此条件,不必验算。

(2)为防止少筋破坏,应满足

$$\rho \geqslant \rho_{min} \quad (3-47)$$

(三)第二类 T 形截面的基本计算公式及适用条件

1 基本计算公式

第二类 T 形截面受力情况如图 3-18 所示,列出两个静力平衡方程

$$\sum x = 0 \quad f_y A_s = \alpha_1 f_c bx + \alpha_1 f_c (b'_f - b) h'_f \quad (3-48)$$

$$\sum M = 0 \quad M = \alpha_1 f_c bx\left(h_0 - \frac{x}{2}\right) + \alpha_1 f_c (b'_f - b) h'_f \left(h_0 - \frac{h'_f}{2}\right) \quad (3-49)$$

按照承载力极限状态设计应满足

$$M \leqslant M_u \quad (3-50)$$

$$M_u = \alpha_1 f_c bx\left(h_0 - \frac{x}{2}\right) + \alpha_1 f_c (b'_f - b) h'_f \left(h_0 - \frac{h'_f}{2}\right) \quad (3-51)$$

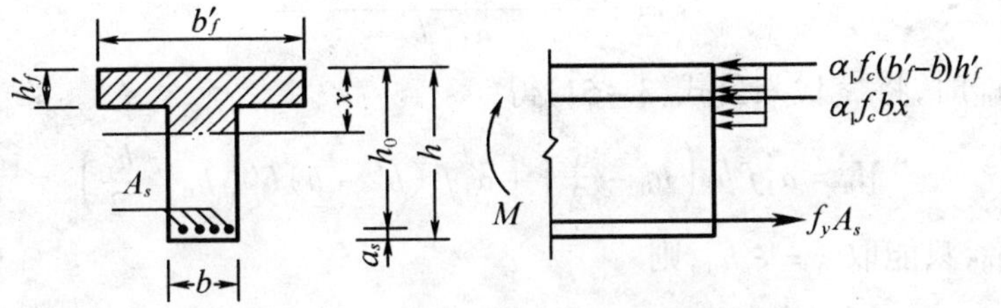

图 3-18 第二类 T 形截面计算简图

2.适用条件

(1)为防止超筋破坏,应满足

$$\rho \leqslant \rho_{max} \text{或} \ \xi \leqslant \xi_b \quad (3-52)$$

(2)为防止少筋破坏,应满足

$$\rho \geqslant \rho_{min} \quad (3-53)$$

第二类 T 形截面的配筋率一般较大,均能满足最小配筋率要求,不必验算。

三、计算类型及计算方法

(一)截面设计

1.已知：$b\times h, f_c, f_y, b'_f, h'_f, M$ 求 A_s。

解 判断T形截面类型

当 $M\leqslant\alpha_1 f_c b'_f h'_f\left(h_0-\dfrac{h'_f}{2}\right)$时为第一类

当 $M>\alpha_1 f_c b'_f h'_f\left(h_0-\dfrac{h'_f}{2}\right)$时为第二类

若为第一类，则按式(3－42)和式(3－43)计算，即按 $b'_f\times h$ 的矩形截面受弯构件计算；若为第二类，则按式(3－48)和式(3－49)解方程直接求解。

$$x=h_0-\sqrt{h_0^2-2\left[M-\alpha_1 f_c(b'_f-b)h'_f\left(h_0-\frac{h'_f}{2}\right)\right]/\alpha_1 f_c b}$$

当 $x\leqslant\xi_b h_0$ 时，将 x 代入公式(3－48)

得 $A_s=\dfrac{\alpha_1 f_c bx+\alpha_1 f_c(b'_f-b)h'_f}{f_y}$

若 $x>\xi_b h_0$，须重新进行截面设计。

(二)截面复核

1.已知：$b\times h, f_c, f_y, b'_f, h'_f, A_s, M$ 验算承载力是否满足要求。

2.已知：$b\times h, f_c, f_y, b'_f, h'_f, A_s$ 求 M_u。

解 判断T形截面类型

当 $f_y A_s\leqslant\alpha_1 f_c b'_f h'_f$ 时为第一类

当 $f_y A_s>\alpha_1 f_c b'_f h'_f$ 时为第二类

若为第一类，则按式(3－42)和式(3－43)计算，按 $b'_f\times h$ 的矩形截面受弯构件计算，若为第二类，则按式(3－48)和式(3－49)解方程直接求解。

$$x=\frac{f_y A_s-\alpha_1 f_c(b'_f-b)h'_f}{\alpha_1 f_c b}$$

当 $x\leqslant\xi_b h_0$ 时，将 x 代入公式(3－51)得

$$M_u=\alpha_1 f_c bx\left(h_0-\frac{x}{2}\right)+\alpha_1 f_c(b'_f-b)h'_f\left(h_0-\frac{h'_f}{2}\right)$$

若 $x>\xi_b h_0$，只能取 $x=\xi_b h_0$，则

$$M_u=\alpha_1 f_c b\xi_b h_0^2(1-0.5\xi_b)+\alpha_1 f_c(b'_f-b)h'_f\left(h_0-\frac{h'_f}{2}\right)$$

若 $M\leqslant M_u$，则承载力满足要求；若 $M>M_u$，则承载力不满足要求。

例3－8 已知T形截面梁截面尺寸 $b'_f=600$ mm、$h'_f=120$ mm、$b=250$ mm、$h=650$ mm，混凝土强度等级采用C25，纵筋采用HRB335钢筋，承受的弯矩设计值为540 kN·m，求纵向受拉钢筋截面面积。

解 查表得 $f_c=11.9$ N/mm^2，$f_t=1.27$ N/mm^2，$\alpha_1=1$，$f_y=300$ N/mm^2，$\xi_b=0.55$

受拉钢筋布置二排： $h_o=650-60=590$ mm

判断T形截面类型：

$$\alpha_1 f_c b'_f h'_f\left(h_0-\frac{h'_f}{2}\right)=1\times11.9\times600\times120\times\left(590-\frac{120}{2}\right)=454.1\ \text{kN·m}<M$$

属于第二类T形截面

$$x = h_0 - \sqrt{h_0^2 - 2\left[M - \alpha_1 f_c (b'_f - b) h'_f \left(h_0 - \frac{h'_f}{2}\right)\right] / \alpha_1 f_c b}$$

$$= 590 - \sqrt{590^2 - 2\left[540 \times 10^6 - 1 \times 11.9 \times (600 - 250) \times 120 \times \left(\frac{590 - 120}{2}\right)\right] / 1 \times 11.9 \times 250}$$

$$= 186 \text{ mm} < \xi_b h_0 = 0.55 \times 590 = 324.5 \text{ mm}$$

$$A_s = \frac{\alpha_1 f_c b x + \alpha_1 f_c (b'_f - b) h'_f}{f_y} = \frac{1 \times 11.9 \times 250 \times 186 + 1 \times 11.9 \times (600 - 250) \times 120}{300}$$

$$= 351\ 0.5 \text{ mm}^2$$

实际选用受拉钢筋：

4 Φ 22 + 4 Φ 25（A_s = 1 520 + 1 964 = 3 484 mm²，差值在 5% 以内）。

例 3－9 现浇肋形楼盖中的次梁，跨度为 6 m，间距为2.4 m，截面尺寸如图 3－19 所示。跨中截面的最大弯矩设计值 M = 120 kN·m。混凝土强度等级采用 C20，纵向受拉筋采用 HRB335 级钢筋，试计算次梁的受拉钢筋面积。

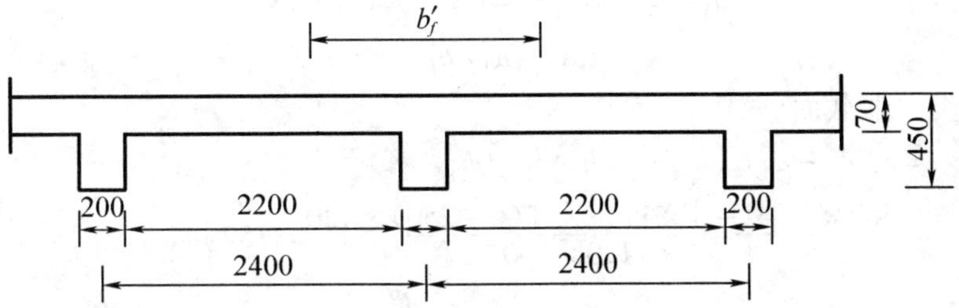

图 3－19

解 查表得 $f_c = 9.6\ \text{N/mm}^2$，$f_t = 1.1\ \text{N/mm}^2$，$\alpha_1 = 1$，$f_y = 300\ \text{N/mm}^2$，$\xi_b = 0.55$

受拉钢筋布置一排：$h_0 = 450 - 35 = 415$ mm

1.确定翼缘宽度

按梁跨度考虑： $b'_f = \frac{l_0}{3} = \frac{6\ 000}{3} = 2\ 000$ mm

按梁间距考虑： $b'_f = b + s_n = 200 + 2\ 200 = 2\ 400$ mm

按翼缘高度考虑： $\frac{h'_f}{h_0} = \frac{70}{415} > 0.1$

故翼缘宽度不受 h'_f 限制，翼缘的计算宽度取前两项结果中的较小值，即 $b'_f = 2\ 000$ mm。

2.判断 T 形截面类型

$$\alpha_1 f_c b'_f h'_f \left(h_0 - \frac{h'_f}{2}\right) = 1 \times 9.6 \times 2\ 000 \times 70 \times \left(415 - \frac{70}{2}\right) = 583.68 \text{ kN·m} > M$$

属于第一类 T 形截面

3.配筋计算

按截面为 $b'_f \times h$ 的矩形截面计算

$$\alpha_s = M / \alpha_1 f_c b'_f h_0^2 = 120 \times 10^6 / 1 \times 9.6 \times 2\ 000 \times 415^2 = 0.036$$

查表： $\xi = 0.036 < \xi_b$

$$A_s = \alpha_1 f_c b'_f \xi h_0 / f_y = 1 \times 9.6 \times 2000 \times 0.036 \times 415/300 = 956.2\ \text{mm}^2$$

$$\rho = \frac{A_s}{bh_0} = \frac{956.2}{200 \times 415} = 1.152\%$$

$$\rho_{\min} = 45 f_t / f_y\% = 45 \times 1.1/300\% = 0.165\% < 0.2\%$$

取 $\rho_{\min} = 0.2\%$，$\rho > \rho_{\min}$

实际选用钢筋:4 Φ 18($A_s = 1017\ \text{mm}^2$)

例 3－10 已知 T 形截面梁截面尺寸 $b'_f = 700$ mm、$h'_f = 120$ mm、$b = 250$ mm、$h = 700$ mm，混凝土强度等级采用 C25，纵向受拉筋采用 HRB400 级钢筋，已配有 8 Φ 22 的纵向受拉筋，面积 $A_s = 3\ 041\ \text{mm}^2$，承受的弯矩设计值为586 kN·m，试验算该梁是否安全。

解 查表得 $f_c = 11.9\ \text{N/mm}^2$，$f_t = 1.27\ \text{N/mm}^2$，$\alpha_1 = 1$，$f_y = 360\ \text{N/mm}^2$，$\xi_b = 0.518$

受拉钢筋布置二排：$h_0 = 700 - 60 = 640$ mm

判断 T 形截面类型：

$$\alpha_1 f_c b'_f h'_f = 1 \times 11.9 \times 700 \times 120 = 999.6\ \text{kN}$$

$$f_y A_s = 360 \times 3\ 041 = 1\ 094.76\ \text{kN}$$

$$f_y A_s > \alpha_1 f_c b'_f h'_f$$

所以属于第二类 T 形截面

$$x = [f_y A_s - \alpha_1 f_c (b'_f - b) h'_f] / \alpha_1 f_c b$$

$$= \frac{360 \times 3\ 041 - 1 \times 11.9 \times (700 - 250) \times 120}{1 \times 11.9 \times 250} = 152\ \text{mm}$$

$$M_u = \alpha_1 f_c bx(h_0 - x/2) + \alpha_1 f_c (b'_f - b) h'_f \left(h_0 - \frac{h'_f}{2}\right)$$

$$= 1 \times 11.9 \times 250 \times 152 \times \left(640 - \frac{152}{2}\right) + 1 \times 11.9 \times (700 - 250) \times 120 \times \left(640 - \frac{120}{2}\right)$$

$$= 255.1 + 372.7 = 627.8\ \text{kN·m}$$

$M_u > M$ 说明该梁安全。

习　题

一、填空题

3－1　在竖向荷载作用下，钢筋混凝土悬臂板受拉钢筋一定配置在板的________。

3－2　钢筋混凝土单向板中的分布钢筋必须配置在受力钢筋的________。

3－3　钢筋混凝土梁中架立钢筋的主要作用是________。

3－4　钢筋混凝土受弯构件中箍筋的主要作用是________。

3－5　钢筋混凝土弯起钢筋弯起部分的作用是________，水平部分的作用是________。

3－6　钢筋混凝土梁中当配筋率小于最小配筋率时属于________。

3－7　在混凝土构件中，纵向受压钢筋的抗压强度不应大于________。

3－8　双筋矩形截面梁承载力计算公式的适用条件是________和________。

3－9　在钢筋混凝土正截面承载力计算中，防止超筋破坏的条件是________。

3－10　受弯构件受拉钢筋配筋率越大，构件截面的延性________。

3－11　梁、板正截面受弯承载力计算应满足 $M \leqslant M_u$，其中 M 是________，它是由________所产生的内力设计值；M_u 是________，它是由________所产生的抗力。

3－12　单筋矩形截面梁受压区高度最大值 $x_{max}=$ ________，相应的最大配筋率 $\rho_{max}=$ ________，最大承载力(极限弯矩) M_{umax}________。

3－13　梁的截面高宽比，在矩形截面中一般为________，在T形截面中一般为________。

3－14　HRB335钢筋，$f'_y=f_y$ ________，$\xi_b=$ ________。

3－15　截面有效高度：布置单排钢筋时，$h_0=h-$ ________，布置双排钢筋时，$h_0=h-$ ________。

3－16　为了便于浇筑混凝土以保证钢筋周围混凝土的密实性，梁上部钢筋的净距应不小于________和________，下部钢筋的净距应不小于________和________。

3－17　在室内正常情况下，一般当板厚 $h<100$ mm时，$h_0=h-$ ________；当板厚 $h\geqslant 100$ mm时，$h_0=h-$ ________。

3－18　少筋梁与适筋梁分界处的配筋率是________。

3－19　超筋梁与适筋梁分界处的配筋率是________。

3－20　受弯构件 $\rho \geqslant \rho_{min}$ 是为了________；$\rho \leqslant \rho_{max}$ 是为了________。

3－21　第一类T形截面梁的适用条件是________和________，不用验算________；第二类T形截面梁的适用条件是________和________，不用验算________。

3－22　钢筋混凝土受弯构件正截面的破坏形式有________、________、________，其中________作为设计计算的依据。

3－23　T形截面连续梁，跨中按________截面计算，支座按________截面计算。

3－24　等效矩形应力图形的等效原则是________和________。

3－25　单筋矩形截面梁的适用条件是________和________。

3－26　混凝土雨篷梁所受内力有________、________、________。

3－27　双筋梁正截面承载力设计，当 A_s 和 A'_s 均未知时，需补充的条件是________，此补充条件的出发点是________。

3－28　计算T形截面的配筋率时宽度按________计算的。

3－29　板一般均能满足________承载力要求，设计时可不进行________验算。

二、判断题

3－1　在受弯构件中，当 $\rho \leqslant \rho_{max}$ 时，ρ 越大，构件的承载能力越大。（　）

3－2　钢筋混凝土梁配筋率给定时，钢筋的屈服强度越高，开裂弯矩越大。（　）

3－3　超筋梁的受弯承载力与钢筋强度无关。（　）

3－4　受拉混凝土即将开裂时，受拉钢筋的应力大致是 20～30 N/mm^2。（　）

3－5　提高受弯构件正截面承载力的最有效方法，一般情况下是提高混凝土的强度等级。（　）

3－6　在不改变截面尺寸和配筋率的情况下，对钢筋混凝土梁正截面承载力影响最大的因素是钢筋的设计强度。（　）

3－7　不论钢筋强度高低，钢筋的受压强度极限值不应超过 400 N/mm^2。（　）

3-8　与素混凝土相比,钢筋混凝土梁抵抗混凝土开裂的能力提高很多。(　　)

3-9　当构件截面尺寸和材料强度相同,且 $\rho_{min} \leqslant \rho \leqslant \rho_{max}$ 时,钢筋混凝土受弯构件正截面承载力随 ρ 增大按线性关系增大。(　　)

3-10　梁内受压区配受压钢筋可减少混凝土徐变变形及其挠度。(　　)

3-11　钢筋混凝土适筋梁的破坏是由受压区混凝土被压碎开始的。(　　)

3-12　采用受压钢筋协助钢筋混凝土梁承受压力是最经济的方法。(　　)

3-13　在截面受拉区配有双排纵向受拉钢筋的截面,称为双筋截面。(　　)

3-14　一般钢筋混凝土结构,在正常使用荷载作用下,构件常是带裂缝工作。(　　)

3-15　对于受弯构件,只要按基本公式计算,其截面一定是适筋截面。(　　)

3-16　素混凝土梁的开裂弯矩接近于破坏弯矩。(　　)

3-17　在适筋范围内的钢筋混凝土受弯构件,提高混凝土强度等级对提高正截面抗弯承载力的作用是不明显的。(　　)

3-18　少筋梁由于钢筋用量少,在设计时应优先选用。(　　)

3-19　在梁内只要不断增加纵向受拉钢筋数量,就可以无限的提高梁正截面抗弯能力。(　　)

3-20　一般情况下,双筋截面的破坏属于脆性破坏。(　　)

3-21　在梁内按计算配有受压钢筋时,为保证受压钢筋屈服,箍筋应做成开口式,以免受拉钢筋受到约束。(　　)

3-22　T形截面梁受弯时,翼缘上的压应力分布是不均匀的,距腹板越远,压应力越小。(　　)

三、选择题

3-1　在混凝土单向板中受力钢筋沿(　　)布置。

A.短边方向　　B.长边方向　　C.任意布置

3-2　普通混凝土结构的强度等级不宜低于(　　)。

A.C15　　B.C20　　C.C25

3-3　钢筋混凝土梁属于(　　)。

A.受压构件　　B.受扭构件　　C.受弯构件

3-4　混凝土板中受力钢筋的间距不应小于(　　)。

A.70 mm　　B.80 mm　　C.90 mm

3-5　混凝土板中弯起钢筋的弯起角度一般为(　　)。

A.25°　　B.30°　　C.45°

3-6　钢筋混凝土受弯构件受压区混凝土实际应力分布图形是(　　)。

A.直线形　　B.曲线形　　C.折线形

3-7　混凝土梁承载力的验算依据是正截面应力应变发展阶段的(　　)。

A. I_a 阶段　　B. Ⅱ阶段　　C. III_a 阶段

3-8　钢筋混凝土构件承载力计算时,计算公式中所采用的强度值是材料强度(　　)。

A.平均值　　B.标准值　　C.设计值

3-9　对适筋梁,受拉钢筋屈服时(　　)。

A.梁达到最大承载力　　B.承载力开始下降　　C.接近最大承载力

3-10　在计算钢筋混凝土梁的承载力时截面受压区混凝土的抗压强度应取(　　)。

A.修正的轴心抗压强度设计值

B.立方体抗压强度设计值

C.轴心抗压强度标准值

3-11　超筋梁的极限弯距(　　)。

A.与配筋率及混凝土等级无关

B.基本上与配筋率无关

C.基本上与混凝土等级无关

3-12　受弯构件计算中,当 $\rho < \rho_{\min}$ 时发生的破坏是(　　)。

A.少筋破坏　　B.适筋破坏　　C.超筋破坏

3-13　正截面承载力计算时,不考虑受拉混凝土作用是因为(　　)。

A.混凝土抗拉强度低　　B.中和轴以下混凝土全部开裂

C.混凝土不能承担拉力

3-14　截面有效高度是指(　　)。

A.受拉筋外边缘到受压混凝土边缘的距离

B.箍筋外边缘到受压混凝土边缘的距离

C.受拉筋合力重心到受压混凝土边缘的距离

3-15　梁上部纵向钢筋当直径为 25 mm 时,其净距应满足(　　)。

A.≥25 mm　　B.≥30 mm　　C.≥35 mm

3-16　钢筋混凝土双筋截面梁,当考虑受压钢筋的作用时,应满足 $x \geq 2as'$ 的条件以保证(　　)。

A.充分发挥混凝土受压作用　　B.防止受压钢筋被压屈

C.保证受压钢筋在构件破坏时能屈服

3-17　钢筋混凝土适筋梁在即将破坏时,受拉钢筋的应力(　　)。

A.尚未进入屈服点　　B.正处于屈服阶段　　C.已进入强化阶段

3-18　钢筋混凝土适筋梁破坏时(　　)。

A.混凝土受压破坏先于受拉钢筋屈服

B.受拉钢筋先屈服,然后混凝土压坏

C.受拉钢筋先屈服,受压混凝土未压坏

3-19　截面尺寸一定的单筋矩形截面梁,其正截面可能的最大抗弯承载力与(　　)无关。

A.梁的跨度　　B.梁的混凝土强度等级　　C.纵向受拉钢筋的配筋率

3-20　提高受弯构件正截面承载力的最有效方法是(　　)。

A.提高混凝土强度等级　　B.提高钢筋强度等级　　C.增加截面高度

3-21　混凝土作为钢筋的保护层,可使钢筋在长期使用过程中不致(　　)。

A.变形　　B.失稳　　C.锈蚀

3-22　钢筋混凝土梁进行正截面承载力计算的目的是按控制截面的弯矩确定截面尺寸及(　　)数量。

A.箍筋　　B.弯起钢筋　　C.纵向受力钢筋

3-23　提高混凝土强度等级与提高钢筋级别相比,对受弯构件承载能力影响大的是(　　)。

A.提高钢筋等级　　　　　　B.提高混凝土强度等级

C.提高混凝土强度等级与提高钢筋级别效果相同

3-24　单筋梁 ρ_{max} 值(　　)。

A.是定值　　　　　　　　B.钢筋级别高,ρ_{max} 小　　　　C.混凝土强度等级高,ρ_{max} 小

3-25　条件相同的矩形截面梁加配了受压钢筋后,其受弯承载力(　　)。

A.仅在 $x>2as'$ 的情况下提高　　　B.仅在 $x<2as'$ 的情况下提高

C.肯定提高

3-26　计算双筋梁时,何时令 $x=\xi_b h_0$ (　　)。

A.$A_s'A_s$ 均未知　　　　　B.A_s' A_s 均已知　　　　　C.已知 A_s',求 A_s

3-27　在双筋梁计算中满足 $2as'\leqslant x\leqslant\xi_b h_0$,表明(　　)。

A.受拉受压钢筋均屈服　　B.受拉筋屈服,受压筋不屈服

C.受拉压筋均不屈服

3-28 用双筋矩形截面受弯构件是由于(　　)。

A.施工简单、节约钢材　　　B.防止构件脆性破坏

C.保证截面尺寸已定时,$\xi\leqslant\xi_b$

3-29　不能在工程中使用超筋梁的主要原因是(　　)。

A.配筋率大不经济　　　　B.截面尺寸太小使构件刚度不够

C.混凝土在钢筋屈服前已被压碎

3-30　T 形截面受弯承载力计算中,翼缘计算宽度(　　)。

A.越大越好　　　　　　　B.越小越好　　　　　　　C.越大越好,但应加以限制

3-31　梁腹板高度在下列那种情况下应在两侧设置侧向构造钢筋(　　)。

A.$h_w\geqslant 400$ mm　　　　　B.$h_w\geqslant 450$ mm　　　　　C.$h_w\geqslant 500$ mm

3-32　设计单筋矩形截面受弯杆件时,为达到经济效果,应使纵向受拉筋配筋率(　　)。

A.尽量接近最大配筋率　　B.尽量接近最小配筋率

C.钢筋混凝土板:$\rho=(0.4-0.8)\%$ 矩形梁:$\rho=(0.6-1.5)\%$

四、名词解释

3-1　单筋截面梁、双筋截面梁

3-2　界限相对受压区高度

3-3　配筋率、最大配筋率、最小配筋率

五、简答题

3-1　配筋率的大小对梁正截面承载力有何影响?

3-2　界限相对受压区高度在承载力计算中的作用是什么?

3-3　单筋矩形梁的适用条件是什么,为什么要满足这些适用条件?

3-4　钢筋混凝土梁正截面破坏形式有几种,其特点是什么?

3-5　适筋梁和少筋梁当受拉钢筋屈服后能否再增加荷载,为什么?

3-6　为什么钢筋混凝土梁的极限弯矩低于同截面、同混凝土强度的素混凝土梁,是否

可以设计成这样的梁,为什么?

3－7　等效应力图形的确定原则是什么?

3－8　单筋矩形截面梁如果 $x > \xi_b h_0$,应如何确定此梁的受弯承载力?

3－9　钢筋混凝土板中应配置哪几种钢筋,各起什么作用?

3－10　矩形截面受弯构件在什么情况下采用双筋截面?

3－11　双筋梁的适用条件是什么?

3－12　在双筋梁中受压钢筋的作用是什么? 受压钢筋的设计强度是如何确定的?

3－13　双筋梁当 $x < 2a_s'$ 时,应如何求纵向受拉筋面积?

3－14　钢筋混凝土梁中应配置哪几种钢筋,各起什么作用?

3－15　在进行矩形截面梁配筋计算时,$\xi > \xi_b$ 说明什么,在设计时应如何处理?

3－16　钢筋混凝土受弯构件T形截面承载力计算公式与单筋矩形截面和双筋矩形截面承载力计算公式有何异同点?

3－17　如何判别两类T形截面梁?

3－18　整浇楼盖中连续梁的跨中截面和支座截面各按何种截面形式进行纵向钢筋的配筋计算,为什么?

六、计算题

3－1　某教学楼的内廊为简支在砖墙上的现浇钢筋混凝土平板,计算跨度为2.38 m,板上作用的可变荷载标准值 $q_k = 2\ \text{kN/m}^2$,水磨石地面及细石混凝土垫层共30 mm厚(密度为22 kN/m^3),板底粉刷白灰砂浆12 mm厚(密度为17 kN/m^3),板厚为80 mm(密度为25 kN/m^3),混凝土强度等级采用C20($f_c = 9.6\ \text{N/mm}^2$,$f_t = 1.1\ \text{N/mm}^2$),纵向受拉筋采用HPB235级钢筋($f_y = 210\ \text{N/mm}^2$),试确定板的纵向受拉钢筋截面面积。

3－2　已知矩形截面梁 $b \times h = 250\ \text{mm} \times 500\ \text{mm}$,承受的弯矩设计值为120 kN·m,混凝土强度等级采用C20($f_c = 9.6\ \text{N/mm}^2$,$f_t = 1.1\ \text{N/mm}^2$),纵向受拉筋采用HRB335级钢筋($f_y = 300\ \text{N/mm}^2$),求纵向受拉钢筋截面面积。

3－3　某教学楼钢筋混凝土简支梁,承受的永久荷载标准值 $g_k = 6\ \text{kN/m}$(不包括梁的自重),可变荷载标准值 $q_k = 15\ \text{kN/m}$,梁的计算跨度为5 m,混凝土强度等级采用C25($f_c = 11.9\ \text{N/mm}^2$,$f_t = 1.27\ \text{N/mm}^2$),纵向受拉筋采用HRB335级钢筋($f_y = 300\ \text{N/mm}^2$),结构安全等级为二级,试确定梁的截面尺寸及纵向受拉钢筋截面面积。

3－4　已知单筋矩形截面 $b \times h = 250\ \text{mm} \times 600\ \text{mm}$,配有5 Φ 20的HRB335级纵向受拉筋($f_y = 300\ \text{N/mm}^2$),混凝土强度等级采用C25($f_c = 11.9\ \text{N/mm}^2$,$f_t = 1.27\ \text{N/mm}^2$),求梁所能承受的最大设计弯矩。

3－5　已知矩形截面梁 $b \times h = 200\ \text{mm} \times 450\ \text{mm}$,承受的弯矩设计值为200 kN·m,混凝土强度等级采用C25($f_c = 11.9\ \text{N/mm}^2$,$f_t = 1.27\ \text{N/mm}^2$),纵向受拉筋采用HRB400钢筋($f_y = 360\ \text{N/mm}^2$)。求此梁所需配置的纵向钢筋。

3－6　已知条件同上,但已在受压区配置了2 Φ 20的受压筋,求所需的纵向受拉钢筋截面面积。

3－7　已知梁截面 $b \times h = 200\ \text{mm} \times 500\ \text{mm}$,承受图示荷载,混凝土强度等级采用C20($f_c = 9.6\ \text{N/mm}^2$,$f_t = 1.27\ \text{N/mm}^2$),纵向受拉筋采用HRB335钢筋($f_y = 300\ \text{N/mm}^2$),纵向受

压筋采用 HPB235 钢筋($f_y = 210\ \text{N/mm}^2$),求截面配筋。

3-8　已知双筋截面梁截面 $b \times h = 250\ \text{mm} \times 500\ \text{mm}$,已配有 3 Φ 22 的纵向受拉筋,面积 $A_s = 1140\ \text{mm}^2$,2 Φ 12 的纵向受压筋,面积 $A_s' = 226\ \text{mm}^2$,混凝土强度等级采用 C25($f_c = 11.9\ \text{N/mm}^2$, $f_t = 1.27\ \text{N/mm}^2$),纵筋采用 HRB335 钢筋($f_y = 300\ \text{N/mm}^2$),求梁所能承受的最大设计弯矩。

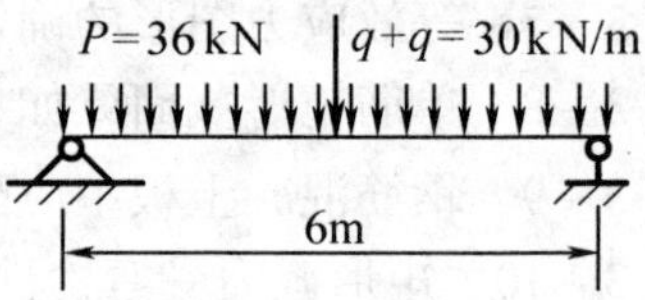

题 3-7 图

3-9　已知双筋截面梁截面 $b \times h = 250\ \text{mm} \times 500\ \text{mm}$,已配有 3 Φ 22 的纵向受拉筋,面积 $A_s = 1140\ \text{mm}^2$,2 Φ 22 的纵向受压筋,面积 $A_s' = 760\ \text{mm}^2$,混凝土强度等级采用 C25($f_c = 11.9\ \text{N/mm}^2$, $f_t = 1.27\ \text{N/mm}^2$),纵筋采用 HRB335 钢筋($f_y = 300\ \text{N/mm}^2$),该梁承受的最大设计弯矩 $M = 150\ \text{kN·m}$,试验算该梁是否安全。

3-10　已知 T 形截面梁截面尺寸如图所示,混凝土强度等级采用 C25($f_c = 11.9\ \text{N/mm}^2$, $f_t = 1.27\ \text{N/mm}^2$),纵筋采用 HRB335 钢筋($f_y = 300\ \text{N/mm}^2$),承受的弯矩设计值为 340 kN·m,求纵向受拉钢筋截面面积。

3-11　已知 T 形截面梁截面尺寸如图所示,混凝土强度等级采用 C25($f_c = 11.9\ \text{N/mm}^2$, $f_t = 1.27\ \text{N/mm}^2$),纵筋采用 HRB335 钢筋($f_y = 300\ \text{N/mm}^2$)级钢筋,承受的弯矩设计值为 240 kN·m,求纵向受拉钢筋截面面积。

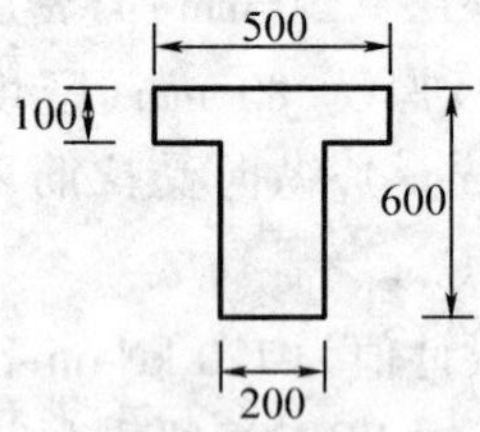

题 3-10 图

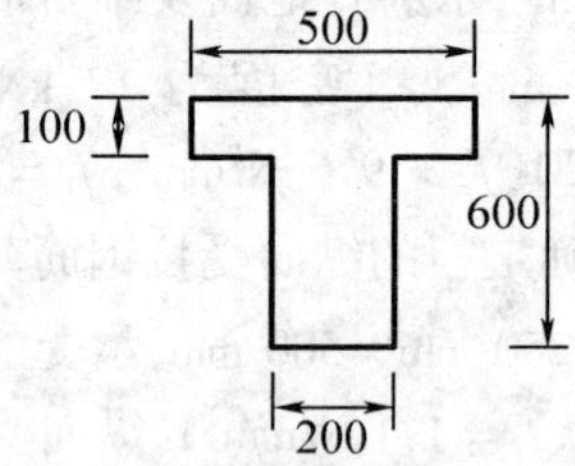

题 3-11 图

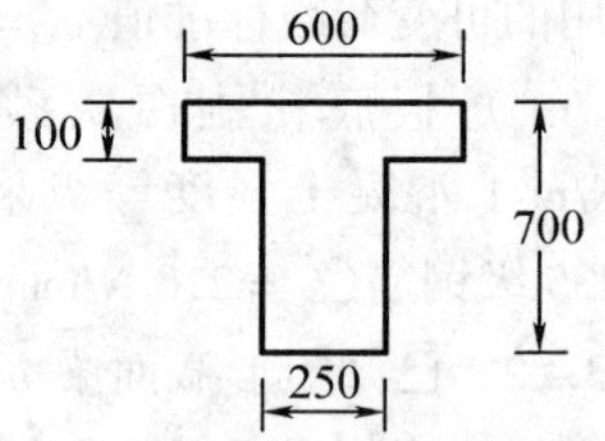

题 3-12 图

3-12　已知 T 形截面梁截面尺寸如图所示,混凝土强度等级采用 C25($f_c = 11.9\ \text{N/mm}^2$, $f_t = 1.27\ \text{N/mm}^2$),纵向受拉筋采用 HRB400($f_y = 360\ \text{N/mm}^2$)级钢筋,已配有 8 Φ 20 的纵向受拉筋,面积 $A_s = 2\,513\ \text{mm}^2$,承受弯矩设计值为 480 kN·m,试验算该梁是否安全。

3-13　现浇肋形楼盖中的次梁,跨度为 6 m,间距为 2.4 m,截面尺寸如图 3-19 所示。跨中截面的最大弯矩设计值 $M = 100\ \text{kN·m}$。混凝土强度等级采用 C20($f_c = 9.6\ \text{N/mm}^2$, $f_t = 1.1\ \text{N/mm}^2$),纵向受拉筋采用 HRB400($f_y = 360\ \text{N/mm}^2$)级钢筋,计算次梁的受拉钢筋面积。

参考答案

3-1　上侧

3-2　内侧

3-3　固定箍筋,承受因收缩、温度变形产生的内应力

3-4　承受剪力,联系受拉及受压钢筋共同工作,并固定其位置,便于浇灌混凝土

3-5 承受剪力,承受支座负弯矩

3-6 少筋梁

3-7 400 N/mm^2

3-8 $\xi \leqslant \xi_b$ $x \geqslant 2a'_s$

3-9 $\rho \leqslant \rho_{max}$或 $\xi \leqslant \xi_b$

3-10 差

3-11 设计弯矩(荷载效应),荷载;构件能够抵抗的极限弯矩(结构抗力),材料

3-12 $\xi_b h_0$ $\alpha_1 f_c \xi_b / f_y$ $\alpha_1 f_c b h_0^2 \xi_b (1-0.5\xi_b)$

3-13 $b/h = 1/2 \sim 1/3.5$ $b/h = 1/2.5 \sim 1/4$

3-14 $f'_y = f_y = 300$ N/mm^2 $\xi_b = 0.55$

3-15 $h_0 = h - 35$ mm$h_0 = h - 40$ mm

3-16 30 mm 和 $1.5d$ 25 mm 和 d

3-17 $h_0 = h - 20$ mm 当板厚 $h \geqslant 100$ mm 时,$h_0 = h - 25$ mm

3-18 ρ_{min}

3-19 ρ_{max}

3-20 防止少筋破坏;防止超筋破坏

3-21 $\rho \leqslant \rho_{max}$或 $\xi \leqslant \xi_b$ 和$\rho \geqslant \rho_{min}$不必验算 $\rho \leqslant \rho_{max}$或 $\xi \leqslant \xi_b$ $\rho \leqslant \rho_{max}$或 $\xi \leqslant \xi_b$和$\rho \geqslant \rho_{min}$不必验算 $\rho \geqslant \rho_{min}$

3-22 适筋梁破坏、超筋梁破坏、少筋梁破坏,适筋梁破坏

3-23 T形;矩形

3-24 压应力的合力大小不变,合力作用点不变

3-25 防止超筋破坏 $\rho \leqslant \rho_{max}$或 $\xi \leqslant \xi_b$;防止少筋破坏 $\rho \geqslant \rho_{min}$

3-26 弯矩、剪力、扭矩

3-27 $x = \xi_b h_o$ 为了节省钢筋

3-28 肋

3-29 斜截面受剪 抗剪

二、判断题

3-1 √ 3-2 × 3-3 √ 3-4 √ 3-5 × 3-6 √
3-7 √ 3-8 × 3-9 × 3-10 √ 3-11 × 3-12 ×
3-13 × 3-14 √ 3-15 × 3-16 √ 3-17 √ 3-18 ×
3-19 × 3-20 × 3-21 × 3-22 √

三、选择题

3-1 A 3-2 A 3-3 C 3-4 A 3-5 B 3-6 B 3-7 C
3-8 C 3-9 C 3-10 A 3-11 B 3-12 A 3-13 A
3-14 C 3-15 A 3-16 C 3-17 C 3-18 B 3-19 A
3-20 C 3-21 C 3-22 C 3-23 A 3-24 B 3-25 A
3-26 A 3-27 C 3-28 C 3-29 C 3-30 B 3-31 C

四、名词解释

3-1　仅在截面受拉区配置钢筋的梁称为单筋截面梁;同时在受拉区和受压区配置钢筋的梁称为双筋截面梁。

3-2　构件达到极限承载能力时,压区混应力达抗压极限强度,$\varepsilon_{cu}=0.0033$,受拉钢筋应力达到屈服强度,此时的破坏称构件的界限状态破坏,此时,其换算受压区高度 x 与截面有效高度 h_0 比值即是界限相对受压区高度。

3-3　钢筋截面面积与混凝土有效截面面积的比值称为配筋率。超筋梁与适筋梁的界限配筋率称为最大配筋率,钢筋混凝土构件破坏时所能承担的弯矩等于同截面的素混梁截面所能承担的弯矩 M_{cr},此时的配筋率为最小配筋率。也是少筋梁与适筋梁的界限配筋率。

五、简答题

3-1　配筋率 $\rho=A_s/bh_0$　随着配筋率的改变,构件的破坏特征将发生本质的变化。当 $\rho>\rho_{\max}$ 时将发生超筋破坏;当 $\rho<\rho_{\min}$ 时将发生少筋破坏;当 $\rho_{\min}\leqslant\rho\leqslant\rho_{\max}$ 时将发生适筋破坏。在适筋梁范围,随着配筋率的增大,正截面承载力逐渐增大。

3-2　ξ_b 是衡量构件破坏时钢筋强度能否充分利用的特征值。也是超筋梁与适筋梁的界限值。

3-3　适用条件:①$\rho\leqslant\rho_{\max}$ 或 $\xi\leqslant\xi_b$,防止超筋破坏;②$\rho\geqslant\rho_{\min}$,防止少筋破坏。

3-4　三种适筋梁:破坏从受拉钢筋达到屈服点开始,破坏前钢筋有较长的塑性变形,破坏时有明显的预兆—塑性破坏,钢筋和混凝土同时破坏,可充分利用材料的强度,属适筋梁,配筋率适中。

超筋梁:配筋率过大,混凝土压区边缘 $\varepsilon_c\to\varepsilon_{c\max}$,拉区 $\sigma_s\to f_y$,即混凝土先被压碎,梁破坏—脆性破坏,此时裂缝尚不宽,挠度尚不大,钢筋尚未屈服,故浪费材料,禁用。

少筋梁:配筋率过小,$M_u<M_{cr}$,拉区一开裂,$\sigma_s\to f_y$,立即裂缝很宽,挠度很大,脆性破坏,压区混凝土尚未破坏,浪费材料,禁用。

3-5　当受拉钢筋屈服后能再增加荷载,因为纵向受拉钢筋的拉力值 f_yA_s 虽然保持不变,但中和轴上升了,受压区高度减小了,使受压区混凝土压应力的合力与拉力 f_yA_s 之间的内力臂增大,则可承受更大一些的弯矩。

3-6　钢筋混凝土梁拉区混凝土开裂后,全部拉力将由钢筋承担,钢筋应力显著增大,当配筋率过低时,混凝土一开裂,钢筋立即屈服,甚至进入强化阶段。这说明由于配筋率过小,钢筋所能承受的拉力尚不足以负担原来由拉区混凝土所承受的拉力,即钢筋混凝土梁的极限弯矩低于同截面、同样混凝土强度的素混凝土梁。设计中不允许设计成这样的梁,这种梁称为少筋梁,其破坏特征是拉区混凝土突然出现一条很宽的裂缝,荷载迅速下降,尽管开裂后梁仍保留一定的承载力,但梁已发生严重开裂下垂,这部分承载力实际上是不能利用的,少筋梁属于脆性破坏,既不经济,又不安全,所以在建筑结构中不允许采用。

3-7　受力性能等效

a.等效矩形应力图的面积与二次抛物线+矩形的面积相等,即压应力的合力大小不变

b.等效矩形应力图形形心位置与原图相同,即合力作用点不变

3-8　$\xi=\xi_b$;$M=\alpha_1 f_c bh_0^2\xi_b(1-0.5\xi_b)$

3-9 (1)受力筋。布置:沿板跨方向布置在受拉侧,计算配钢筋。作用:承受弯矩

(2)分布筋。布置:在受力筋内侧并与之垂直,构造配钢筋。作用:很好的把荷载分布到板的受力筋上去;承担混凝土收缩及温度变化在垂直板跨方向产生的拉应力;施工时固定受力筋的位置。

(3)构造筋。布置:在上侧。作用:承受板端实际存在的支座负弯矩。

3-10 适用情况:当弯矩较大,且截面受限,使 $\xi > \xi_b$,用单筋梁不能满足;同一截面有变号弯矩,应双向配筋;构造要求在受压区配筋。

3-11 ① $\xi \leqslant \xi_b$ 或 $\rho 2 = A_s 2/bh_0 \leqslant \xi_b \alpha_1 f_c / f_y$;② $x \geqslant 2a'_s$ 保证受压筋屈服,不必验算 $\rho \geqslant \rho_{min}$ 一定满足。

3-12 与混凝土共同承受压力,提高构件的延性。

钢筋抗压设计强度取值:当 $f_y \leqslant 400\ N/mm^2$ 时,$f'_y = f_y$; 当 $f_y > 400\ N/mm^2$ 时,$f'_y = 400\ N/mm^2$。

3-13 当 $x < 2a'_s$ 时,取 $x = 2a'_s$ $A_s = M/f_y * (h_0 - a'_s)$

3-14 (1)纵向受力钢筋。作用:承受弯矩,在受拉区承受拉力,当弯矩大时,受压区也配筋,承受压力。

(2)弯起钢筋。作用:弯起部分承受剪力,水平段承受支座负弯矩。

(3)箍筋。作用:承受剪力,联系受拉及受压钢筋共同工作并固定其位置,便于浇灌混凝土。

(4)架立钢筋。作用:固定箍筋,承受因收缩、温度变形产生的内应力。

(5)侧向构造钢筋。作用:增加梁的钢骨架刚性及梁的抗扭能力,承受侧向变形。

3-15 说明该梁截面尺寸较小,弯矩较大。如果按单筋梁计算,将变成超筋梁,需按双筋梁设计或增大截面尺寸。

3-16 单筋矩形截面是受弯构件的基本截面形式,双筋矩形截面梁和T形截面梁与单筋矩形截面梁的计算方法相同,且均包含单筋梁的基本计算公式,只是在双筋梁的基本计算公式中增加了受压钢筋所承担的压力和弯矩项,在T形截面梁的基本计算公式中增加了翼缘伸出部分混凝土所承担的压力和弯矩项。

3-17 ①已知 M:当 $M \leqslant \alpha_1 f_c b'_f h'_f (h_0 - h'_f/2)$ 时,第一类;

当 $M > \alpha_1 f_c b'_f h'_f (h_0 - h'_f/2)$ 时,第二类。

②已知 A_s:当 $\alpha_1 f_c b'_f h'_f \geqslant f_y A_s$ 时,第一类;

当 $\alpha_1 f_c b'_f h'_f < f_y A_s$ 时,第二类。

3-18 跨中截面:T形;支座截面:矩形。因为跨中截面下侧受拉,上侧受压,翼缘处于受压区可以承受压力,故应按T形截面支座截面下侧受压,上侧受拉,翼缘处于受拉区不能承受拉力,故应按矩形截面。

第四章 受弯构件的斜截面承载力计算

第一节 概 述

受弯构件在弯矩作用下将发生正截面破坏。而在弯矩和剪力共同作用的区段内常产生斜裂缝,并可能沿斜裂缝发生斜截面破坏,为保证结构安全必须进行斜截面承载力计算,本章将讲述这一内容,其可靠指标比正截面承载力计算时高。

斜截面承载力包括斜截面受剪承载力和斜截面受弯承载力。斜截面受剪承载力通过计算来保证,斜截面受弯承载力一般通过构造要求来保证。

斜截面受剪承载力大小与箍筋和弯起筋的配置数量密切相关,箍筋和弯起筋称为腹筋。把既配纵筋,又配箍筋或弯起筋的梁称为有腹筋梁。而只配纵筋,没有箍筋或弯起筋的梁称为无腹筋梁。

第二节 无腹筋梁斜截面的受力特点和破坏形态

一、无腹筋梁斜截面的受力特点

图 4－1 为钢筋混凝土矩形截面简支梁在两个对称集中荷载作用下的弯矩图和剪力图,图中 CD 段为纯弯段,AC、DB 段为剪弯段。在荷载较小时,梁未开裂,梁整体处于弹性工作阶段,可按一般材料力学公式分析应力,画出梁的主应力轨迹线,如图 4－2 所示,实线代表主拉应力,虚线代表主压应力。随着荷载的不断增加,主拉应力和主压应力的组合值超过混凝土拉压应力状态下的强度时,梁内开始出现斜裂缝。

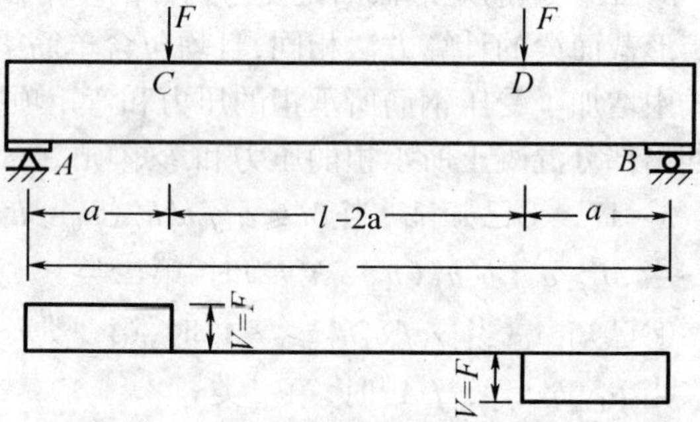

图 4－1 简支梁作用对称集中荷载

试验研究表明,在集中荷载作用下,斜裂缝出现有两种情况:一是正应力 σ 较大时,在梁底因弯矩作用出现垂直裂缝逐渐向集中荷载作用点延伸而成的斜裂缝,此裂缝下宽上细,称为弯剪斜裂缝;二是剪应力 τ 较大时,在梁中和轴附近出现与中和轴成约 45°倾角的沿主压应力轨迹线方向分别向支座和集中荷载作用点延伸而成的斜裂缝,此裂缝中间宽两头细,称为腹剪斜裂缝。

无腹筋梁出现第一条斜裂缝后,还会出现新的斜裂缝,其中导致破坏的斜裂缝为临界斜裂缝。斜裂缝出现后,梁的受力状态发生质的变化,即发生了应力重分布,这时梁已不是匀质弹性体,截面上的应力也不能用一般材料力学公式计算。现将如图 4－3(a)所示的梁沿

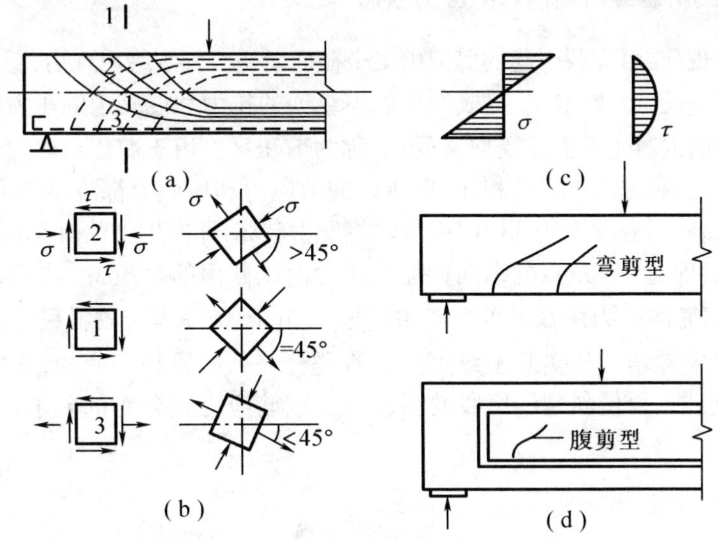

图 4-2 梁的应力状态和斜裂缝形态

(a)主应力迹线;(b)单元体应力;(c)弯剪形斜裂缝;(d)腹剪形斜裂缝

斜裂缝处切开,取左侧隔离体分析受力,如图 4-3(b)所示,V 为由荷载产生的剪力,V_c、C_c 为斜裂缝上端混凝土截面承受的剪力及压力,T_s 为纵向钢筋的拉力,V_d 为纵向钢筋的销栓作用传递的剪力,V_i 为斜裂缝交界面骨料的咬合与摩擦作用传递的剪力。由于纵向钢筋下面混凝土的保护层不大,在销栓力的作用下可能产生沿纵向钢筋的劈裂裂缝,如图 4-3(c)所示,使销栓作用大大降低;又由于斜裂缝交界面上骨料的咬合与摩擦作用将随斜裂缝的开展而逐渐减小,为了便于计算,在极限状态下 V_d 和 V_i 可以不予考虑。

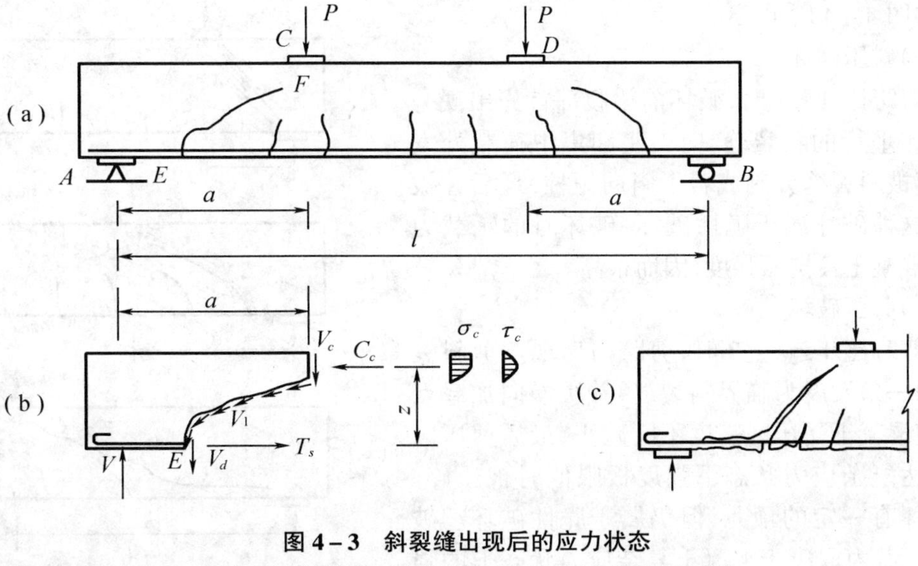

图 4-3 斜裂缝出现后的应力状态

(a)出现斜裂缝的梁;(b)脱离体受力图;(c)沿纵筋的劈裂缝

二、无腹筋梁斜裂缝出现前后的应力状态

1.斜裂缝出现前,由荷载引起的剪力由梁全截面承受。斜裂缝出现后,剪力由斜裂缝上端的混凝土截面来承受,力 V 和 V_c 组成的力偶由纵筋的拉力和混凝土的压力组成的力偶来平衡。斜裂缝上端的混凝土截面既受剪又受压,称为剪压区。由于剪压区的面积远小于梁的全截面面积,因此与斜裂缝出现之前相比,剪压区的剪应力和压应力都将显著增大,混凝土处于剪压复合受力状态,当混凝土达到极限强度时将发生破坏,即发生斜截面剪切破坏。

2. 斜裂缝出现前,在 E 点处纵向钢筋的应力由该截面的弯矩 M_E 决定,斜裂缝出现后,在 E 点处纵向钢筋的应力由 C 处的弯矩 M_C 决定,由于 $M_C > M_E$,故斜裂缝出现后 E 点处纵向钢筋的应力将突然增大。实际上纵筋应力在整个 EF 区段是不变的,其发生了内力重分布,在设计梁纵筋时,要使斜裂缝区段的纵筋满足钢筋应力重分布的要求,称为斜截面受弯承载力要求。

三、剪跨比

剪跨比是集中荷载作用下梁受力的一个重要特征系数。广义剪跨比是指某一截面的弯矩和剪力的相对比值,用 λ 表示,即

$$\lambda = M/Vh_0 \tag{4-1}$$

对集中荷载作用下的简支梁,在集中荷载作用平面的剪跨比是指剪跨 a 与梁有效高度 h_0 的比值,即

$$\lambda = a/h_0 \tag{4-2}$$

式中 a 为剪跨,指集中荷载到支座的距离。

四、无腹筋梁斜截面的破坏形态

试验表明,无腹筋梁斜截面破坏主要有三种形态,如图 4-4 所示。

(一)斜压破坏

当剪跨比 $\lambda < 1$ 时,破坏前梁腹部首先出现一系列大体平行的斜裂缝,向支座和集中荷载处发展,梁腹被斜裂缝分割成若干斜向短柱,最后柱被压碎。这种破坏属于脆性破坏,破坏时的承载力取决于混凝土柱抗压强度,因而很高。

(二)剪压破坏

当剪跨比 $1 \leqslant \lambda \leqslant 3$ 时,剪跨内出现弯剪斜裂缝,其中一条发展为临界斜裂缝,并缓慢向加载点延伸,使混凝土受压区高度不断减小,最后剪压区混凝土达复杂应力状态下强度极限值时被压碎。这种破坏有一定的预兆,但仍属于脆性破坏。破坏时的承载力取决于混凝土复杂应力状态下的强度,因而较高。

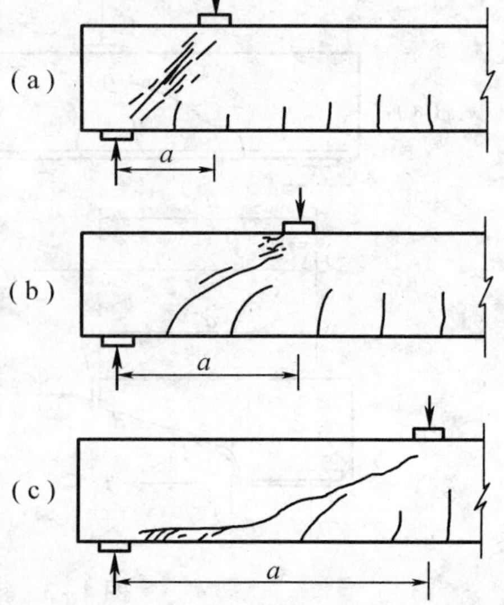

图 4-4 斜截面破坏的主要形态

(a)斜压破坏;(b)剪压破坏;(c)斜拉破坏

(三)斜拉破坏

当剪跨比 $\lambda>3$ 时,斜裂缝一出现便迅速向加载点延伸并很快形成临界斜裂缝,使混凝土截面断裂,梁被斜向拉断,沿纵筋产生水平撕裂裂缝。这种破坏属于脆性破坏,破坏时的承载力取决于混凝土抗拉强度,因而很小。

第三节 有腹筋梁斜截面的受力特点和破坏形态

为了提高钢筋混凝土梁的受剪承载力,防止梁沿斜截面发生脆性破坏,在实际工程中一般在梁内配置腹筋。与无腹筋梁相比,有腹筋梁斜截面的受力性能和破坏形态既有相似之处,也有一些不同的特点。

一、有腹筋梁斜裂缝出现前后的受力特点

有腹筋梁在斜裂缝出现之前,腹筋的应力很小,其作用不明显,对斜裂缝出现的影响不大,其受力性能和无腹筋梁相近。在斜裂缝出现后,其性能与无腹筋梁有显著差别,如图 4－5 所示,形成了一种“桁架－拱”的受力模型,开裂的混凝土块Ⅰ相当于上弦受压杆;斜裂缝间的混凝土拱Ⅱ、Ⅲ相当于斜压杆;梁底纵向钢筋相当于下弦受拉杆;箍筋相当于受拉腹杆,可将压杆Ⅱ、Ⅲ的内力传递到压杆Ⅰ靠支座的部分,从而减少了压杆Ⅰ顶部剪压区的负担。因此,在有腹筋梁中腹筋可以直接承担部分剪力,同时限制斜裂缝的延伸和发展,增大剪压区的高度,提高斜裂缝交界面上的骨料咬合作用和摩阻作用,延缓沿纵筋劈裂裂缝的开展,防止保护层的突然撕裂,提高纵筋的销栓作用。因此,配置腹筋可大大提高梁的受剪承载力。配箍率在一定范围内越高,抗剪力越高。

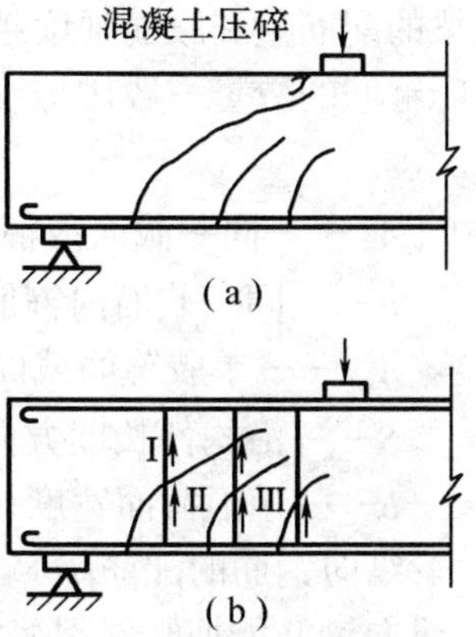

图 4－5　无腹筋梁和有腹筋梁的传力机理

(a)无腹筋梁;(b)有腹筋梁

二、有腹筋梁斜截面的破坏形态

1.斜压破坏

箍筋配置过多,在箍筋尚未屈服时,斜裂缝间混凝土斜向柱体被压碎。

2.剪压破坏

箍筋配置适量时,斜裂缝出现后,原来由混凝土承受的拉力转由与斜裂缝相交的箍筋承受,在箍筋尚未屈服时,由于箍筋限制了斜裂缝的开展和延伸,荷载尚能有较大增长;当箍筋屈服后,不能再有效控制斜裂缝开展和延伸,最后斜裂缝上端剪压区混凝土被压碎。

3.斜拉破坏

箍筋配置数量过少或箍筋间距太大时,斜裂缝出现后,原来由混凝土承受的拉力转由与斜裂缝相交的箍筋承受,箍筋很快屈服,不能抑制斜裂缝开展和延伸,发生斜拉破坏。

三、影响斜截面抗剪承载力的主要因素

1.剪跨比

试验表明,剪跨比是集中荷载作用下影响梁斜截面抗剪承载力的主要因素。随着剪跨

比的增大,破坏形态发生显著变化,剪跨比小时,大多发生斜压破坏,受剪承载力高;剪跨比中等时,大多发生剪压破坏,受剪承载力次之;剪跨比大时,大多发生斜拉破坏,受剪承载力很低。

对于有腹筋梁,在低配箍时剪跨比的影响较大,在中等配箍时剪跨比的影响次之,在高配箍时剪跨比的影响较小。

2.混凝土强度

混凝土强度对梁受剪承载力影响很大。斜拉破坏主要取决于混凝土抗拉强度,剪压破坏和斜压破坏主要取决于混凝土的抗压强度,因此,斜截面抗剪承载力随混凝土强度的提高而增大。

3.腹筋数量和强度

试验表明,腹筋可以直接承担部分剪力,同时限制斜裂缝的延伸和发展。当配筋量适中时,梁的配筋量和腹筋强度越大,其抗剪承载力越大。配筋量指配箍筋的数量和弯起筋的数量,配箍筋的数量一般用配箍率 ρ_{sv} 表示

$$\rho_{sv} = A_{sv}/bs \tag{4-3}$$

式中 A_{sv}——同一截面内箍筋截面面积,$A_{sv} = nA_{svi}$;

n——同一截面内箍筋肢数;

A_{sv1}——单肢箍筋截面面积;

S——沿构件长度方向上箍筋的间距;

b——矩形截面宽度,T 形截面、I 字形截面腹板宽度。

4.纵向钢筋的配筋率

纵向钢筋能抑制斜裂缝的扩展,使斜裂缝上端剪压区的面积增大,从而能承受较大的剪力,同时纵筋本身也能通过销栓作用承受一定的剪力。因而纵向钢筋的配筋量增大时,梁的抗剪承载力也会有一定的提高,但目前我国规范中的抗剪承载力计算公式尚未考虑这一影响。

5.截面尺寸和截面形状

截面尺寸越大,抗剪承载力越高。T 形、I 字形截面梁的受剪承载力则略高于矩形截面。对于有腹筋梁截面尺寸和截面形状对抗剪承载力的影响相对较小,计算时可不考虑。

第四节 受弯构件斜截面承载力计算

钢筋混凝土受弯构件斜截面破坏的三种形态中,斜拉破坏可通过控制箍筋的最小配箍率来避免,斜压破坏可通过控制梁的最小截面尺寸来避免。对于常见的剪压破坏,因为梁的受剪承载力变化幅度较大,设计时则必须进行计算。我国《规范》的基本公式就是根据这种破坏形态的受力特征而建立的。由于影响斜截面受剪承载力的因素较多,目前梁受剪机理和计算理论还未完全建立起来,我国《规范》建议使用的计算公式也是采用理论分析和实践经验相结合的方法得出的。

一、无腹筋梁斜截面受剪承载力计算

对矩形、T 形和 I 字形截面无腹筋梁及一般板类构件,其斜截面受剪承载力应按下列公式计算

$$V \leqslant V_c = 0.7\beta_h\beta_\rho f_t bh_0 \quad (4-4)$$

式中 V——构件斜截面上的最大剪力设计值；

V_c——混凝土剪压区承受的剪力；

β_ρ——纵筋配筋率对无腹筋梁受剪承载力的影响系数，$\beta_\rho = 0.7 + 20\rho$，当 $\rho > 1.5\%$ 时影响比较明显，一般在公式中不列入 β_ρ；

β_h——截面高度影响系数，$\beta_h = \sqrt[4]{800/h_0}$，当 $h_0 < 800$ 时，取 $h_0 = 800$ mm，$\beta_h = 1$；当 $h_0 > 2\ 000$ mm 时，取 $h_0 = 2\ 000$ mm，$\beta_h = 0.85$；

f_t——混凝土轴心抗拉强度设计值。

集中荷载作用下的独立梁（包括有多种荷载作用时，集中荷载对支座或节点边缘产生的剪力占总剪力值 75% 以上的情况），其斜截面受剪承载力应按下列公式计算：

$$V \leqslant V_c = 1.75/(\lambda + 1)\beta_h f_t bh_0 \quad (4-5)$$

式中 λ 为计算截面的剪跨比，当 $\lambda < 1.5$ 时，取 $\lambda = 1.5$；当 $\lambda > 3$ 时，取 $\lambda = 3$。

考虑到无腹筋梁斜截面破坏均具有明显的脆性，仅靠混凝土承受剪力是不安全的，因此《规范》规定，须按以下规定配筋：

当 $h < 150$ mm 时可不配箍筋；

当 150 mm $\leqslant h \leqslant$ 300 mm 时，在梁端 1/4 跨度范围内易出现斜裂缝，需配箍筋；

当 $h > 300$ mm 时全跨配箍筋。

二、有腹筋梁斜截面受剪承载力计算

配置腹筋有两种方法，一是只配箍筋，二是既配箍筋又配弯起筋。一般优先选择只配箍筋。

（一）仅配箍筋的梁

《规范》规定，对矩形、T 形和 I 字形截面的一般受弯构件，当仅配箍筋时，其斜截面受剪承载力应按下列公式计算：

$$V \leqslant V_{cs} = 0.7 f_t bh_0 + 1.25 f_{yv} A_{sv} h_0 / S \quad (4-6)$$

式中 f_{yv}——箍筋抗拉设计强度；

V_{cs}——混凝土与箍筋抗剪承载力设计值。

集中荷载作用下的独立梁（包括有多种荷载作用时，集中荷载对支座或节点边缘产生的剪力占总剪力值 75% 以上的情况），其斜截面受剪承载力应按下列公式计算

$$V \leqslant V_{cs} = 1.75/(\lambda + 1) f_t bh_0 + f_{yv} A_{sv} h_0 / S \quad (4-7)$$

（二）同时配有箍筋和弯起筋的梁

弯起筋一般由梁中纵向受拉筋弯起而成。若纵向受拉筋不能在计算需要的地方弯起或由纵筋弯起后不够抵抗剪力时，可补充附加钢筋，此筋称为鸭筋。

如图 4-6 所示，弯起筋所能承担的剪力为弯起钢筋的总拉力在垂直于梁轴方向的分力，按下式确定

$$V_{sb} = 0.8 f_y A_{sb} \sin\alpha_s \quad (4-8)$$

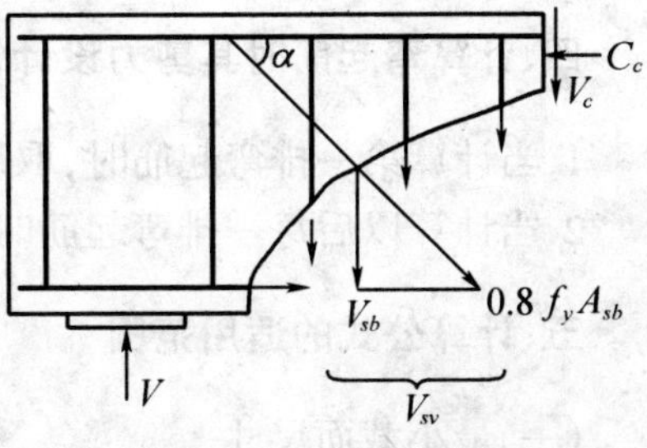

图 4-6 抗剪计算模式

式中 f_y——弯起筋的抗拉设计强度，考虑弯起筋在靠近斜裂缝顶部的剪压区，可能达不到

屈服强度而乘以 0.8 的降低系数;

A_{sb}——同一弯起平面内弯起筋的截面面积;

α_s——弯起钢筋与梁轴线的夹角,一般取 45°,当梁高 $h>800$ mm 时宜取 60°;

V_{sb}——与斜截面相交的弯起筋承受的剪力。

《规范》规定,对矩形、T形和I字形截面的一般受弯构件,当同时配有箍筋和弯起筋时,其斜截面受剪承载力应按下列公式计算:

$$V \leqslant V_{cs}+V_{sb}=0.7\,f_t b h_0+\frac{1.25 f_{yv} A_{sv} h_0}{S}+0.8 f_y A_{sb}\sin\alpha_s \tag{4-9}$$

集中荷载作用下的独立梁(包括有多种荷载作用时,集中荷载对支座或节点边缘产生的剪力占总剪力值 75% 以上的情况),其斜截面受剪承载力应按下列公式计算

$$V \leqslant V_{cs}+V_{sb}=\frac{1.75}{(\lambda+1)} f_t b h_0+\frac{f_{yv} A_{sv} h_0}{S}+0.8 f_y A_{sb}\sin\alpha_s \tag{4-10}$$

三、斜截面受剪承载力的计算位置

需进行斜截面受剪计算的位置按下列规定采用,如图 4-7 所示。

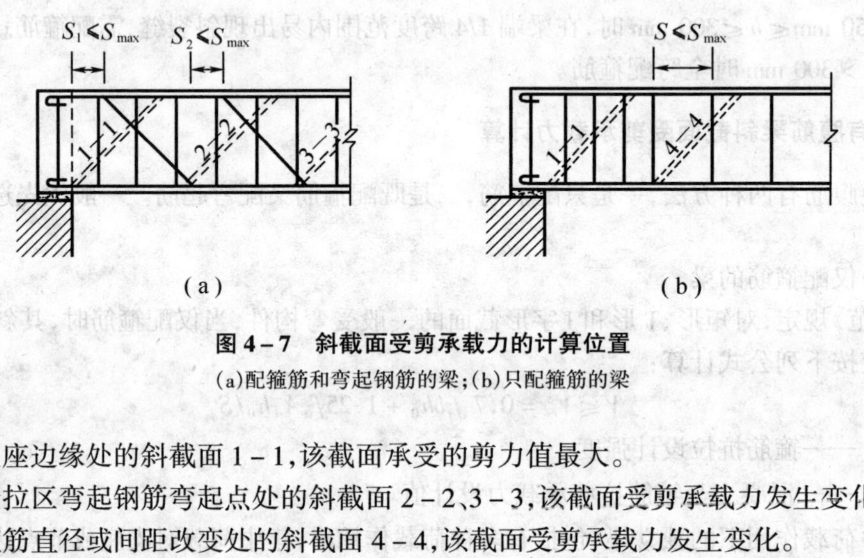

图 4-7 斜截面受剪承载力的计算位置

(a)配箍筋和弯起钢筋的梁;(b)只配箍筋的梁

(1)支座边缘处的斜截面 1-1,该截面承受的剪力值最大。

(2)受拉区弯起钢筋弯起点处的斜截面 2-2、3-3,该截面受剪承载力发生变化。

(3)箍筋直径或间距改变处的斜截面 4-4,该截面受剪承载力发生变化。

(4)腹板宽度或高度改变处的斜截面,该截面受剪承载力发生变化。

上述截面均为斜截面受剪承载力较薄弱的位置,在计算时应取其相应区段内的最大剪力值作为剪力设计值。

四、计算弯起筋时其剪力设计值的取用

1. 当计算第一排弯起筋时,取用支座边缘处的剪力。

2. 当计算以后每一排弯起筋时,取用前一排弯起筋弯起点处的剪力值。

五、计算公式的适用范围

(一)最小截面尺寸

有腹筋梁斜截面的剪力由混凝土和腹筋共同承担。当梁的截面尺寸较小时,腹筋数量

增加，当腹筋的数量达到一定值后，其强度达不到屈服强度，而梁腹部的混凝土已被压碎，梁发生斜压破坏。因此，要保证构件截面尺寸不能太小，以防止发生斜压破坏。《规范》规定，梁的最小截面尺寸应满足下列要求。

当 $h_w/b \leqslant 4$ 时，属于一般梁，应满足

$$V \leqslant 0.25\beta_c f_c bh_0 \tag{4-11}$$

当 $h_w/b \geqslant 6$ 时，属于薄腹梁，应满足

$$V \leqslant 0.2\beta_c f_c bh_0 \tag{4-12}$$

当 $4 < h_w/b < 6$ 时，其间按直线内插法取用。

式中 b——截面宽度，对T形、I字形取腹板宽度；

h_w——截面腹板高度，对矩形截面取有效高度；对T形截面取有效高度减去翼缘高度；对I字形截面取腹板净高；

β_c——混凝土强度影响系数，当混凝土强度等级 ≤ C50 时，$\beta_c = 1$；当为 C80 时，$\beta_c = 0.8$；其间按直线内插法取用。

对工字形、T形截面的简支受弯构件，可根据经验放宽为 $V \leqslant 0.3\beta_c f_c bh_0$。

在设计中，若截面尺寸不满足上述要求，应加大构件截面尺寸或提高混凝土强度等级。

(二)箍筋最大间距和最小配箍率

试验表明，箍筋的配箍率过小，在剪跨比较大时，一旦出现裂缝，箍筋立即屈服甚至拉断，发生斜拉破坏。为了防止构件发生斜拉破坏，《规范》规定，箍筋的间距不宜超过梁中箍筋最大间距 s_{max}，见表4-1；配箍率应满足不小于最小配箍率要求，即

$$\rho_{sv} \geqslant \rho_{sv\min} = \frac{0.24 f_t}{f_{yv}} \tag{4-13}$$

表4-1 梁中箍筋最大间距

梁高 h	$V > 0.7 f_t bh_0$	$V \leqslant 0.7 f_t bh_0$
$150 < h \leqslant 300$	150	200
$300 < h \leqslant 500$	200	300
$50 < h \leqslant 800$	250	350
$h > 800$	300	400

对矩形、T形和I字形截面的一般受弯构件，当采用最小配箍率配置梁中箍筋时，斜截面承载力为

$$V_{cs} = 0.7 f_t bh_0 + 1.25 f_{yv} bh_0 \times 0.24\, f_t/f_{yv} = f_t bh_0 \tag{4-14}$$

对集中荷载作用下的独立梁，当采用最小配箍率配置梁中箍筋时，斜截面承载力为

$$\begin{aligned} V_{cs} &= 1.75/(\lambda+1) f_t bh_0 + f_{yv} bh_0 \times 0.24\, f_t/f_{yv} \\ &= [1.75/(\lambda+1) + 0.24] f_t bh_0 \end{aligned} \tag{4-15}$$

因此，在梁的箍筋计算中，若 $V_c \leqslant V \leqslant V_{cs}$，可直接按最小配箍率配置箍筋。

六、斜截面受剪承载力的计算步骤

1.确定需要进行斜截面承载力计算的截面，计算剪力设计值。

2.梁截面尺寸的校核,若不满足,应加大截面尺寸或提高混凝土强度等级。

3.判断是否需按计算配置腹筋,若 $V \leqslant V_c$,可按构造配置箍筋,否则按计算配置腹筋。

4.计算配腹筋

(1)仅配箍筋时

对矩形、T形和I字形截面的一般受弯构件,由式(4-6)得

$$A_{sv}/S \geqslant (V - 0.7f_t bh_0)/1.25f_{yv}h_0$$

集中荷载作用下的独立梁(包括有多种荷载作用时,集中荷载对支座或节点边缘产生的剪力占总剪力值75%以上的情况),由式(4-7)得

$$A_{sv}/S \geqslant [V - 1.75/(\lambda + 1)f_t bh_0]/f_{yv}h_0$$

一般可先确定箍筋肢数(一般常用双肢箍,$n=2$)和箍筋直径(一般常用6 mm,8 mm,10 mm),查表确定单肢箍筋截面积,再计算箍筋间距。也可先确定箍筋肢数和箍筋间距,再确定箍筋截面积和箍筋直径。注意选用的箍筋直径和间距应满足构造规定。

(2)同时配箍筋和弯起筋时

可先选定箍筋直径和间距,按式(4-6)或式(4-7)计算 V_{cs},再由下式计算弯起钢筋的截面面积,即

$$A_{sb} \geqslant (V - V_{cs})/0.8f_y \sin\alpha_s$$

也可以先选定弯起钢筋的截面面积,由式(4-9)或式(4-10)计算 V_{cs},再按只配箍筋的方法计算箍筋。

例4-1 一钢筋混凝土矩形截面简支梁,两端支承在240 mm的砖墙上,如图4-8所示,截面尺寸 $b \times h = 200\ \text{mm} \times 500\ \text{mm}$,该梁承受的永久均布荷载标准值 $g_k = 25$ kN/m,可变均布荷载标准值 $q_k = 50$ kN/m,净跨为 $l_n = 3\ 960$ mm,混凝土的强度等级为C25,箍筋采用HPB235级钢筋,纵向受拉筋与弯起钢筋均采用HRB400级钢筋,按正截面抗弯强度要求已选用纵向受力筋4 Φ 25,试根据斜截面抗剪强度要求确定腹筋数量。

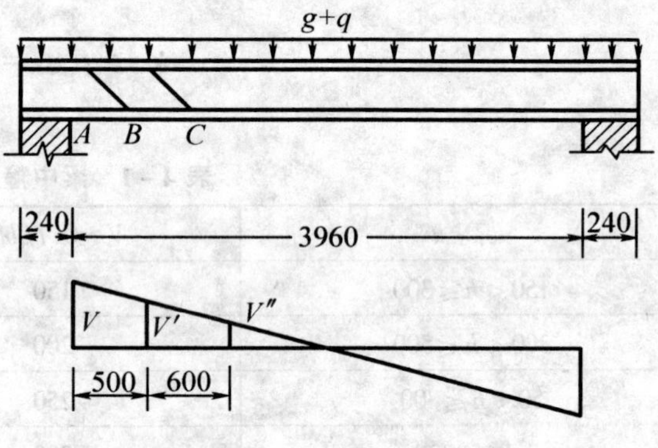

图4-8 例4-1图

解 查表得 $f_c = 11.9\ \text{N/mm}^2$,$f_t = 1.27\ \text{N/mm}^2$;HPB235级钢筋:$f_y = 210\ \text{N/mm}^2$;HRB400级钢筋:$f_y = 360\ \text{N/mm}^2$

纵向钢筋布置一排:$h_0 = 500 - 35 = 465$ mm

1.计算设计剪力

支座边缘处为最危险截面

由可变荷载效应控制的组合:

$$V = \frac{1}{2}(\gamma_G g_k + \gamma_Q q_k)l_n = \frac{1}{2}(1.2 \times 25 + 1.4 \times 50) \times 3.96 = 198\ \text{kN}$$

由永久荷载效应控制的组合:

$$V = \frac{1}{2}(\gamma_G g_k + \gamma_Q q_k)l_n = \frac{1}{2}(1.35 \times 25 + 1.4 \times 0.7 \times 50) \times 3.96 = 165.5\ \text{kN} < 198\ \text{kN}$$

2.校核截面尺寸

$\frac{h_w}{b}=\frac{465}{200}=2.3<4$,属于一般梁,混凝土 C25:$\beta_c=1$

$0.25\beta_c f_c bh_0=0.25\times1\times11.9\times200\times465=276\ 675\ \text{N}>198\ 000\ \text{N}$,截面尺寸满足要求。

3.验算是否需按计算配腹筋

$h<800$ mm,取 $\beta_h=1$

$$0.7\beta_h f_t bh_0=0.7\times1\times1.27\times200\times465=82\ 677\ \text{N}<198\ 000\ \text{N}$$

应按计算配腹筋。

4.计算腹筋数量

(1)仅配箍筋时

$$V\leqslant V_{cs}=0.7f_t bh_0+1.25f_{yv}nA_{sv1}h_0/S$$

$$nA_{sv1}/S\geqslant(V-0.7f_t bh_0)/1.25f_{yv}h_0=(198\ 000-82\ 677)/1.25\times210\times465=0.945$$

选双肢 $\phi8$,$n=2$,$A_{sv1}=50.3\ \text{mm}^2$

$S\leqslant2\times50.3/0.945=106.5$ mm,取 $S=100\ \text{mm}<S_{max}$

实际配置箍筋双肢 $\phi8$@100

验算最小配箍率:$\rho_{sv}=nA_{sv1}/bs=2\times50.3/200\times100=0.503\%$

$$\rho_{svmin}=0.24f_t/f_{yv}=0.24\times1.27/210=0.145\%$$

$\rho_{sv}>\rho_{svmin}$,箍筋沿梁全长均匀布置。

(2)既配箍筋又配弯起筋

根据设计经验及构造要求选箍筋 $\phi6$@200

$$\rho_{sv}=nA_{sv1}/bs=2\times28.3/200\times200=0.142\%$$

$$\rho_{svmin}=0.24f_t/f_{yv}=0.24\times1.27/210=0.145\%,\ \rho_{sv}\approx\rho_{svmin}$$

$$V\leqslant V_{cs}+V_{sb}=0.7f_t bh_0+1.25f_{yv}A_{sv}h_0/S+0.8f_yA_{sb}\sin\alpha_s$$

弯起钢筋与梁轴线夹角取 $\alpha_s=45°$

$$\begin{aligned}A_{sb}&\geqslant(V-0.7f_t bh_0-1.25f_{yv}A_{sv}h_0/S)/0.8f_y\sin\alpha_s\\&=(198\ 000-82\ 677-1.25\times210\times2\times28.3\times465/200)/0.8\times360\times0.707\\&=396.7\ \text{mm}^2\end{aligned}$$

选用 1 Φ 25 纵向钢筋在 B 截面处弯起,$A_{sb}=495\ \text{mm}^2>396.7\ \text{mm}^2$,故满足要求。它作为第一排弯起钢筋,上弯点距支座边缘的距离 s_1 应不超过箍筋最大间距,一般取 $s_1=50$ mm,该弯起钢筋的水平投影长度 $s_b=h-50=450$ mm,则第一排弯起筋下弯点处剪力设计值为

$$V'=\frac{(1\ 980-50-450)\times198}{1\ 980}=148\ \text{kN}$$

斜截面承载力为

$$\begin{aligned}V_{cs}&=0.7f_t bh_0+1.25f_{yv}A_{sv}h_0/S\\&=0.7\times1\times1.27\times200\times465+1.25\times210\times2\times28.3\times465/200=117.2\ \text{kN}\end{aligned}$$

$V'>V_{cs}$故需要配第二排弯起钢筋

$$A_{sb}\geqslant(V'-V_{cs})/0.8f_y\sin\alpha_s=(148\ 000-117.2)/0.8\times360\times0.707=151.3\ \text{mm}^2$$

再选用 1 Φ 25 纵向钢筋在 C 截面处弯起,$A_{sb}=495\ \text{mm}^2>151.3\ \text{mm}^2$,第一排弯起筋下

弯点距第二排弯起筋上弯点的距离应不超过箍筋最大间距,则可算出第二排弯起筋下弯点处剪力设计值为

$$V'' = (1\,980 - 50 - 450 - 150 - 450) \times 198/1\,980 = 88\ \text{kN} < V_{cs}$$

故不需要配第三排弯起钢筋。

例 4-2 一钢筋混凝土矩形截面简支梁,两端支承在370 mm的砖墙上,截面尺寸 $b \times h = 250\ \text{mm} \times 550\ \text{mm}$,净跨为 $l_0 = 6\,600$ mm,该梁承受如图 4-9 所示荷载,混凝土的强度等级为 C25,箍筋采用 HPB235 级钢筋,纵向受拉筋采用 HRB335 级钢筋,按正截面抗弯强度要求已选用纵向受力筋 6 ϕ 22,试根据斜截面抗剪强度要求确定箍筋数量。

解 查表得 $f_c = 11.9\ \text{N/mm}^2$, $f_t = 1.27\ \text{N/mm}^2$, $\beta_c = 1$, $f_y = 210\ \text{N/mm}^2$

钢筋布置二排

$$h_0 = 550 - 60 = 490\ \text{mm}$$

1.计算设计剪力

$$V = 1/2(g+q)l_n + F$$
$$= 7 \times 6.6/2 + 80 = 103.1\ \text{kN}$$

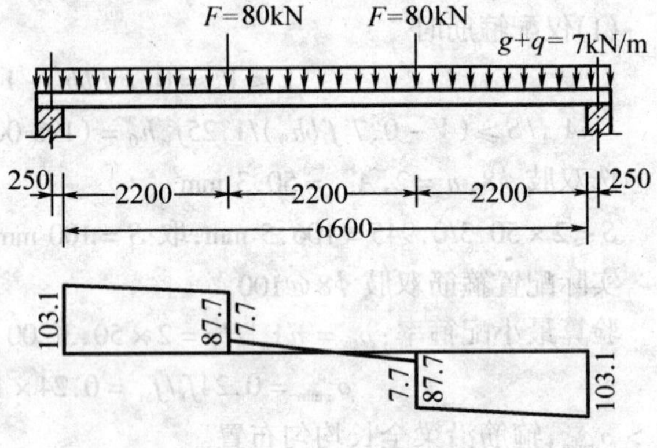

图 4-9 例 4-2 图

集中荷载在支座边缘产生的剪力 $V_p = 80$ kN,集中荷载在支座边缘产生的剪力占支座边总剪力的百分比为 $V_p/V = 80/103.1 = 78\%$,应按集中荷载作用下的计算公式计算,考虑剪跨比的影响。

2.校核截面尺寸

$h_w/b = 490/250 = 1.96 < 4$,属于一般梁

$$0.25\beta_c f_c b h_0 = 0.25 \times 1 \times 11.9 \times 250 \times 490 = 364\,437.5 > 103\,100\ \text{N}$$

所以截面尺寸满足要求。

3.计算剪跨比

$\lambda = a/h_0 = 2200/490 = 4.5 > 3$,取 $\lambda = 3$

4.验算是否需按计算配腹筋

$h < 800$ mm,取 $\beta_h = 1$

$$1.75\beta_h f_t b h_0/(\lambda+1) = 1.75 \times 1 \times 1.27 \times 250 \times 490/(3+1) = 68\,064\ \text{N} < 103\,100\ \text{N}$$

故应按计算配腹筋。

5.计算腹筋数量

仅配箍筋 $V \leqslant V_{cs} = 1.75\, f_t b h_0/(\lambda+1) + f_{yv} A_{sv} h_0/S$

$$nA_{sv1}/S \geqslant [V - 1.75/(\lambda+1) f_t b h_0]/f_{yv} h_0 = (103\,100 - 68\,064)/210 \times 490 = 0.34$$

选双肢 $\phi 8$, $n = 2$, $A_{sv1} = 50.3\ \text{mm}^2$

$S \leqslant 2 \times 50.3/0.34 = 295.9$ mm,取 $S = 200\ \text{mm} < S_{max}$

实际配置箍筋双肢 $\phi 8$@200

6.验算最小配箍率

$$\rho_{sv} = \frac{nA_{sv1}}{bs} = \frac{2 \times 50.3}{250 \times 200} = 0.201\%$$

$$\rho_{svmin} = \frac{0.24f_t}{f_{yv}} = \frac{0.24 \times 1.27}{210} = 0.145\%$$

$$\rho_{sv} > \rho_{svmin}$$

箍筋沿梁全长均匀布置。

例 4－3 钢筋混凝土矩形截面简支梁，截面尺寸 $b \times h = 250\ \text{mm} \times 600\ \text{mm}$，跨度为 $l_0 = 4\ 000\ \text{mm}$，该梁承受一集中荷载(忽略梁自重)，如图所示，混凝土的强度等级为 C30($f_c = 14.3\ \text{N/mm}^2$ $f_t = 1.43\ \text{N/mm}^2$ $\alpha_1 = 1$)，箍筋采用 HRB335 级钢筋($f_y = 300\ \text{N/mm}^2$)，纵向受拉筋与弯起钢筋均采用 HRB400 级钢筋($f_y = 360\ \text{N/mm}^2$)，根据斜截面抗剪强度要求确定腹筋数量。

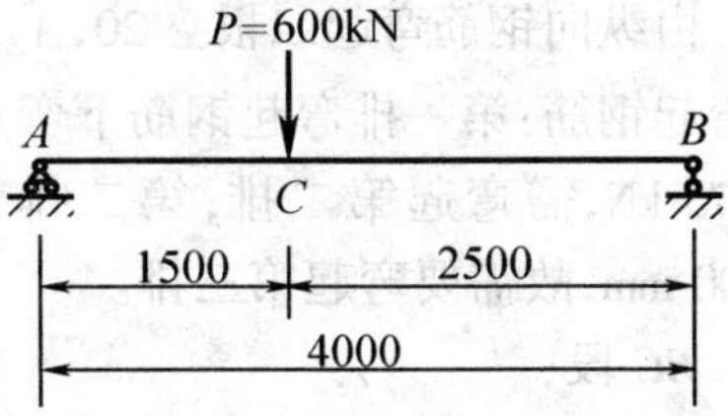

图 4－10 例 4－3 图

解 C30 混凝土：$f_c = 14.3\ \text{N/mm}^2$，$f_t = 1.43\ \text{N/mm}^2$；HRB335 级钢筋：$f_y = 300\ \text{N/mm}^2$

钢筋布置二排： $h_0 = 600 - 60 = 540\ \text{mm}$

AC 段：

(1)计算设计剪力：$V左 = \dfrac{600 \times 2\ 500}{4\ 000} = 375\ \text{kN}$

(2)校核截面尺寸：$h_w / b = 540/250 = 2.16 < 4$，属于一般梁，混凝土 C30：$\beta_c = 1$

$$0.25\beta_c f_c b h_0 = 0.25 \times 1 \times 14.3 \times 250 \times 540 = 482\ 625\ \text{N} > 375\ 000\ \text{N}$$

截面尺寸满足要求

(3)计算剪跨比： $\lambda = \dfrac{a}{h_0} = \dfrac{1\ 500}{540} = 2.8 < 3$

(4)验算是否需按计算配腹筋：$h < 800\ \text{mm}$，取 $\beta_h = 1$

$1.75\beta_h f_t b h_0 / (\lambda + 1) = 1.75 \times 1 \times 1.43 \times 250 \times 540/(2.8 + 1) = 88\ 904.6\ \text{N} < 375\ 000\ \text{N}$

应按计算配腹筋

(5)计算腹筋数量

仅配箍筋： $V \leqslant V_{cs} = 1.75\ f_t b h_0 / (\lambda + 1) + f_{yv} A_{sv} h_0 / S$

$nA_{sv1} / S \geqslant [V - 1.75/(\lambda + 1) f_t b h_0] / f_{yv} h_0 = (375\ 000 - 88\ 904.6)/300 \times 540 = 1.77$

选双肢 $\phi 12$，$n = 2$，$A_{sv1} = 113.1\ \text{mm}^2$

$S \leqslant 2 \times 113.1/1.77 = 127.8\ \text{mm}$，取 $S = 120\ \text{mm} < S_{max}$，实际配置箍筋双肢 $\phi 12@120$

验算最小配箍率：$\rho_{sv} = nA_{sv1} / bs = 2 \times 113.1/250 \times 120 = 0.754\ \%$

$$\rho_{svmin} = 0.24 f_t / f_{yv} = 0.24 \times 1.43/300 = 0.114\%$$

$$\rho_{sv} > \rho_{svmin}$$

箍筋沿 *AC* 段均匀布置

既配箍筋又配弯起筋：

根据设计经验及构造要求选箍筋 $\phi 8@100$

$$\rho_{sv} = nA_{sv1} / bs = 2 \times 50.3/250 \times 100 = 0.402\%$$

$$\rho_{svmin} = 0.24 f_t / f_{yv} = 0.24 \times 1.43/300 = 0.114\%$$

$$\rho_{sv} > \rho_{svmin}$$

$$V \leqslant V_{cs} + V_{sb} = 1.75\, f_t b h_0/(\lambda+1) + f_{yv} A_{sv} h_0/S + 0.8 f_y A_{sb} \sin\alpha_s$$

$$\alpha_s = 45°$$

$$A_{sb} \geqslant (V - 1.75\, f_t b h_0/(\lambda+1) - f_{yv} A_{sv} h_0/S)/0.8 f_y \sin\alpha_s$$

$$= (375\ 000 - 88\ 904.6 - 300 \times 2 \times 50.3 \times 540/100)/0.8 \times 360 \times 0.707 = 604.7\ \text{mm}^2$$

由纵向钢筋弯起二根Φ 20,$A_{sb} = 628\ \text{mm}^2 > 604.7\ \text{mm}^2$,故满足要求。验算是否需要第二排弯起钢筋:第一排弯起钢筋下弯点距支座的距离为 50 + 550 = 600 mm,该处的剪力仍为 $V' = 375$ kN,需弯起第二排;第二排弯起钢筋下弯点距支座距离为 50 + 550 + 250 + 550 = 1 400 mm,故需要弯起第三排。

BC 段:

(1)计算设计剪力:V 右 = 600 × 1 500/4 000 = 225 kN

(2)校核截面尺寸:$h_w/b = 540/250 = 2.16 < 4$,属于一般梁,混凝土 C30:$\beta_c = 1$

$$0.25\beta_c f_c b h_0 = 0.25 \times 1 \times 14.3 \times 250 \times 540 = 482\ 625\ \text{N} > 225\ 000\ \text{N}$$

截面尺寸满足要求

(3)计算剪跨比:$\lambda = a/h_0 = 2\ 500/540 = 4.63 > 3$ 取 $\lambda = 3$

(4)验算是否需按计算配腹筋:$h < 800$ mm,取 $\beta_h = 1$

$$1.75\beta_h f_t b h_0/(\lambda+1) = 1.75 \times 1 \times 1.43 \times 250 \times 540/(3+1) = 84\ 459.4\ \text{N} < 225\ 000\ \text{N}$$

故应按计算配腹筋。

(5)计算腹筋数量

仅配箍筋:

$$V \leqslant V_{cs} = 1.75\, f_t b h_0/(\lambda+1) + f_{yv} A_{sv} h_0/S$$

$$nA_{sv1}/S \geqslant [V - 1.75/(\lambda+1) f_t b h_0]/f_{yv} h_0 = (225\ 000 - 84\ 459.4)/300 \times 540 = 0.868$$

选双肢 ϕ10,$n = 2$,$A_{sv1} = 78.5\ \text{mm}^2$,$S \leqslant 2 \times 78.5/0.868 = 180.88$ mm,取 $S = 180\ \text{mm} < S_{max}$

实际配置箍筋双肢 ϕ10@180

验算最小配箍率: $\rho_{sv} = nA_{sv1}/bs = 2 \times 78.5/250 \times 180 = 0.349\ \%$

$$\rho_{svmin} = 0.24 f_t/f_{yv} = 0.24 \times 1.43/300 = 0.114\%$$

$$\rho_{sv} > \rho_{svmin}$$

箍筋沿 *BC* 段均匀布置

既配箍筋又配弯起筋:

根据设计经验及构造要求选箍筋 ϕ8@200

$$\rho_{sv} = nA_{sv1}/bs = 2 \times 50.3/250 \times 200 = 0.201\ \%$$

$$\rho_{svmin} = 0.24 f_t/f_{yv} = 0.24 \times 1.43/300 = 0.114\%\ ,\rho_{sv} > \rho_{svmin}$$

$$V \leqslant V_{cs} + V_{sb} = 1.75\, f_t b h_0/(\lambda+1) + f_{yv} A_{sv} h_0/S + 0.8 f_y A_{sb} \sin\alpha_s$$

$$\alpha_s = 45°$$

$$A_{sb} \geqslant (V - 1.75\, f_t b h_0/(\lambda+1) - f_{yv} A_{sv} h_0/S)/0.8 f_y \sin\alpha_s$$

$$= (225\ 000 - 84\ 459.4 - 300 \times 2 \times 50.3 \times 540/200)/0.8 \times 360 \times 0.707 = 290\ \text{mm}^2$$

由纵向钢筋弯起一根Φ 20,$A_{sb} = 314.2\ \text{mm}^2 > 290\ \text{mm}^2$故满足要求验算是否需要第二排弯起钢筋:第一排弯起钢筋下弯点距支座的距离为 50 + 550 = 600 mm,该处的剪力仍为 $V' = 225$ kN,需弯起第二排;第二排弯起钢筋下弯点距支座的距离为 50 + 550 + 250 + 550 =

1 400 mm需要弯起第三排;第三排弯起钢筋下弯点距支座的距离为 1 400 + 250 + 550 = 2 200 mm,故需弯起第四排。

第五节　纵向钢筋的布置

前面讲过,在剪力和弯矩共同作用下产生的斜裂缝还会导致与其相交的纵向钢筋拉力增加使截面发生斜截面受弯破坏。纵向钢筋是以同符号弯矩区段内的最大弯矩为依据根据正截面承载力计算求得的,如果纵向钢筋沿梁全长布置,任何截面上的受弯承载力均能满足要求。纵向钢筋沿梁通长布置,构造虽然简单,但钢筋强度没有得到充分利用,是不经济的。实际工程中考虑经济因素经常把纵向钢筋在不需要的地方弯起或截断,但这就有可能影响梁的正截面和斜截面受弯承载力。本节将讲述如何合理确定纵筋弯起点和切断点位置,以保证构件不发生承载力破坏。

一、材料抵抗弯矩图

材料抵抗弯矩图是指按照实际配置的纵向受拉筋数量计算的各截面所能承受的弯矩作出的图形,如图 4 - 11 所示。

二、材料抵抗弯矩图的作用

1.反映材料利用的程度

材料抵抗弯矩图越接近设计弯矩图,表示材料利用程度越高。

2.确定纵向钢筋的弯起数量和位置

把纵向钢筋在不需要的地方弯起是为了抵抗剪力和支座负弯矩。通过作材料抵抗弯矩图可以确定如何弯起钢筋才能满足截面承载力要求。

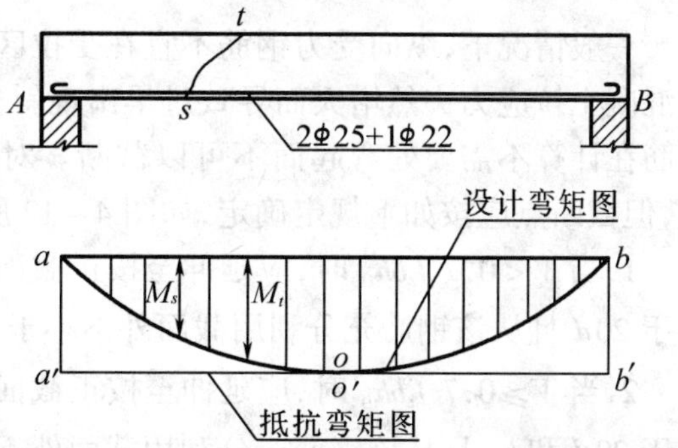

图 4 - 11　简支梁的设计弯矩值和材料抵抗弯矩图

3.确定纵向钢筋的截断数量和位置

把纵向钢筋在不需要的地方切断是为了节省钢筋。通过作材料抵抗弯矩图可以确定如何切断才能满足截面承载力要求。

三、纵向钢筋弯起数量和位置的确定

纵向钢筋的弯起应满足三个条件,如图 4 - 12 所示。

1.保证正截面受弯承载力的要求。纵向钢筋弯起后,剩下的纵筋能抵抗的弯矩降低。设计时必须保证抵抗弯矩图包在设计弯矩图的外面,即 $M_u > M$。

2.保证斜截面受剪承载力的要求。设计时如果利用弯起的纵筋抵抗斜截面的剪力,则纵筋的弯起位置应保证从支座边缘到第一排弯起钢筋上弯点的距离及前一排弯起钢筋下弯点到下一排弯起钢筋上弯点的距离不得大于最大箍筋间距,以防止出现不与弯起钢筋相交的斜裂缝。

3.保证斜截面受弯承载力的要求。纵筋的弯起点应在按正截面受弯承载力计算该钢筋强度被充分利用的截面以外至少 $h_0/2$ 的位置(证明略去)。

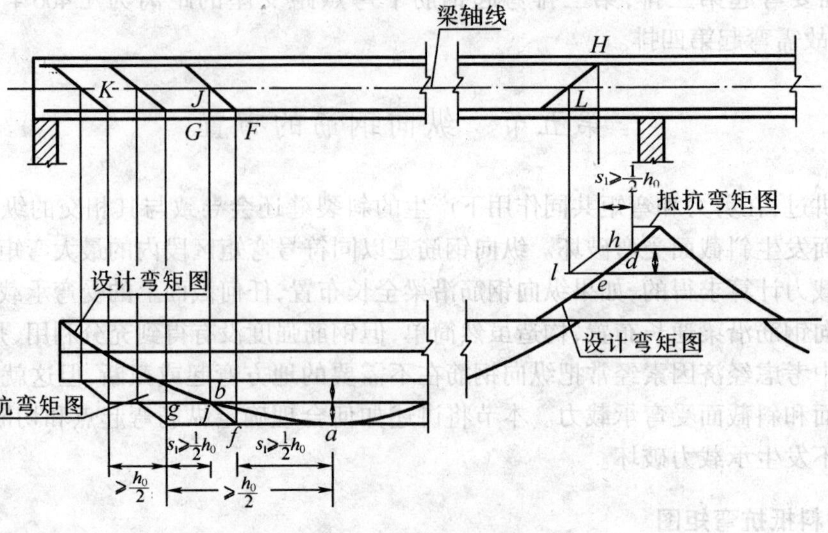

图 4-12 纵筋弯起的构造要求

四、纵向钢筋截断数量和位置的确定

一般情况下,纵向受力钢筋不宜在受拉区截断,因为截断处受力钢筋面积突然减小,会使混凝土拉应力突然增大而导致过早出现斜裂缝。因此,对承受正弯矩的钢筋一般只可将钢筋在计算不需要处弯起而不可以截断。对于连续梁(板)支座承受负弯矩的钢筋可以截断,但截断点应按如下规定确定,如图 4-12 所示。

1. 当 $V<0.7f_tbh_0$ 时,应延伸至按正截面受弯承载力要求不需要该钢筋的截面以外不小于 $20d$ 且从该钢筋充分利用截面外不小于 $1.2l_a$ 处。

2. 当 $V\geqslant0.7f_tbh_0$ 时,应延伸至按正截面受弯承载力要求不需要该钢筋的截面以外不小于 $20d$ 和 h_0 且从该钢筋充分利用截面外不小于 $1.2l_a+h_0$ 处。

3. 若按上述规定确定的截断点仍位于支座最大负弯矩对应的受拉区内,则应延伸至不需要该钢筋的截面以外不小于 $1.3l_a$ 和 $20d$ 且从该钢筋充分利用截面外不小于 $1.2l_a+1.7h_0$ 处。

五、材料抵抗弯矩图的做法

以单筋矩形截面为例,其基本公式为

$$f_yA_s=\alpha_1f_cbx \tag{4-15}$$

$$M_u=f_yA_s\left(h_0-\frac{x}{2}\right) \tag{4-16}$$

由式(4-15)得

$$x=f_yA_s/\alpha_1f_cb \tag{4-17}$$

将(4-17)代入(4-16)得

$$M_u=f_yA_s(h_0-f_yA_s/2\alpha_1f_cb)=f_yA_sh_0(1-\rho f_y/2\alpha_1f_c) \tag{4-18}$$

可见,抵抗弯矩与钢筋截面积(或配筋率)为二次曲线关系,可偏于安全近似按成比例考虑。

则任意一根钢筋的抵抗弯矩值近似按下式计算：

$$M_{ui}=M_uA_{si}/A_s \quad (4-19)$$

式中 M_{ui}——任意一根钢筋的抵抗弯矩值；

M_u——总的抵抗弯矩值；

A_{si}——任意一根纵筋的截面面积；

A_s——总的纵筋的截面面积。

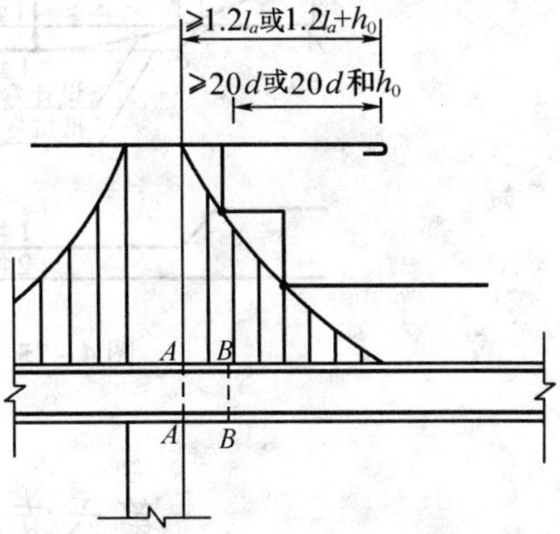

图 4-13 纵筋截断的规定

如图 4-14(a)所示伸臂梁，根据计算，跨中 *AB* 段承受正弯矩，截面下侧需配 3 ⏀ 18 的钢筋，支座 *B* 承受负弯矩，截面上侧需配 3 ⏀ 14 + 1 ⏀ 18 的钢筋，如果抵抗正负弯矩的纵向钢筋延伸至梁全长，则材料抵抗弯矩图如图 4-14(b)所示，为一直线，显然这种钢筋布置是不经济的。现将跨中的 1 ⏀ 18 的钢筋按要求在 *E* 点和 *F* 点弯起，则材料抵抗弯矩图如图 4-15 所示，可按钢筋面积比确定每根钢筋抵抗的弯矩，划出三条水平线，找到该钢筋的充分利用截面，确定弯起点，*ef* 段为一水平直线，*AC* 段和 *BD* 段抵抗弯矩显然比 *EF* 段小，用水平直线 *ac* 和 *bd* 表示，在 *CE* 和 *DF* 段，弯起的 1 ⏀ 18 逐渐靠近中和轴，所能抵抗的弯矩减小，至 *C* 和 *D* 时为零，抵抗弯矩图用斜线 *ec* 和 *df* 表示。将支座的 3 ⏀ 14 + 1 ⏀ 18 的钢筋按要求切断，按钢筋面积比确定每根钢筋抵抗的弯矩，画出四条水平线，相应的抵抗弯矩图画成踏步状，找到钢筋的充分利用截面和理论切断点，再确定钢筋的实际切断点。

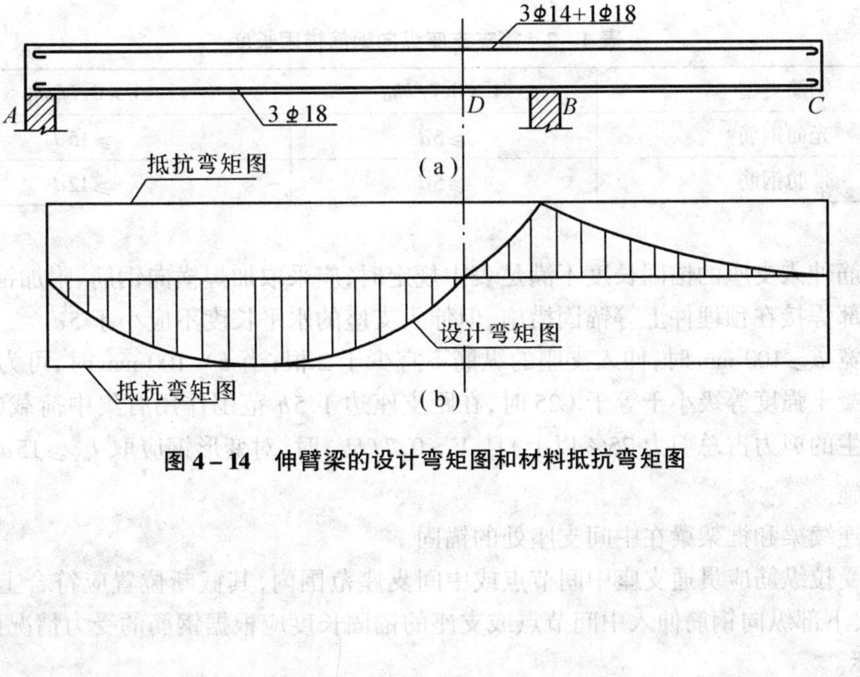

图 4-14 伸臂梁的设计弯矩图和材料抵抗弯矩图

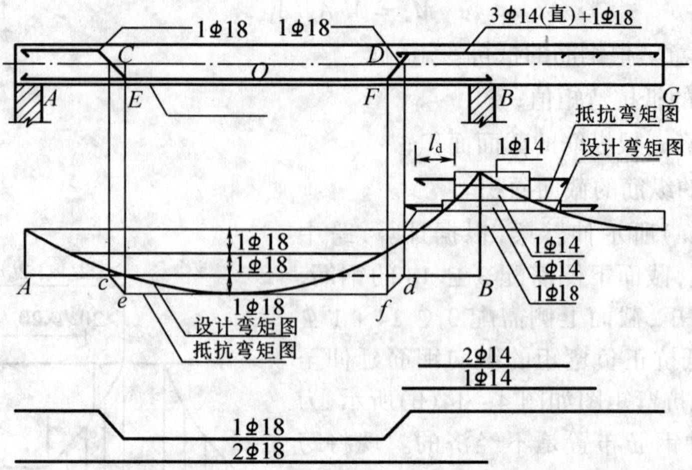

图 4-15　伸臂梁的材料抵抗弯矩图

第六节　钢筋的构造要求

一、纵筋在支座处的锚固

纵向钢筋伸入支座的锚固长度不够,将使纵筋滑移,甚至被拔出引起锚固破坏。

(一)简支梁和连续梁在简支座处的锚固

梁下部纵筋伸入支座的锚固长度应满足表 4-2 规定。

表 4-2　简支支座纵向钢筋锚固长度

钢筋类型	$V \leqslant 0.7f_tbh_0$	$V > 0.7f_tbh_0$
光面钢筋	$\geqslant 5d$	$\geqslant 15d$
带肋钢筋	$\geqslant 5d$	$\geqslant 12d$

当纵筋伸入支座的锚固长度不满足表中规定时,应采取加焊横向钢筋、附加锚固钢板或将钢筋端部焊接在预埋件上等锚固措施,但伸入支座的水平长度不应小于 $5d$。

当梁宽 $b \geqslant 100$ mm 时,伸入支座的纵筋不宜少于 2 根;当 $b < 100$ mm 时,可为 1 根。

当混凝土强度等级小于等于 C25 时,在距支座边 $1.5h$ 范围作用有集中荷载(集中荷载对支座产生的剪力占总剪力 75% 以上)且 $V > 0.7f_tbh_0$ 时,对变形钢应取 $l_{a_s} \geqslant 15d$ 或采用附加锚固措施。

(二)连续梁和框架梁在中间支座处的锚固

上部受拉纵筋应贯通支座中间节点或中间支座范围内,其截断位置应符合上一节所讲内容确定,下部纵向钢筋伸入中间节点或支座的锚固长度应根据钢筋的受力情况而定,如图 4-16 所示。

1.计算中不利用该钢筋的强度时，其锚固长度与表中 $V>0.7f_tbh_0$ 时的简支座情况相同。

2.计算中充分利用该钢筋的抗拉强度时，可采用直线锚固形式，伸入支座的锚固长度不得小于 l_a，或向上弯折 90°的锚固形式，伸入支座的水平段锚固长度不得小于 $0.4l_a$，向上弯折的长度不得小于 $15d$。

3.计算中充分利用该钢筋的抗压强度时，下部纵向钢筋应按受压钢筋锚固在中间节点或中间支座内，考虑其直线锚固长度不应小于 $0.7l_a$；下部纵向钢筋也可贯通节点或支座范围，并在节点或支座以外梁内弯矩较小处设置搭接接头。

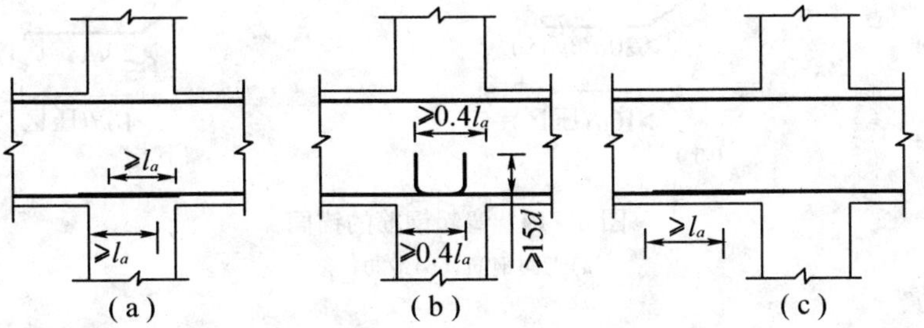

图 4-16 纵向钢筋在中间节点或中间支座处的锚固或搭接

(a)梁下部纵向钢筋在节点中的直线锚固；(b)梁下部纵向钢筋在节点中带 90°弯折锚固；(c)梁下部纵向钢筋贯穿节点或支座并在节点或支座范围以外搭接

(三)框架梁的端节点处

顶层端节点处纵向受力钢筋的锚固，在无专门规定时，可将柱外侧纵向钢筋的相应部分弯入梁内作梁上部纵向钢筋使用，也可将梁上部钢筋与柱外侧纵向钢筋在顶层端节点及其附近部位搭接，如图 4-17 所示。

中间层端节点上部纵向钢筋的锚固应按受拉钢筋的锚固要求确定。当采用直线锚固形式，伸入支座的锚固长度不得小于 l_a，且伸过柱中心线不宜小于 $5d$；当柱截面尺寸不足时，可将钢筋伸至节点对边并向下弯折 90°，其包含弯弧段在内的水平投影长度不小于$0.4l_a$，包含弯弧段在内的竖直投影长度为 $15d$，如图 4-18 所示。

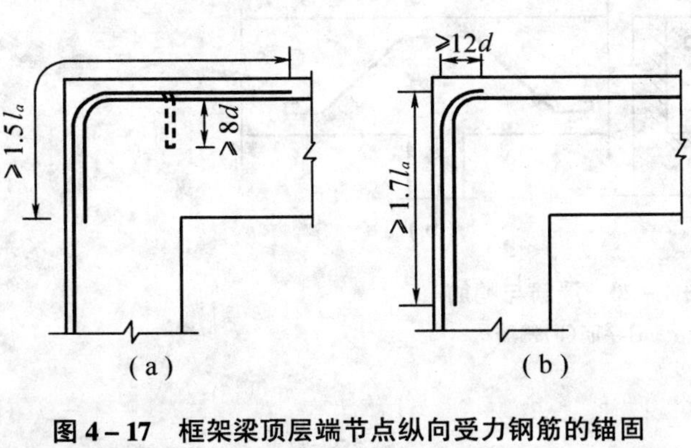

图 4-17 框架梁顶层端节点纵向受力钢筋的锚固

(a)柱外侧纵向钢筋弯入梁内；(b)梁上部钢筋与柱外侧钢筋搭接

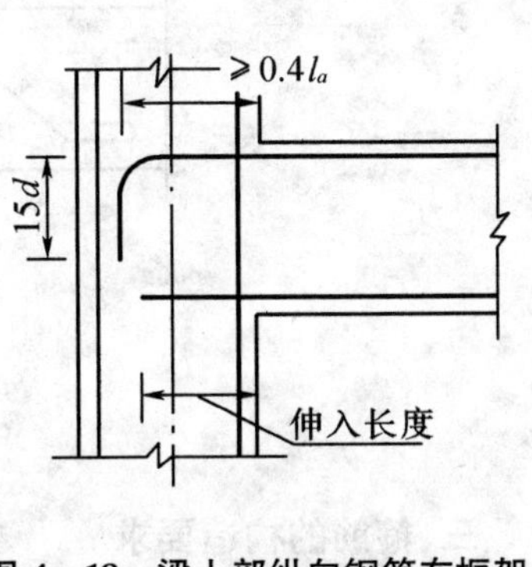

图 4-18 梁上部纵向钢筋在框架中间层端节点的锚固形式

二、弯起钢筋的构造要求

(一)弯起钢筋的锚固长度

弯起钢筋的弯终点外应留有水平锚固长度,其长度在受拉区时不应小于 $20d$;在受压时区时不应小于 $10d$;对光面钢筋在末端上应设置弯钩,如图 4-19 所示。

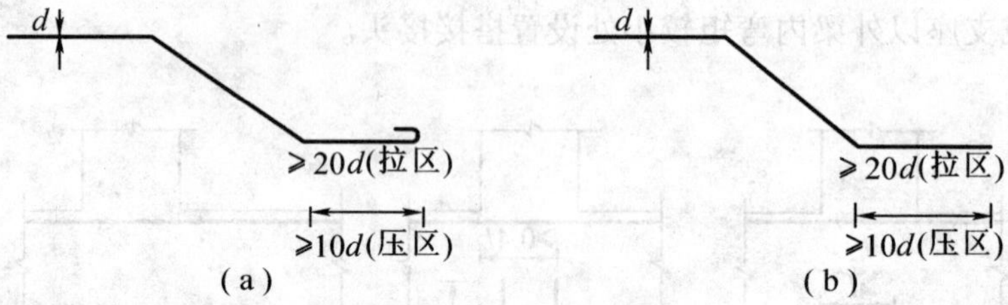

图 4-19　弯起钢筋的锚固

(a)光面钢筋;(b)带肋钢筋

(二)弯起钢筋的弯起角度

弯起钢筋的弯起角度一般可取 45°,当梁截面高度大于 800 mm 时,宜取 60°,梁底层角部钢筋不应弯起。

(三)弯起钢筋的间距

第一排弯起筋上弯点距支座边缘距离不得大于表中规定的最大箍筋间距,一般取 50 mm;前一排弯起筋下弯点到下一排弯起筋上弯点的距离不得大于表中规定的最大箍筋间距 S_{max},以保证可能出现的斜裂缝与弯起钢筋相交。

(四)弯起钢筋的形式

弯起钢筋一般是由纵向钢筋在受弯不需要的地方弯起,但当纵筋不能弯起时,可单独设置受剪的弯起筋,此筋称为鸭筋,不能采用浮筋,如图 4-20 所示,否则一旦弯起钢筋滑动将使斜裂缝开展过大。

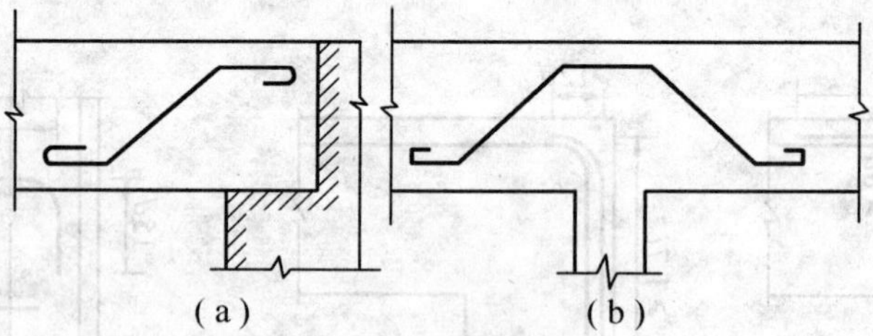

图 4-20　浮筋与鸭筋

(a)浮筋(b)鸭筋

三、箍筋的构造要求

(一)箍筋的形式

箍筋的形式有封闭式和开口式两种,通常采用封闭式箍筋,现浇 T 形截面梁由于在翼缘

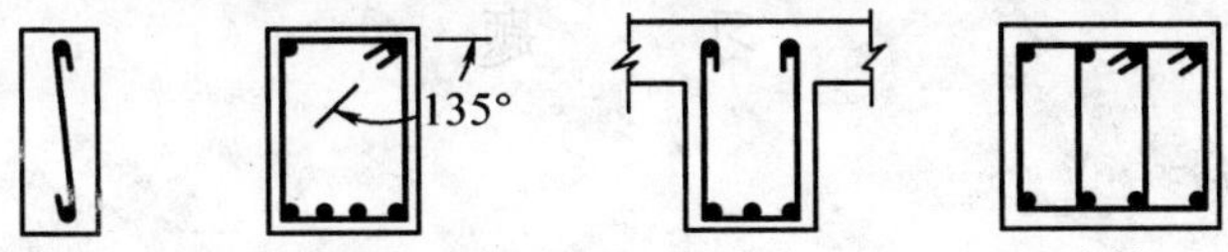

图 4－21 箍筋的形式和肢数

(a)单肢箍；(b)双肢封闭式；(c)双肢开口式；(d)复合箍

顶面通常另有横向钢筋，可采用开口式，如图 4－21 所示。其端部弯钩做成 135°，不宜采用 90°，弯钩端头直线长度按表 4－3 取用。

表 4－3 箍筋末端两个弯钩的长度

受力筋直径 \ 箍筋直径	$\phi6$	$\phi8$	$\phi10$	$\phi12$
$\phi10\sim25$	100	120	140	180
$\phi28\sim32$	120	140	160	200

(二)箍筋的肢数

箍筋的肢数分为单肢、双肢及多肢(复合箍)。当梁宽 $b<150$ mm 或作为腰筋的拉结筋时采用单肢；当梁宽大于 400 mm 且在一排内纵向受压钢筋的根数多 3 根时，或当梁宽不大于 400 mm 但在一排内纵向受压钢筋的根数多于 4 根时，应采用四肢箍，其他情况均采用双肢箍。

(三)箍筋的直径

箍筋的直径应满足计算要求，一般梁高不大于 250 mm 时，箍筋直径不得小于 4 mm；梁高超过 800 mm 时，箍筋直径不得小于 8 mm；梁高在 250～800 mm 之间时，箍筋直径不得小于 6 mm；同时，当配有纵向受压筋时，箍筋的最小直径不应小于受压钢筋较大直径的 0.25 倍。在纵向受力钢筋搭接长度范围内，箍筋的最小直径不应小于搭接钢筋较大直径的 0.25 倍。

(四)箍筋的间距

箍筋的间距应满足计算要求及不超过最大箍筋间距。当梁中配有按计算需要的纵向受压筋时，箍筋间距不应大于 $15d$；d 为纵向受压钢筋中的最小直径，同时在任何情况下均不应大于 400 mm。当一排内纵向受压钢筋的根数多于 5 根且直径大于 18 mm 时，箍筋间距不应大于 $10d$。

在纵向受力钢筋搭接长度范围内应配置箍筋。当纵筋受拉时，箍筋间距不应大于搭接钢筋较小直径的 5 倍，且不应大于 100 mm；当纵筋受压时，箍筋间距不应大于搭接钢筋较小直径的 10 倍，且不应大于 200 mm。当受压钢筋直径大于 25 mm 时，还应在搭接接头两个端面外 100 mm 范围内设置两个箍筋。

(五)箍筋的选用

箍筋一般选用 HPB235 级钢，当剪力较大时也可选用 HRB335 级钢。

习　　题

一、填空题

4-1　斜截面承载力计算包括斜截面________计算和斜截面________计算。

4-2　钢筋混凝土无腹筋梁随________的变化,可以出现三种破坏形态。

4-3　无腹筋梁斜截面受剪的破坏形态有________、________和________。

4-4　斜拉破坏多发生在腹筋配置________,且其剪跨比________的情况。

4-5　当满足最小配箍率时,可以防止________破坏的发生,当限制截面尺寸不致过小时,可以防止________破坏的发生。

4-6　影响无腹筋梁斜截面承载力的主要因素包括________、________、________和________。

4-7　纵向受拉钢筋的配筋率越大,斜截面的抗剪承载力也________。

4-8　在有腹筋梁的受剪承载力计算中,截面尺寸限制条件是为了防止________过高而发生________破坏。

4-9　在计算梁斜截面受剪承载力时,其计算位置应取________、________、________和________。

4-10　梁内纵向受拉钢筋的弯起点应设在正截面抗弯计算时该钢筋强度全部发挥作用的截面以外 $h_0/2$ 处,以保证斜截面的________承载力。

4-11　《规范》规定:对一般梁,其最小截面尺寸应满足________;对薄腹梁,其最小截面尺寸应满足________。

4-12　若利用弯起钢筋抗剪,则钢筋弯起点的位置应同时满足________、________和________三项要求。

4-13　受弯构件箍筋的配筋率 $\rho_{sv}=$ ________;最小配箍率 $\rho_{sv\min}=$ ________。

4-14　计算钢筋混凝土梁斜截面承载力时,若满足 $V\leqslant 0.7f_tbh_0$ 条件,只需按构造配置________即可。

4-15　设计受弯构件时,必须同时满足它的正截面受弯承载力、斜截面受剪承载力的要求,以及________和________的要求。

4-16　剪跨比反映了________和________的相对比值。

4-17　无腹筋梁,当 $\lambda>3$ 时发生________破坏,该破坏属于________性破坏;当 $1\leqslant\lambda\leqslant3$ 时发生________破坏,该破坏属于________性破坏;当 $\lambda<1$ 时发生________破坏,该破坏属于________性破坏。

4-18　纵向受拉钢筋不允许在________截断,允许在________截断,但应延伸至钢筋理论截断点以外,延伸长度为________,同时当 $V\leqslant 0.7f_tbh_0$ 时,从该钢筋强度充分利用截面延伸的长度尚应满足________,当 $V>0.7f_tbh_0$ 时,从该钢筋强度充分利用截面延伸的长度还应满足________。

二、判断题

4-1　在一定范围内提高配筋率能提高梁斜截面的抗剪承载力。(　　)

4－2 箍筋对梁斜裂缝的出现影响很大。（ ）

4－3 对无腹筋梁，剪跨比越大，受剪承载力越低。（ ）

4－4 斜裂缝往往在钢筋混凝土梁的跨中部位产生。（ ）

4－5 对于有腹筋梁，虽然 $\lambda>1$，只要超配筋，同样可能发生斜压破坏。（ ）

4－6 受弯构件斜截面受剪承载力随配筋率的增大而无限增大。（ ）

4－7 钢筋混凝土梁斜截面受剪承载力计算公式是根据斜拉破坏的受力特征建立的。（ ）

4－8 钢筋混凝土梁斜截面受剪承载力随着剪跨比的减小而降低。（ ）

4－9 剪跨比对有腹筋梁的抗剪承载力的影响比无腹筋梁的影响要大些。（ ）

4－10 在受弯构件中，在纵向钢筋被截断或弯起的地方应考虑斜截面抗弯承载力的问题。（ ）

4－11 弯起筋的上弯点至前一排弯起筋的下弯点之间的距离 $S\leqslant S_{max}$，是为了保证斜截面受剪承载力。（ ）

4－12 计算钢筋混凝土斜截面抗剪承载力时，规范规定的上限值相当于限制了梁的最小截面尺寸和最大配筋率。（ ）

4－13 受弯构件纵向钢筋全部伸入支座时，仍然要验算斜截面受弯承载力。（ ）

4－14 材料抵抗弯矩图不切入弯矩图内时，正截面受弯承载力均可满足。（ ）

4－15 为了防止受弯构件斜截面发生斜拉破坏，规定配筋率 $\rho_{sv}\geqslant\rho_{svmi}$，$S\leqslant S_{max}$。（ ）

4－16 计算钢筋混凝土斜截面抗剪承载力时，计算的剪力值应取斜截面范围内的平均剪力值。（ ）

4－17 超筋梁与超配箍筋的特点均是混凝土破坏时受力钢筋及箍筋未屈服。（ ）

4－18 梁按规范进行计算，其受弯受剪承载力恰好相等，则弯曲、剪切破坏同时发生。（ ）

三、选择题

4－1 当钢筋混凝土梁的剪力设计值 $V>0.25\beta_c f_c bh_0$ 时，应采取的措施是（ ）。

A. 增大箍筋直径或减少箍筋间距　B. 加大截面尺寸或提高混凝土强度等级

C. 提高箍筋的抗拉强度设计值　D. 加配弯起钢筋

4－2 在钢筋混凝土梁上使用箍筋，其主要目的是下列几项中的哪一项？（ ）

A. 提高混凝土强度等级　B. 弥补主筋配筋量的不足

C. 承担弯矩　D. 抵抗剪力

4－3 均布荷载作用下的梁内不需计算箍筋数量而只需按构造配箍筋的条件是（ ）。

A. $V\leqslant0.7\beta_h f_t bh_0$　B. $V\geqslant0.7\beta_h f_t bh_0$

C. $V\leqslant0.25\beta_c f_c bh_0$　D. $V\leqslant0.25\beta_c f_c bh_0$

4－4 进行斜截面承载力计算的目的是按控制截面的剪力确定（ ）及弯起钢筋的数量。

A. 箍筋　B. 弯起钢筋　C. 纵向受力钢筋　D. 腹筋

4－5　梁跨度 $l>6$ m时,架力钢筋最小直径应不小于(　　)。

A.12　　B.10　　C.8 m　　D.6 m

4－6　钢筋混凝土斜截面抗剪承载力计算公式是建立在(　　)基础上的。

A.斜拉破坏　　B.斜压破坏　　C.剪压破坏　　D.局压破坏

4－7　条件相同的无腹筋梁,受剪承载力的大小为(　　)。

A.斜压破坏>斜拉破坏>剪压破坏　　B.剪压破坏>斜压破坏>斜拉破坏

C.斜压破坏>剪压破坏>斜拉破坏

4－8　承受集中荷载的矩形截面简支梁配置箍筋后,若所需的弯起筋数量或间距不满足要求时,应增设(　　)以抗剪。

A.架力钢筋　　B.纵筋　　C.鸭筋　　D.浮筋

4－9　仅配箍筋的梁,在荷载形式及配箍率一定的情况下,提高受剪承载力的有效措施是增大(　　)。

A.混凝土轴心抗压强度　　B.截面宽　　C.截面有效高度

4－10　计算钢筋混凝土受弯构件斜截面抗剪承载力时,要求纵向钢筋的弯起点距离其充分利用点的距离 $S\geqslant h_0/2$ 是为了(　　)。

A.斜截面抗剪承载力的要求　　B.正截面抗弯承载力的要求

C.斜截面抗弯承载力的要求　　D.控制斜裂缝宽度

4－11.《规范》规定钢筋的基准锚固长度是指(　　)。

A.受拉锚固长度　　B.受压锚固长度　　C.延伸锚固长度　　D.搭接锚固长度

4－12.钢筋混凝土梁的斜拉破坏一般发生在(　　)。

A.剪跨比很小时　　B.剪跨比较大时　　C.与剪跨比无关　　D.配箍数量很大时

4－13.对普通钢筋混凝土构件而言,为何不验算使用荷载作用下斜裂缝宽度(　　)。

A.尚无计算理论　　B.使用荷载作用下出现斜裂缝是正常现象

C.受剪承载力公式确定时已照顾了抗裂要求

4－14　计算斜截面抗剪承载力时,若 $V\leqslant 0.7\beta_h f_t b h_0$,则(　　)。

A.需按计算配置箍筋　　B.不需要配置箍筋

C.仅按构造配置箍筋　　D.应增大纵筋数量

4－15　某矩形截面简支梁 $b\times h=250\ \text{mm}\times 500\ \text{mm}$,C25混凝土,箍筋采用双肢直径为6 mm,间距为180 mm的HPB235钢筋,该梁斜截面破坏为(　　)。

A.斜拉破坏　　B.斜压破坏　　C.剪压破坏

4－16　双筋矩形截面梁配有足够数量的箍筋,与无箍筋梁相比,可以提高(　　)。

A.梁斜截面的抗弯承载力　　B.梁斜截面的抗剪承载力

C.梁正截面的抗弯承载力　　D.梁截面的抗压承载力

4－17　薄腹梁的截面限制条件较严格,因为(　　)。

A.无法多配箍筋　　B.斜压破坏时抗剪能力低

C.剪压区内腹板先压碎

4－18　仅配箍筋时,承载力公式 $Vu=0.7 f_t b h_0+1.25 f_{yv} A_{sv} h_0/S$ 中 $1.25 f_{yv} A_{sv} h_0/S$ 为(　　)。

A.箍筋承担的剪力　　B.混凝土与箍筋共同承担的剪力

C.箍筋承担的剪力及配了箍筋后混凝土又多承担的剪力

4-19 受弯构件按正截面和斜截面计算刚好满足要求,则一旦破坏( )。

A.正截面、斜截面同时破坏

B.发生正截面破坏的可能性大

C.发生正截面破坏和斜截面破坏的可能性相同

D.发生斜截面破坏的可能性大

4-20 无腹筋梁斜截面破坏形态主要由斜压破坏、斜拉破坏和剪压破坏三种,这三种破坏形态的破坏性质是( )。

A.斜压破坏和斜拉破坏属于脆性破坏,剪压破坏属于延性破坏

B.斜压破坏属于脆性破坏,剪压破坏和斜拉破坏属于延性破坏

C.三种破坏都属于脆性破坏

4-21.下列表述中哪一个是错误的( )。

A.梁的剪跨比小时,受剪承载力减小

B.在受剪承载力计算中,未反应翼缘作用是因为其对有腹筋梁作用小可略去

C.一般板不作抗剪计算是因为其受剪承载力大于受弯承载力

4-22 梁内弯起多排钢筋时,相邻上下弯起点间距 $S \leqslant S_{max}$,其目的是保证( )。

A.斜截面受剪承载力　　B.斜截面受弯承载力

C.正截面受弯承载力　　D.正截面受剪承载力

4-23 只要按受剪承载立方式计算并配置梁内箍筋后( )。

A.肯定不会发生剪切破坏　　B.斜裂缝宽度能满足要求

C.不发生纵筋锚固破坏　　D.只可能发生受弯破坏

4-24 轴向压力对钢筋混凝土构件斜截面抗剪承载力的影响是( )。

A.有轴向压力可提高构件的抗剪承载力

B.轴向压力对构件的抗剪承载力无多大影响

C.一般轴向压力可提高构件抗剪承载力,但轴向压力过大,反而会降低构件抗剪承载力

4-25 抗剪承载力计算公式中的 $0.7\beta_h f_t bh_0$ 项是( )斜截面上混凝土的设计抗剪承载力。

A.无腹筋梁　B.有腹筋梁　C.配箍率等于构造要求时

4-26 与素混凝土梁相比,适量配筋的钢筋混凝土梁的承载力和抗开裂的能力( )。

A.均提高很多　　B.承载力提高很多

C.抗裂提高很多,承载力提高不多　　D.均提高不多

4-27 《规范》规定的受拉钢筋的锚固长度为( )。

A.随混凝土强度等级的提高而提高

B.随钢筋强度等级提高而降低

C.随混凝土强度等级的提高而减少随钢筋强度等级提高而加大

D.随混凝土强度等级的提高而减少

4-28 梁发生剪压破坏时( )。

A.梁斜向拉断成两部分　　B.斜向棱柱体破坏

C.穿过临界斜裂缝的箍筋大部分屈服

4-29　梁内箍筋过多将发生(　　)。

A.斜压破坏　　B.斜拉破坏

C.剪压破坏　　D.仅发生弯曲破坏,不发生剪切破坏

4-30　一般板不作抗剪计算是因为(　　)。

A.板内不便配箍筋　　B.板一般受均布荷载

C.板的宽度大于高度　　D.一般板的受剪承载力均能满足要求

4-31　一般梁截面满足 $V \leqslant 0.25\beta_c f_c b h_0$ 后,所配箍筋(　　)。

A.当剪力较大时会超配筋　　B.不会再发生超配筋情况

C.还应验算是否超配筋　　D.不会发生少筋情况

4-32　为什么简支梁受拉纵筋伸入支座的锚固长度与剪力值有关(　　)。

A.支座有一定嵌固作用　　B.此处钢筋无应力　　C.钢筋中应力随剪力增大而增大

4-33　构件的抵抗弯矩图的形状大小取决于(　　)。

A.构件的截面尺寸及钢筋数量　　B.构件上的荷载形式及大小

C.斜截面抗剪承载力　　D.构件的支承条件

4-34　梁的抵抗弯矩图不切入设计弯矩图是为保证(　　)。

A.斜截面受剪承载力　　B.斜截面受弯承载力

C.正截面受弯承载力　　D.正截面受剪承载力

4-35　梁的受剪承载力公式是根据那种破坏形态建立的(　　)

A.斜拉破坏　　B.斜压破坏　　C.剪压破坏　　D.锚固破坏

4-36　限制最小配筋率是为防止发生(　　);限制截面尺寸是为防止发生(　　)是为防止发生(　　)。

A.斜拉破坏　　B.斜压破坏　　C.剪压破坏　　D.锚固破坏

4-37　集中荷载作用下矩形截面斜截面承载力计算公式中剪跨比取值(　　)。

A.$\lambda < 1.5$　　B.$\lambda > 3$　　C.$1.5 \leqslant \lambda \leqslant 3$

4-38　对于 $h < 150$ mm 的梁,当 $V \leqslant V_c$ 时,对箍筋的要求为(　　)。

A.可不配箍筋　　B.沿梁全长布置　　C.构件端部/4 跨度范围内布置

4-39　对于 150 mm$\leqslant h \leqslant$300 mm 的梁,当 $V \leqslant V_c$ 时,对箍筋的要求为(　　)。

A.可不配箍筋　　B.沿梁全长布置　　C.构件端部/4 跨度范围内

4-40　当梁高为(　　)时必须全跨配箍筋。

A.$h > 300$ mm　　B.$h > 200$ mm　　C.$h > 150$ mm　　D.$h > 400$ mm

4-41　在有腹筋梁剪力传递形成的类似桁架体系中,剪压区混凝土相当于桁架体系中(　　)。

A.受压腹杆　　B.受拉腹杆　　C.受拉弦杆　　D.受压弦杆

4-42　在斜截面受剪承载力计算中,弯起钢筋所能承担的剪力为(　　)。

A.$0.8 f_y A_{sb} \sin\alpha_s$　　B.$0.9 f_y A_{sb} \sin\alpha_s$　　C.$f_y A_{sb} \sin\alpha_s$

4-43　弯起钢筋的弯起角度:当梁高 $h > 800$ mm 时为(　　);当梁高 $h \leqslant 800$ mm 时为(　　)。

A.30°　　B.60°　　C.45°

4-44　T形和I字型截面梁斜截面承载力计算按(　　)。

A.矩形截面计算　　B.T截面计算　　C.I字形截面计算

四、名词解释

4－1　无腹筋梁、有腹筋梁

4－2　配箍率

4－3　斜拉破坏

4－4　剪压破坏

4－5　斜压破坏

4－6　抵抗弯矩图

4－7　剪跨比

五、简答题

4－1　钢筋混凝土梁斜截面破坏的主要形态有哪几种？应采取哪些构造措施来防止它们发生？

4－2　在钢筋混凝土梁斜截面设计时，梁中箍筋应符合哪些要求？

4－3　钢筋混凝土梁中为什么会出现斜裂缝？

4－4　试说明箍筋对提高斜截面受剪承载力的作用？

4－5　为什么要验算截面尺寸大小？

4－6　剪跨比对梁的抗剪承载力有何影响？

4－7　梁中的纵向钢筋弯起、截断和锚固应满足哪些要求？

4－8　梁中为什么要控制箍筋的最小配筋率？

4－9　影响梁斜截面承载力的因素有哪些？

4－10　对弯起钢筋有哪些构造要求？

4－11　钢筋伸入支座的锚固长度有哪些要求？

4－12　在计算斜截面承载力时，计算截面的位置应如何确定？

4－13　限制箍筋及弯起钢筋的最大间距的目的是什么？

4－14　计算弯起筋数量时其设计剪力应如何取值？

六、计算题

4－1　一钢筋混凝土矩形截面简支梁，两端支承在 240 mm 的砖墙上，净跨为 l_0 = 3 660 mm，截面尺寸 $b \times h = 200\ \text{mm} \times 500\ \text{mm}$，该梁承受的永久均布荷载标准值 $g_k = 25$ kN/m，荷载分项系数为 1.2；可变均布荷载标准值 $q_k = 42$ kN/m，荷载分项系数为 1.4；混凝土的强度等级为 C25（$f_c = 11.9\ \text{N/mm}^2$，$f_t = 1.27\ \text{N/mm}^2$，$\alpha_1 = 1$），箍筋采用 HPB235 级钢筋（$f_y = 210\ \text{N/mm}^2$），纵向受拉筋与弯起钢筋均采用 HRB400 级钢筋（$f_y = 360\ \text{N/mm}^2$），按正截面抗弯强度要求已选用纵向受力筋 3 Φ 25，试根据斜截面抗剪强度要求确定腹筋数量。

4－2　一钢筋混凝土矩形截面简支梁，两端支承在 370 mm 的砖墙上，净跨为 l_0 = 6 600 mm，截面尺寸 $b \times h = 200\ \text{mm} \times 500\ \text{mm}$，该梁承受图示荷载，混凝土的强度等级为 C20（$f_c = 9.6\ \text{N/mm}^2$，$f_t = 1.1\ \text{N/mm}^2$，$\alpha_1 = 1$），箍筋采用 HPB235 级钢筋（$f_y = 210\ \text{N/mm}^2$），纵向受拉筋采用 HRB400 级钢筋（$f_y = 360\ \text{N/mm}^2$），按正截面抗弯强度要求已选用纵向受力筋 5 Φ 22，试根据斜截面抗剪强度要求确定箍筋数量。

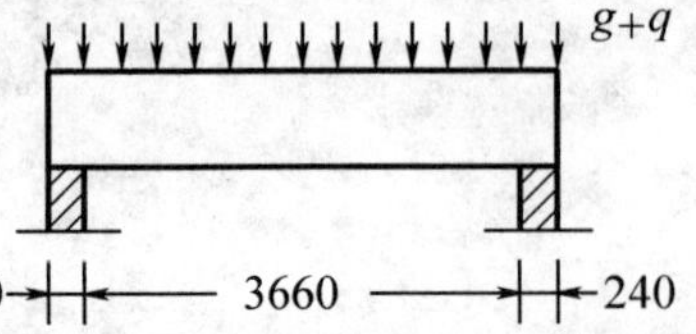

题 4-1 图

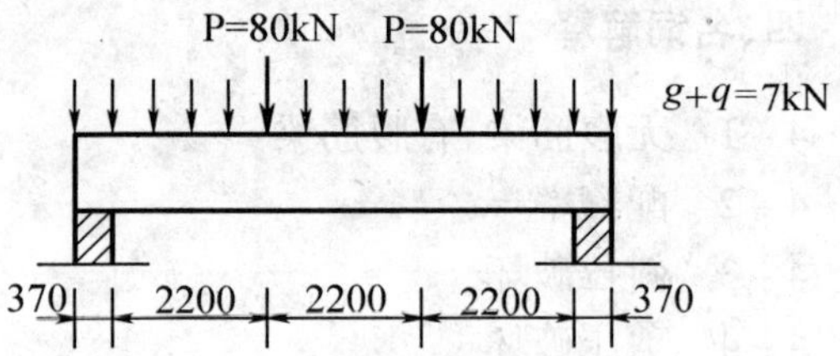

题 4-2 图

4-3 一钢筋混凝土外伸梁如图所示,截面尺寸 $b\times h=200\ \text{mm}\times 450\ \text{mm}$,混凝土的强度等级为 C20($f_c=9.6\ \text{N/mm}^2$, $f_t=1.1\ \text{N/mm}^2$, $\alpha_1=1$),箍筋采用 HPB235 级钢筋($f_y=210\ \text{N/mm}^2$),纵向受拉筋采用 HRB335 级钢筋($f_y=300\ \text{N/mm}^2$),试根据斜截面抗剪强度要求确定箍筋数量(梁底纵筋为一排)。

4-4 某 T 形截面简支梁如图所示,承受一集中荷载,其设计值 $P=400$ kN(忽略梁自重),混凝土的强度等级为 $C30$($f_c=14.3\ \text{N/mm}^2$, $f_t=1.43\ \text{N/mm}^2$, $\alpha_1=1$),箍筋采用 HPB235 级钢筋($f_y=210\ \text{N/mm}^2$),纵向受拉筋采用 HRB335 级钢筋($f_y=300\ \text{N/mm}^2$),试根据斜截面抗剪强度要求确定箍筋数量(梁底纵筋为一排)。

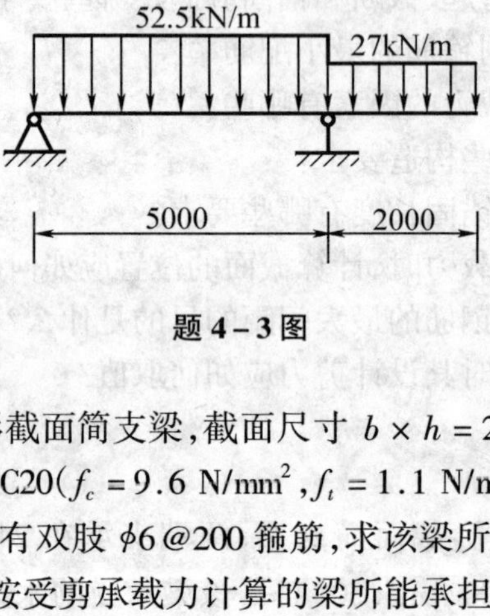

题 4-3 图

4-5 一钢筋混凝土矩形截面简支梁,截面尺寸 $b\times h=200\ \text{mm}\times 450\ \text{mm}$,该梁承受均布荷载,混凝土的强度等级为 C20($f_c=9.6\ \text{N/mm}^2$, $f_t=1.1\ \text{N/mm}^2$, $\alpha_1=1$),箍筋采用 HPB235 级钢筋($f_y=210\ \text{N/mm}^2$),已配有双肢 $\phi 6$@200 箍筋,求该梁所能承受的最大剪力设计值,若梁净跨度为 $l_0=4\ 760$ mm,求按受剪承载力计算的梁所能承担的均布荷载设计值 q 为多少?

参考答案

一、填空题

4-1 受弯承载力、受剪承载力

4-2 剪跨比

4-3 斜拉破坏、剪压破坏、斜压破坏

4-4 过少　大

4-5 斜拉　斜压

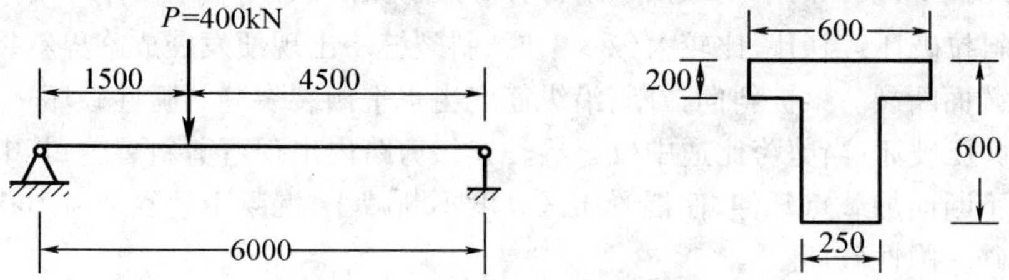

题4-4图

4-6　剪跨比　混凝土强度　配箍率和箍筋强度　纵筋配筋率

4-7　越大

4-8　配箍率　斜压

4-9　支座边缘处的斜截面　拉区弯起筋弯起点处的斜截面　箍筋直径或间距改变处的斜截面　腹板宽度或高度改变处的斜截面

4-10　受弯

4-11　$V \leqslant 0.25\beta_c f_c bh_0$　$V \leqslant 0.2\beta_c f_c bh_0$

4-12　斜截面抗剪、斜截面抗弯、正截面抗弯

4-13　nA_{svi}/bs　$0.24f_t/f_{yv}$

4-14　箍筋

4-15　斜截面受弯承载力　钢筋锚固要求

4-16　剪跨　梁截面有效高度

4-17　斜拉　脆　剪压　脆　斜压　脆

4-18　受拉区　受压区　$20d$　$1.2l_a$　$1.2l_a + h_0$

二、判断题

4-1 √　4-2 ×　4-3 √　4-4 ×　4-5 √　4-6 ×
4-7 ×　4-8 ×　4-9 ×　4-10 √　4-11 √　4-12 √
4-13 ×　4-14 √　4-15 √　4-16 ×　4-17 √　4-18 ×

三、选择题

4-1 B　4-2 D　4-3 A　4-4 A　4-5 A　4-6 C　4-7 C
4-8 C　4-9 C　4-10 C　4-11 A　4-12 B　4-13 C
4-14 C　4-15 C　4-16 B　4-17 B　4-18 C　4-19 B
4-20 C　4-21 B　4-22 A　4-23 A　4-24 C　4-25 A
4-26 B　4-27 C　4-28 C　4-29 A　4-30 D　4-31 B
4-32 C　4-33 A　4-34 C　4-35 C　4-36 A B　4-37 C
4-38 A　4-39 C　4-40 A　4-41 D　4-42 A　4-43 B C
4-44 A

四、名词解释

4-1　无腹筋梁：只配有纵筋，没配箍筋或弯起筋的梁叫无腹筋梁。有腹筋梁：既配纵

筋,又配箍筋或弯起筋的梁叫有腹筋梁。

4-2　配箍率:梁纵向水平截面积中含有的箍筋截面积,即 $\rho_{sv} = nA_{svi}/b_s$。

4-3　斜拉破坏:当剪跨比较大($\lambda > 3$)时,斜裂缝一出现便发展成临界斜裂缝并向加载板延伸使混截面断裂。梁被斜向拉断,沿纵筋产生水平撕裂裂缝。脆性破坏。

4-4　剪压破坏:当剪跨比适中($1 \leqslant \lambda \leqslant 3$)时,剪跨内出现弯剪斜裂缝,其中一条发展为临界斜裂缝不断向加载点延伸,使混受压区高度不断减小,混凝土达复杂应力状态下强度极限值时被压碎。脆性破坏。

4-5　斜压破坏:当剪跨比较小($\lambda < 1$)时,破坏前梁腹部首先出现一系列大体平行的斜裂缝,向支座和集中荷载处发展,形成倾斜受压构件,最后被压碎。脆性破坏。

4-6　抵抗弯矩图:以各截面实际的纵向受拉筋所能承受的弯矩值为纵坐标,以相应的截面位置为横坐标所做的弯矩图叫抵抗弯矩图。

4-7　剪跨比:截面所承受的弯矩与剪力和有效高度乘积的比值即 $\lambda = M/Vh_0$。集中荷载作用下的剪跨比:$\lambda = a/h_0$;a:集中荷载到支座的距离,叫剪跨。$a = M/V$。

五、简答题

4-1　有三种破坏形态,即斜拉破坏、剪压破坏和斜压破坏。《规范》通过限制最小截面尺寸和最大配筋率来防止斜压破坏;通过限制最小配箍率来防止斜拉破坏;通过设计计算来防止剪压破坏。

4-2　箍筋一般采用 HPB235 钢,最小直径应符合有关规定,一般梁箍筋直径大于等于 6 mm,箍筋沿梁全长布置,配箍率大于等于 $0.24f_t/f_{yv}$,梁中箍筋间距处应满足计算外,还应满足规定的最大箍筋间距要求,一般为 200~300 mm。

4-3　钢筋混凝土梁在弯矩和剪力共同作用区段,存在由弯矩产生的法向应力和剪力产生的剪应力,二者组成主应力。当主应力超过了混凝土的抗拉强度时,将出现与主应力方向垂直的裂缝,因此斜裂缝将沿着主应力的轨迹发展,下边与梁受拉边垂直,上端进入受拉区。

4-4　(1)箍筋直接承受剪力;

(2)牢固的箍住被斜裂缝分割的拱形块体,限制斜裂缝开展,提高了骨料咬合力;

(3)延缓沿纵筋方向黏解裂缝出现;

(4)形成刚骨架,混凝土抵抗剪力能力增强。

4-5　截面尺寸太小,则配箍率太大,梁的受剪承载力与配箍量不再保持线形增长关系,即再增加配筋梁的受剪承载力提高很少,这是因为当配箍率超过一定数值后,梁发生剪斜破坏时箍筋应力已达不到抗拉强度,形成超配筋梁,尤其对薄腹梁会发生斜压破坏,这时再增加配箍量对受剪承载力的提高不起作用,也是不经济的,所以规范要求控制配箍率的上限,亦是控制截面尺寸不能太小。

4-6　剪跨比对梁的抗剪承载力有重要影响。剪跨比越大,梁的抗剪承载力越低。剪跨比较小时将发生斜压破坏;剪跨比中等时将发生剪压破坏;剪跨比较大且腹筋配置很少或无筋时将发生斜拉破坏。

4-7　在梁的受拉区钢筋可以弯起,其弯起点应在按计算充分利用该钢筋以外大于等于 $1/2h_o$ 在连续梁或外伸梁的中间支座附近,可将承受负弯矩的上部纵向受拉钢筋截断。

截断的根数和位置应使抵抗弯矩图包在设计弯矩图的外边，即截断时应伸长至按正截面受弯计算不需要该钢筋以外，从理论断点至实际切断点距离大于等于 ω，ω—外伸长度，$\omega = 20d$；d—钢筋直径；同时从钢筋充分利用点至实际切断点距离大于等于 l_d，l_d—延伸长度；当 $V > 0.7f_tbh_0$ 时，$l_d = 1.2l_a + h_0$；当 $V \leqslant 0.7f_tbh_0$ 时，$l_d = 1.2l_a$，l_a—锚固长度。

4-8 因为箍筋用量过小，箍筋不能起到限制斜裂缝开展的作用，骨料咬合力的作用消失，尤其是在大剪跨比的作用下，发生斜拉破坏时，斜裂缝一出现，过少的箍筋将不足以负担原来由混凝土所承担的拉力，箍筋立即屈服，箍筋提高受剪承载力的综合作用不再存在，梁的受力同无腹筋梁，因此应控制箍筋的配筋不小于最小配箍率。

4-9 (1)剪跨比：剪跨比越高，抗剪力越低；

(2)混凝土强度：混凝土强度越高，抗剪力越高；

(3)配箍率和箍筋强度：配箍率在一定范围内越高，抗剪力越高；

(4)纵筋配筋率：纵筋配筋率越高，抗剪力越高。

4-10 弯起筋受拉时直线段长 $20d$；受压时 $10d$；弯转半径 $r = 10d$；弯起角度一般 45°，当 $h > 800$ mm 时，可为 60°；梁底层角部钢筋不应弯起；第一排弯起筋上弯点距支座边缘距离 $S \leqslant S_{max}$；第一排弯起筋下弯点距第二排弯起筋上弯点的距离 $S \leqslant S_{max}$。

4-11 简支座处：

(1)简支板：$l_{a_s} > 5d$，d—纵筋直径；焊接网时 $V \leqslant 0.7f_tbh_0$ 伸入支座的横向钢筋至少 1 根，否则加焊附加横向筋；$V > 0.7f_tbh_0$ 伸入支座的横向钢筋至少 2 根，$d_{横} \geqslant d_{纵}/2$。

(2)简支梁：当 $V \leqslant 0.7f_tbh_0$ 时，$l_{a_s} \geqslant 5d$；当 $V > 0.7f_tbh_0$ 时，$l_{a_s} \geqslant 0.35\,l_a$，否则加焊横向钢筋、附加锚固钢板或将钢筋端部焊接在预埋件上；当梁宽 $b \geqslant 150$ mm 时，伸入支座纵筋大于等于 2 根；当 $b < 150$ mm 时，可为 1 根；当混凝土小于等于 C25 时，在距支座边 $1.5h$ 范围作用有集中荷载(集中荷载对支座产生的剪力占总剪力 75% 以上)且 $V > 0.7f_tbh_0$ 时，对变形钢宜采用附加锚固措施，或 $l_{a_s} \geqslant 0.45\,l_a$。

在中间支座处：上部纵筋受拉贯通支座。

下部纵筋受压时：$l_{a_s} \geqslant 0.7l_a$；受拉时：$l_{a_s} \geqslant l_a$；不被利用时：$l_{a_s} \geqslant 0.35l_a$

4-12 (1)支座边缘处的斜截面；

(2)拉区弯起筋弯起点处的斜截面；

(3)箍筋直径或间距改变处的斜截面；

(4)腹筋宽度或高度改变处的斜截面。

4-13 保证斜裂缝与箍筋和弯起筋相交，充分发挥箍筋和弯起筋的作用。

4-14 (1)当计算第一排弯起筋时，取用支座边缘处的剪力；(2)当计算以后每一排弯起筋时，取用前一排弯起筋弯起点处的剪力值。

第五章　受扭构件承载力计算

第一节　概　　述

在实际工程中,有一些构件承受扭矩作用,称为受扭构件,例如雨篷梁、框架的边梁、吊车梁和螺旋楼梯等。在这些构件中,单纯受扭矩作用的情况很少,绝大多数都是弯矩、剪力和扭矩共同作用的情况。

钢筋混凝土构件的扭转可以分为两类,即平衡扭转和协调扭转。如果构件的扭转是由荷载的直接作用引起的,其值可由平衡条件直接求出,则称为平衡扭转,例如雨篷梁、吊车梁均因外荷载作用而受扭,如图 5-1(a)所示。如果构件的扭转是由变形引起的,其值需结合变形协调条件才能求得,则称为协调扭转或附加扭转,例如框架边梁受到次梁负弯矩的作用在边梁上引起扭转,如图 5-1(b)所示。协调扭转是构件受力过程中因混凝土的开裂和钢筋的屈服造成构件刚度变化而引起了内力重分布,因此扭矩不能由平衡条件直接求出,其值与各受力阶段构件的刚度比有关,不是一个定值。

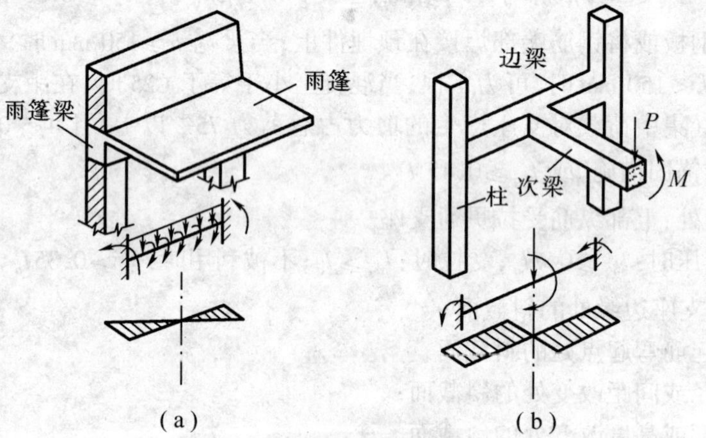

图 5-1　平衡扭转和协调扭转

(a)平衡扭转;(b)协调扭转

第二节　受扭构件的试验研究

一、素混凝土纯扭构件的受力性能

试验表明,长方体试件在扭矩作用下,最先在构件一个长边侧面的中点 m 附近出现斜裂缝,并沿与构件轴线约成45°方向迅速延伸到侧面的上下边缘 a、b 两点,之后在顶面和底面上大致沿45°方向继续延伸到 c、d 两点，形成构件三面开裂一面受压的受力状态。最后，受压面 cd 两点连线上的混凝土被压碎，构件断裂破坏，破坏面为一个空间扭曲面，如图5－2所示。构件从裂缝出现到破坏的时间很短，表明素混凝土纯扭构件的破坏是突然的脆性破坏。

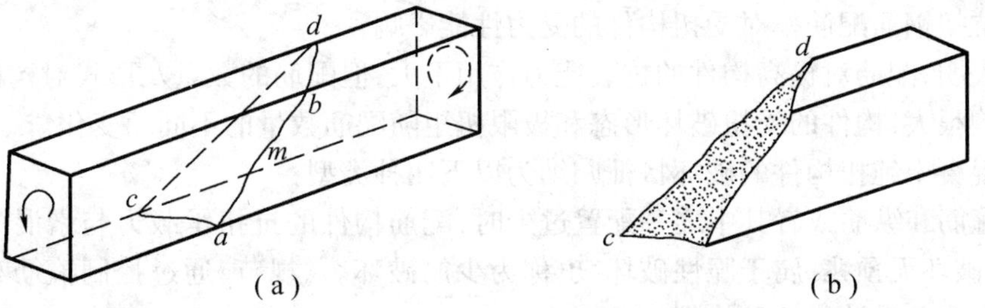

图 5－2　素混凝土纯扭构件的破坏面

为了估计素混凝土纯扭构件的抗扭承载力，通常借助于弹性分析方法和塑性分析方法。

1.弹性分析方法

由于扭矩作用，构件中将产生剪应力及相应的主拉应力 σ_{tp} 和主压应力 σ_{cp}，且分别与构件轴线成 45°方向，其大小为 $\sigma_{tp}=\sigma_{cp}=\tau_{max}$。由于混凝土抗拉强度比抗压强度低得多，因此在构件长边侧面中点处垂直于主拉应力方向将首先被拉裂。

按弹性理论中扭矩与剪应力的数量关系，可导出素混凝土纯扭构件的抗扭承载力计算公式，但试验表明，这样算得的抗扭承载力比实测抗扭承载力低很多，说明用弹性分析方法低估了构件抗扭承载力。

2.塑性分析方法

用弹性分析方法计算抗扭承载力低的原因是没有考虑混凝土的塑性性质，若考虑混凝土理想的塑性性质，则构件的抗扭承载力为

$$T_p=f_tW_t \tag{5-1}$$

式中　f_t——混凝土的抗拉强度；

W_t——截面抗扭塑性抵抗拒。

对于矩形截面

$$W_t=\frac{b^2(3h-b)}{6} \tag{5-2}$$

式中　h——矩形截面长边；

b——矩形截面短边。

按上式计算的抗扭承载力比实测结果略大，说明混凝土并非理想塑性材料。它的实际承载力是介于弹性分析和塑性分析结果之间。比较接近的办法是对塑性分析的结果乘以一个小于1的系数。素混凝土纯扭构件的抗扭承载力可按下式计算

$$T_u=0.7f_tW_t \tag{5-3}$$

其值可近似用来表示素混凝土构件的开裂弯矩。

二、钢筋混凝土纯扭构件的受力性能

(一)受扭钢筋的形式

扭矩在构件中引起的主拉应力轨迹线与构件的轴线成45°角,因此,最合理的配筋方式是在构件靠近表面处设置成45°角方向的螺旋形钢筋。但这种配筋方式不仅不便于施工,而且实际结构中扭矩沿构件全长常会改变方向,这种配筋就会失去作用。所以,实际结构中都采用靠近构件表面的横向封闭箍筋与沿构件周边均匀对称布置的纵向钢筋组成的空间骨架来抵抗扭矩。

(二)抗扭钢筋配筋率对受扭构件的受力性能影响

试验表明,配筋对提高构件的抗裂能力作用不大,但配筋的数量及形式对构件的极限抗扭能力影响很大,构件的受扭破坏形态和极限扭矩随配筋数量的不同而变化。

钢筋混凝土纯扭构件的破坏特征归纳为以下四种类型:

1.当箍筋和纵筋或者其中之一配置过少时,配筋构件的抗扭承载力与素混凝土构件无本质区别,破坏无预兆,属于脆性破坏,也称为少筋破坏。《规范》通过控制箍筋和纵筋的最小配筋率来避免设计成这种构件。

2.当箍筋和纵筋配置适当时,破坏前构件上陆续出现多条螺旋裂缝,随着与其中一条裂缝相交的箍筋和纵筋达到屈服,该裂缝不断加宽最后形成三面开裂一边受压的状态,进而受压混凝土被压碎,破坏有明显的预兆,属于延性破坏,也称为适筋破坏。工程中受扭构件应设计成这种构件。

3.当箍筋或纵筋配置过多时,在混凝土被压碎时,只有相对较少的那部分钢筋屈服,另一部分钢筋不能屈服,破坏不是完全脆性,也称为部分超配筋破坏。工程中可以设计成这种构件。

4.当箍筋和纵筋配置过多时,当混凝土被压碎时,两者均未能达到屈服,破坏无预兆,属于脆性破坏,也称为完全超配筋破坏。《规范》通过控制构件最小截面尺寸以间接控制箍筋和纵筋的最大配筋率来避免设计成这种构件。

《规范》采用纵向钢筋与箍筋的配筋强度比 ζ 来控制

$$\zeta = f_y A_{stl} s / f_{yv} A_{st1} u_{cor} \tag{5-4}$$

式中 A_{stl}——周边对称布置的全部纵向钢筋截面积;

f_y——抗扭纵向钢筋抗拉强度设计值;

A_{st1}——抗扭单肢箍筋截面积;

f_{yv}——抗扭箍筋抗拉设计强度;

u_{cor}——从箍筋内表面计算的截面核芯周长,$u_{cor}=2(b_{cor}+h_{cor})$;

b_{cor}——从箍筋内表面计算的截面核芯短边;

h_{cor}——从箍筋内表面计算的截面核芯长边;

S——箍筋间距。

试验结果表明,当 $\zeta=1.2$ 左右时,纵筋和箍筋在构件破坏前基本上同时屈服。当 $0.5\leqslant\zeta\leqslant2.0$ 时,纵筋与箍筋一般都能较好的发挥其抗扭作用。为稳妥起见,《规范》规定 ζ 的限制范围为

$$0.6\leqslant\zeta\leqslant1.7 \tag{5-5}$$

第三节 纯扭构件的承载力计算

一、矩形截面纯扭构件的承载力计算

试验表明，构件的受扭承载力由混凝土的抗扭承载力和箍筋与纵筋的抗扭承载力组成，即

$$T_u = T_c + T_s \tag{5-6}$$

《规范》建议钢筋混凝土矩形截面纯扭构件的承载力按下式计算

$$T \leqslant 0.35 f_t w_t + 1.2\sqrt{\zeta} A_{st1} f_{yv} A_{cor} / s \tag{5-7}$$

式中 A_{cor}——从箍筋内表面算的截面核芯面积，$A_{cor} = b_{cor} h_{cor}$；

T——扭矩设计值。

二、T形和I字形截面纯扭构件的承载力计算

试验表明，T形和I字形截面纯扭构件的破坏形态和规律与矩形截面纯扭构件相似。腹板裂缝的形成有其自身的独立性，受翼缘影响不大，可将腹板和翼缘分别进行抗扭计算。

在计算T形和I字形截面纯扭构件的承载力时，可将截面划分为几个矩形截面，并将扭矩按照各矩形分块的截面受扭塑性抵抗矩分配给各个矩形，以求得各矩形分块所应承担的扭矩。各矩形分块所承担的扭矩设计值可按下列规定计算：

腹板：
$$T_w = \frac{W_{tw} T}{W_t} \tag{5-8}$$

受压翼缘：
$$T'_f = \frac{W'_{tf} T}{W_t} \tag{5-9}$$

受拉翼缘：
$$T_f = \frac{W_{tf} T}{W_t} \tag{5-10}$$

式中 T——T形和I字形整个截面所承受的扭矩设计值；

W_t——T形和I字形整个截面的受扭塑性抵抗拒；

T_w、T'_f、T_f——分别为腹板、受压翼缘和受拉翼缘所承受的扭矩设计值；

W_{tw}、W'_{tf}、W_{tf}——分别为腹板、受压翼缘和受拉翼缘的截面受扭塑性抵抗拒。

$$W_{tw} = \frac{b^2(3h - b)}{6} \tag{5-11}$$

$$W'_{tf} = \frac{h'^2_f(b'_f - b)}{2} \tag{5-12}$$

$$W_{tf} = \frac{h^2_f(b_f - b)}{2} \tag{5-13}$$

$$W_t = W_{tw} + W'_{tf} + W_{tf} \tag{5-14}$$

各矩形分块抗扭钢筋所承担的扭矩设计值可按下列规定计算

$$T_{ws} = T_w - 0.35 f_t w_{tw} \tag{5-15}$$

$$T'_{fs} = T'_f - 0.35 f_t w'_{tf} \tag{5-16}$$

$$T_{fs} = T_f - 0.35 f_t w_{tf} \tag{5-17}$$

式中　T_{ws}、T'_{fs}、T_{fs}——分别为腹板、受压翼缘和受拉翼缘抗扭钢筋所承担的扭矩设计值。

根据各部分抗扭钢筋所承担的扭矩设计值，就可分别计算确定各部分抗扭钢筋的数量和布置。

第四节　弯剪扭构件的承载力计算

实际工程中，构件的受扭承载力与受弯、受剪承载力是相互影响的，这种相互影响的性质称为相关性。由于构件受扭、受弯与受剪承载力之间的相互影响问题过于复杂，为简化计算，《规范》对弯剪扭构件的计算只考虑剪力和扭矩之间的相关性，不考虑弯矩与剪力、扭矩之间的相关性。

一、矩形截面弯剪扭构件的承载力计算

(一)剪扭相关性

在受剪和受扭承载力计算公式中，$0.7f_tbh_0$[或$1.75/(\lambda+1)f_tbh_0$]和$0.35f_tw_t$分别为混凝土抵抗的剪力和扭矩。在剪力和扭矩共同作用下，混凝土所承担的剪力和扭矩是相互影响的。试验表明，无腹筋的受剪和受扭承载力的相关关系大致按四分之一圆弧规律变化，如图5－3所示，V_{c0}和T_{c0}分别表示无腹筋构件在单纯受剪和单纯受扭时的受剪和受扭承载力，V_c和T_c分别表示构件同时承受剪力和扭矩时的受剪和受扭承载力。随着扭矩的增大，受剪承载力逐渐降低，当扭矩达到纯扭构件的承载力时，受剪承载力下降至零。反之亦如此。对于有腹筋的剪扭构件，其相关关系与无腹筋构件基本相同，V_{c0}和T_{c0}分别表示有腹筋构件受剪承载力和受扭承载力公式中混凝土作用项。

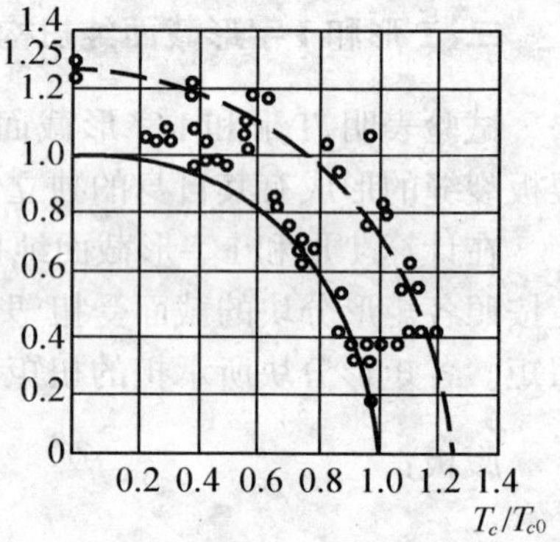

图5－3　无腹筋构件的剪扭承载力相关规律

$$V_{c0}=V_c=0.7f_tbh_0 \tag{5-18}$$

或

$$V_{c0}=1.75/(\lambda+1)f_tbh_0 \tag{5-19}$$

$$T_{c0}=0.35f_tw_t \tag{5-20}$$

(二)剪扭构件简化计算

为简化计算，《规范》建议采用如图5－4所示的三折线关系来代替四分之一圆弧关系。

1.当$T_c/T_{c0}\leqslant0.5$时，即$T_c\leqslant0.175f_tw_t$时，取$V_c/V_{c0}=1$，即$V_c=0.7f_tbh_0$[或$1.75/(\lambda+1)f_tbh_0$]，此时可忽略扭矩的影响，仅按受弯构件的斜截面受剪承载力公式进行计算。

2.当$V_c/V_{c0}\leqslant0.5$时，即$V_c\leqslant0.35f_tbh_0$[或$0.875/(\lambda+1)f_tbh_0$]时，取$T_c/T_{c0}=1$，即$T_c=0.35f_tw_t$，此时可忽略剪力的影响，仅按纯扭构件的受扭承载力公式进行计算。

3.当$0.5<T_c/T_{c0}\leqslant1.0$或$0.5<V_c/V_{c0}\leqslant1.0$时，要考虑剪扭相关性，但以线性相关代替圆弧相关。

设BC上任一点G到纵坐标轴的距离为β_t，则有

$$\frac{T_c}{T_{c0}} = \beta_t \tag{5-21}$$

G 到横坐标轴的距离为

$$\frac{V_c}{V_{c0}} = 1.5 - \beta_t \tag{5-22}$$

经简化计算得

$$\beta_t = 1.5/(1 + 0.5Vw_t/Tbh_0) \tag{5-23}$$

当 $\beta_t > 1$ 时，取 $\beta_t = 1$；当 $\beta_t < 0.5$ 时，取 $\beta_t = 0.5$。$0.5 \leqslant \beta_t \leqslant 1$。$\beta_t$ 称为剪扭构件混凝土强度降低系数。

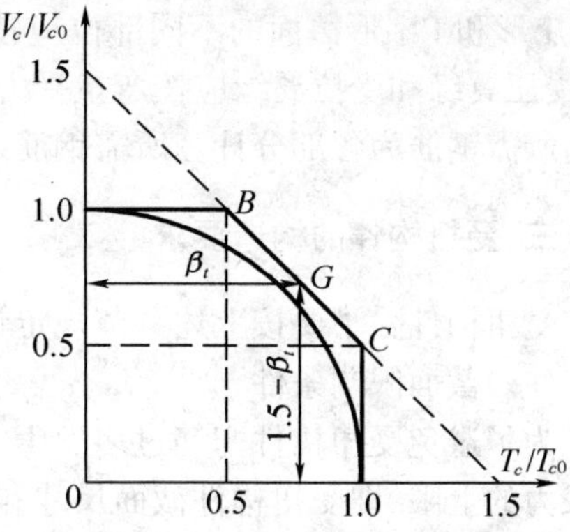

图 5-4 混凝土部分剪扭承载力相关计算模式

矩形截面剪扭构件承载力按下式计算：

受剪承载力计算公式

$$V \leqslant 0.7(1.5 - \beta_t) f_t b h_o + 1.25 f_{yv} A_{sv} h_0 / s \tag{5-24}$$

受扭承载力计算公式

$$T \leqslant 0.35 \beta_t f_t w_t + 1.2 \zeta^{1/2} A_{st1} f_{yv} A_{cor} / s \tag{5-25}$$

其中 β_t 按式(5-23)计算。

对集中荷载作用下独立的混凝土剪扭构件受剪承载力(包括有多种荷载作用时，集中荷载对支座或节点边缘产生的剪力占总剪力值 75% 以上的情况)：

$$V = \frac{1.75}{\lambda + 1}(1.5 - \beta_t) f_t b h_o + f_{yv} A_{sv} h_o / s \tag{5-26}$$

其中

$$\beta_t = 1.5/[1 + 0.2(\lambda + 1) Vw_t / Tbh_o] \tag{5-27}$$

当 $\beta_t > 1$ 时，取 $\beta_t = 1$；当 $\beta_t < 0.5$ 时，取 $\beta_t = 0.5$。$0.5 \leqslant \beta_t \leqslant 1$。剪扭构件受扭承载力计算同式(5-25)。

(三)弯剪扭构件的承载力计算

《规范》建议不考虑弯矩与剪力、扭矩之间的相关性，而采用叠加方法进行计算，则弯剪扭构件的承载力计算可按下述方法进行。

1.按受弯构件计算在弯矩作用下所需的纵向钢筋的截面面积。

2.按剪扭构件计算承受剪力所需的箍筋截面积及计算承受扭矩所需的纵向钢筋的截面面积和箍筋截面面积。

3.叠加上述计算所得到的纵向钢筋的截面面积和箍筋截面面积，即得最后所需的纵向钢筋的截面面积和箍筋截面面积。

二、T 形和 I 字形截面弯剪扭构件的承载力计算

T 形和 I 字形截面弯剪扭构件的承载力计算可按下述方法进行。

1.不考虑弯矩与剪力、扭矩之间的相关性，在弯矩作用下按受弯构件计算所需的纵向钢筋的截面面积。

2.考虑剪力与扭矩的相关性，剪力全部由腹板承受，在剪力作用下计算所需的箍筋截面面积。

3.考虑扭矩与剪力的相关性，扭矩由腹板、受压翼缘和受拉翼缘共同承受，在扭矩作用

下计算所需的箍筋面积和纵向钢筋截面积。

T形和I字形截面的不同部位应按不同的受力状态计算:腹板应按弯剪扭受力状态计算,受压翼缘和受拉翼缘应按弯扭受力状态计算,但配置于其中的箍筋应贯穿于整个翼缘,截面所需钢筋为各部分计算所需钢筋之和。

三、受扭构件的构造要求

受扭构件除了要按上述各节规定计算外,还必须满足构造要求。

(一)截面限制条件

为了避免受扭构件配筋过多发生完全超配筋性质的脆性破坏,《规范》规定了构件截面承载力的上限,即受扭构件截面尺寸和混凝土强度等级应符合下式要求:

当 $h_w/b \leqslant 4$ 时

$$V/bh_0 + T/0.8w_t \leqslant 0.25\beta_c f_c \tag{5-28}$$

当 $h_w/b = 6$ 时

$$V/bh_0 + T/0.8w_t \leqslant 0.2\beta_c f_c \tag{5-29}$$

当 $4 < h_w/b < 6$ 时,其间按线性内插法取用。

当 $h_w/b > 6$ 时,受扭构件的截面尺寸条件应符合专门规定。

式中符号同前。当不满足上式要求时,应增大截面尺寸或提高混凝土强度等级。

(二)构造配筋条件

《规范》规定:对于纯扭构件,当 $T \leqslant 0.7f_t w_t$ 时,可不进行抗扭计算,只需按构造配置抗扭钢筋。对于弯剪扭构件,当 $V/bh_0 + T/w_t \leqslant 0.7f_t$ 时,可不进行剪扭承载力计算,而只需按构造配置抗剪扭的纵向钢筋和箍筋。

(三)最小配筋率

为了防止构件发生"少筋"性质的脆性破坏,在弯剪扭构件中纵向钢筋和箍筋的配筋率和构造要求应符合下列规定。

1.纵向钢筋的配筋率不应小于受弯构件纵向钢筋的最小配筋率与受扭构件纵向钢筋的最小配筋率之和。对受弯构件纵向受力钢筋的最小配筋率可按表3-5取值,对受扭的纵向钢筋要求

$$\rho_{tl} = \frac{A_{stl}}{bh} \geqslant \rho_{tl\min} = 0.6\left(\frac{T}{Vb}\right)^{1/2}\frac{f_t}{f_y} \tag{5-30}$$

当 $T/Vb > 2$ 时,取 $T/Vb = 2$。

2.箍筋的配箍率不应小于其最小配箍率,即

$$\rho_{sv} = \frac{A_{sv}}{bs} \geqslant \rho_{sv\min} = \frac{0.28f_t}{f_{yv}} \tag{5-31}$$

四、箍筋形式与抗扭纵筋布置

为了保证箍筋充分发挥作用,必须将其做成封闭式,且应沿截面周边布置;当采用复合箍筋时,位于截面内部的箍筋不应计入受扭所需的箍筋面积;受扭所需箍筋的末端应做成135°的弯钩,弯钩末端的直线长度不应小于 $10d$。

构件中的抗扭纵筋应尽可能均匀的沿截面周边对称布置,间距不应大于200 mm,也不

应大于截面短边尺寸，在截面的四角必须设有抗扭纵筋。

五、弯剪扭构件的承载力计算步骤

已知截面内力，并初步选定截面尺寸和材料强度等级，则进行配筋计算的步骤如下。

(1)验算截面尺寸；

(2)验算是否考虑扭矩；

(3)验算是否考虑剪力；

(4)验算是否计算配筋；

(5)根据弯矩求抗弯纵筋；

(6)根据扭矩求抗扭纵筋和箍筋；

(7)根据剪力求抗剪箍筋；

(8)选用钢筋；

(9)验算配筋率。

例5-1 一承受均布荷载作用的矩形截面弯剪扭构件，截面尺寸 $b\times h=250\ \text{mm}\times 600\ \text{mm}$，承受的扭矩设计值 $T=20\ \text{kN·m}$，剪力设计值 $V=80\ \text{kN}$，弯矩设计值 $M=120\ \text{kN·m}$，混凝土强度等级为C20，纵筋采用HRB400，箍筋采用HPB235，试设计该构件。

解 查表得 C20：$f_c=9.6\ \text{N/mm}^2$，$f_t=1.1\ \text{N/mm}^2$；HPB235 级钢筋：$f_y=210\ \text{N/mm}^2$，HRB400级钢筋：$f_y=360\ \text{N/mm}^2$

纵向钢筋布置一排：$h_0=600-35=565\ \text{mm}$

(1)验算截面尺寸

$$w_t=b^2(3h-b)/6=250^2\times(3\times 600-250)/6=16.15\times 10^6\ \text{mm}^3$$

$$h_w/b=565/250=2.26<4$$

$$V/bh_0+T/0.8w_t=80\times 10^3/250\times 565+20\times 10^6/0.8\times 16.15\times 10^6=2.11\ \text{N/mm}^2$$

$$\leqslant 0.25\beta_c f_c=0.25\beta_c f_c=0.25\times 1\times 9.6=2.4\ \text{N/mm}^2$$

截面尺寸满足要求。

(2)验算是否考虑扭矩

$T=20\times 10^6>0.175f_t w_t=0.175\times 1.1\times 16.15\times 10^6=3.1\times 10^6$，应考虑扭矩影响。

(3)验算是否考虑剪力

$V=80\times 10^3>0.35f_t bh_o=0.35\times 1.1\times 250\times 565=54.38\times 10^3$，应考虑剪力影响。

(4)验算是否计算配筋

$V/bh_0+T/w_t=80\times 10^3/250\times 565+20\times 10^6/16.15\times 10^6=1.81\ \text{N/mm}^2$

$V/bh_0+T/w_t>0.7f_t=0.7\times 1.1=0.77\ \text{N/mm}^2$，应按计算配筋。

(5)根据弯矩求抗弯纵筋

$\alpha_s=M/\alpha_1 f_c bh_0^2=120\times 10^6/1\times 9.6\times 250\times 565^2=0.157$

查表：$\xi=0.172<\xi_b=0.55$

$A_s=\alpha_1 f_c b\xi h_0/f_y=1\times 9.6\times 250\times 0.172\times 565/360=647.9\ \text{mm}^2$

(6)根据扭矩求抗扭纵筋和箍筋

设 $\zeta=1.2$，$A_{cor}=200\times 550=11\times 10^4\ \text{mm}^2$

$\beta_t=1.5/(1+0.5Vw_t/Tbh_0)=1.5/[1+0.5\times 80\times 10^3\times 16.15\times 10^6/20\times 10^6\times 250\times 565]$

$=1.22>1$

取 $\beta_t=1$

箍筋:

$$A_{st1}/s=(T-0.35\beta_t f_t w_t)/1.2\zeta^{1/2}f_{yv}A_{cor}$$

$$=\frac{20\times10^6-0.35\times1\times1.1\times16.15\times10^6}{1.2\sqrt{1.2}\times210\times11\times10^4}=0.454$$

$$U_{cor}=2\times(550+200)=1\ 500\ \text{mm}$$

纵筋:

$$A_{slt}=\zeta A_{st1}f_{yv}u_{cor}/f_y s=1.2\times0.454\times210\times1\ 500/360=476.7\ \text{mm}^2$$

(7)根据剪力求抗剪箍筋

$$V=0.7(1.5-\beta_t)f_t bh_0+1.25f_{yv}A_{sv}h_0/s$$

$$\frac{A_{sv}}{s}=\frac{V-0.7(1.5-\beta_t)f_t bh_0}{1.25f_{yv}h_0}$$

$$=\frac{80\times103-0.7\times(1.5-1)\times1.1\times250\times565}{1.25\times210\times565}=0.173$$

$$\frac{A_{sv1}}{s}=\frac{A_{sv}}{2s}=0.086$$

$$\frac{A_{st1}}{s}+\frac{A_{sv1}}{s}=0.454+0.086=0.54$$

(8)选用钢筋

抗扭纵筋:10 Φ 8($A_s lt=503\ \text{mm}^2$)

上部纵筋:选用3 Φ 8;($3\times50.3=150.9\ \text{mm}^2$)

中部:选用4 Φ 8(两排 $2\times2\times50.3=201.2\ \text{mm}^2$)

抗扭和抗弯纵筋:下部纵筋:选用2 Φ 18+1 Φ 20,($A_s=823.2\ \text{mm}^2>647.9+3\times50.3=798.8\ \text{mm}^2$),满足纵筋间距≤200 mm及短边长度的要求。

抗扭和抗剪箍筋:ϕ8($A_{st1}=50.3\ \text{mm}^2$)$s=50.3/0.54=93.1$ mm,取 $s=90$ mm

(9)验算配筋率

剪扭:配箍率:$\rho_{sv}=A_{sv}/bs=2\times50.3/250\times90=0.45\%$

最小配箍率:$\rho_{sv\min}=0.28f_t/f_{yv}=0.28\times1.1/210=0.147\%$,$\rho_{sv}\geqslant\rho_{sv\min}$配箍率满足要求

受扭:配筋率:$\rho_{st}=A_{stl}/bh=503/250\times600=0.335\%$

最小配筋率:$T/Vb=20\times10^6/80\times10^3\times250=1$,取 $T/Vb=1$

$\rho_{st\min}=0.6\sqrt{T/Vb}f_t/f_y=0.6\times\sqrt{1}\times1.1/360=0.183\%$,$\rho_{st}\geqslant\rho_{st\min}$配筋率满足要求

例5-2 一承受均布荷载作用的T形截面弯剪扭构件,截面尺寸如图5-5所示。$b=200$ mm,$h=450$ mm,$b_f'=400$ mm,$h_f'=80$ mm承受的扭矩设计值 $T=8$ kN·m,剪力设计值 $V=45$ kN,弯矩设计值 $M=70$ kN·m,混凝土强度等级为C20($f_c=9.6\ \text{N/mm}^2$,$f_t=1.1\ \text{N/mm}^2$,纵筋采用HRB335,箍筋采用HPB235,试设计该构件。

解 查表得C20:$f_c=9.6\ \text{N/mm}^2$,$f_t=1.1\ \text{N/mm}^2$;HPB235级钢筋:$f_y=210\ \text{N/mm}^2$;HRB335级钢筋:$f_y=300\ \text{N/mm}^2$。

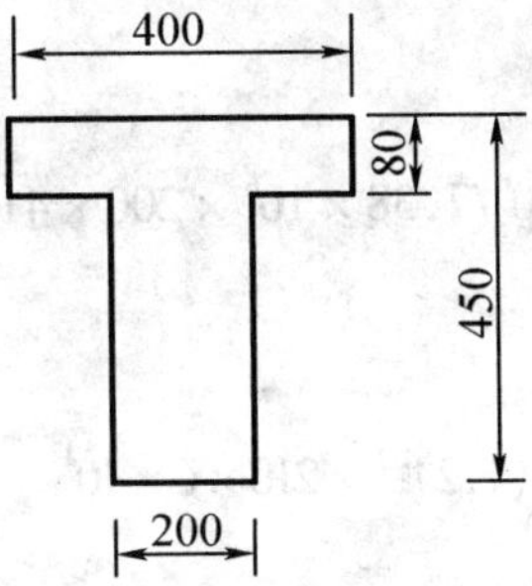

图 5-5 例 5-2 图

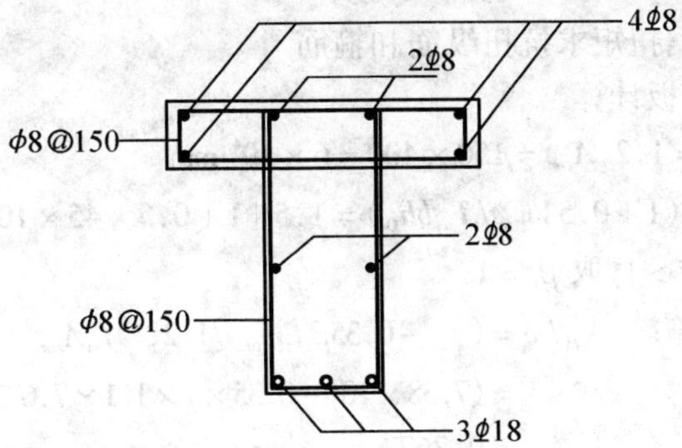

图 5-6 例 5-2 图

纵向钢筋布置一排： $h_0 = 450 - 35 = 415$ mm

1. 验算截面尺寸

$$w_{tw} = b^2(3h - b)/6 = 200^2 \times (3 \times 450 - 200)/6 = 7.67 \times 10^6 \text{ mm}^3$$

$$w'_{tf} = h'^2_f(b'_f - b)/2 = 80^2(400 - 200)/2 = 0.64 \times 10^6 \text{ mm}^3$$

$$w_t = w_{tw} + w'_{tf} = 8.31 \times 10^6 \text{ mm}^3$$

扭矩分配：腹板承受扭矩 $T_w = w_{tw}T/w_t = 7.67 \times 10^6 \times 8/8.31 \times 10^6 = 7.38$ kN·m

受压翼缘承受扭矩 $T'_f = w'_{tf}T/w_t = 0.64 \times 10^6 \times 8/8.31 \times 10^6 = 0.62$ kN·m

$$h_w/b = 415/200 = 2.075 < 4$$

$$V/bh_0 + T/0.8w_t = 45 \times 10^3/200 \times 415 + 8 \times 10^6/0.8 \times 8.31 \times 10^6 = 1.75 \text{ N/mm}^2$$

$$0.25\beta_c f_c = 0.25 \times 1 \times 9.6 = 2.4 \text{ N/mm}^2,\ V/bh_0 + T/0.8w_t \leqslant 0.25\beta_c f_c$$

截面尺寸满足要求。

2. 验算是否考虑扭矩

$$T = 8 \times 10^6 \text{ N·m} > 0.175f_tw_t = 0.175 \times 1.1 \times 8.31 \times 10^6 = 1.6 \times 10^6 \text{ N·m}$$

应考虑扭矩影响。

3. 验算是否考虑剪力

$$V = 45 \times 10^3 > 0.35f_tbh_0 = 0.35 \times 1.1 \times 200 \times 415 = 32 \times 10^3$$

应考虑剪力影响。

4. 验算是否计算配筋

$$V/bh_0 + T/w_t = 45 \times 10^3/200 \times 415 + 8 \times 10^6/8.31 \times 10^6 = 1.5 \text{ N/mm}^2$$

$$V/bh_0 + T/w_t > 0.7f_t = 0.7 \times 1.1 = 0.77 \text{ N/mm}^2$$

应按计算配筋。

5. 根据弯矩求抗弯纵筋

$$\alpha_1 f_c b'_f h'_f(h_0 - h'_f/2) = 1 \times 9.6 \times 400 \times 80 \times (415 - 80/2) = 115.2 \times 10^6 \text{ N·m} = 115.2 \text{ kN·m}$$

$$M = 70 \text{ kN·m} < \alpha_1 f_c b'_f h'_f(h_0 - h'_f/2) = 115.2 \text{ kN·m}$$

属于第一类 T 形截面。

$$\alpha_s = M/\alpha_1 f_c b'_f h_0^2 = 70 \times 10^6/1 \times 9.6 \times 400 \times 415^2 = 0.106$$

查表 $\xi = 0.112 < \xi_b = 0.55$

$$A_s=\alpha_1 f_c bf'\xi h_0/f_y=1\times 9.6\times 400\times 0.112\times 415/300=595\ \text{mm}^2$$

6.根据扭矩求抗扭纵筋和箍筋

(1)腹板计算

设 $\zeta=1.2, A_{cor}=150\times 400=6\times 10^4\ \text{mm}^2$。

$$\beta_{tw}=1.5/(1+0.5Vw_{tw}/T_{wt}bh_0)=1.5/[1+0.5\times 45\times 10^3\times 7.67\times 10^6/7.38\times 10^6\times 200\times 415]$$
$$=1.17>1,\text{取 }\beta_t=1$$

抗扭箍筋:$A_{st1}/s=(T_w-0.35\beta_t f_t w_{tw})/1.2\zeta^{1/2}f_{yv}A_{cor}$

$$=(7.38\times 10^6-0.35\times 1\times 1.1\times 7.67\times 10^6)/1.2\times(1.2)^{1/2}\times 210\times 6\times 10^4$$
$$=0.267$$

$$u_{cor}=2\times(400+150)=1\ 100\ \text{mm}$$

抗扭纵筋:$A_{stl}=\zeta A_{st1}f_{yv}u_{cor}/f_y s=1.2\times 0.267\times 210\times 1100/300=246.7\ \text{mm}^2$

(2)受压翼缘计算

设 $\zeta=1.2, A'_{fcor}=30\times 150=4\ 500\ \text{mm}^2$。

抗扭箍筋:$A'_{st1}/s=(T'_f-0.35f_t w'_{tf})/1.2\zeta^{1/2}f_{yv}A'_{fcor}$

$$=(0.62\times 10^6-0.35\times 1.1\times 0.64\times 10^6)/1.2\times(1.2)^{1/2}\times 210\times 4\ 500$$
$$=0.301$$

$$u'_{fcor}=2\times(30+150)=360\ \text{mm}$$

抗扭纵筋: $A'_{stl}=\zeta A'_{st1}f_{yv}u'_{fcor}/f_y s=1.2\times 0.301\times 210\times 360/300=91\ \text{mm}^2$

7.根据剪力求抗剪箍筋

腹板: $V=0.7(1.5-\beta_t)f_t bh_0+1.25f_{yv}A_{sv}h_0/s$

$$A_{sv}/s=[V-0.7(1.5-\beta_t)f_t bh_0]/1.25f_{yv}h_0$$
$$=[45\times 10^3-0.7\times(1.5-1)\times 1.1\times 200\times 415]/1.25\times 210\times 415$$
$$=0.12$$

$$A_{sv1}/s=A_{sv}/2s=0.06, A_{st1}/s+A_{sv1}/s=0.267+0.06=0.327$$

翼缘不抗剪。

8.选用钢筋

(1)腹板

抗扭纵筋:6 Φ 8($A_{stl}=302\ \text{mm}^2>A_{stl}=246.7\ \text{mm}^2$)

上部纵筋:选用 2 Φ 8;($2\times 50.3=100.6\ \text{mm}^2$)

中部:选用 2 Φ 8($2\times 50.3=100.6\ \text{mm}^2$)

抗扭和抗弯纵筋:下部纵筋:选用 3 Φ 18

($A_s=763\ \text{mm}^2>595+2\times 50.3=695.6\ \text{mm}^2$)

抗扭和抗剪箍筋:ϕ8($A_{st1}=50.3\ \text{mm}^2$), $s=50.3/0.327=153.8$ mm,取 $s=150$ mm

(2)受压翼缘

抗扭纵筋:4 Φ 8($A_{stl}=201.2\ \text{mm}^2>A'_{stl}=91\ \text{mm}^2$),配置在翼缘四角。

抗扭箍筋:ϕ8($A_{st1}=50.3\ \text{mm}^2$), $s=50.3/0.301=167.1$ mm,取 $s=150$ mm

纵筋配置满足纵筋间距≤200 mm 且≤短边长度的要求;箍筋配置满足构造要求。

9.验算配筋率

(1)腹板

抗剪扭箍筋

配箍率：$\rho_{sv}=A_{sv}/bs=2\times 50.3/200\times 150=0.335\%$

最小配箍率：$\rho_{sv\min}=0.28f_t/f_{yv}=0.28\times 1.1/210=0.147\%$

$\rho_{sv}\geqslant\rho_{sv\min}$，配箍率满足要求。

抗扭纵筋：$T_w/Vb=7.38\times 10^6/45\times 10^3\times 200=0.82<2$

配筋率：$\rho_{st}=A_{stl}/bh=302/200\times 450=0.336\%$

最小配筋率：$\rho_{st\min}=0.6(T_w/Vb)^{1/2}f_t/f_y=0.6\times(0.82)^{1/2}\times 1.1/300=0.2\%$

$\rho_{st}\geqslant\rho_{st\min}$，配筋率满足要求。

抗弯纵筋：配筋率：$\rho=A_s/bh=595/200\times 415=0.72\%$

最小配筋率：$\rho_{\min}=0.45f_t/f_{yv}=0.45\times 1.1/210=0.24\%>0.2\%$

$\rho>\rho_{\min}$

(2)受压翼缘

抗扭箍筋：配箍率：$\rho_{sv}=A_{sv}/(b'_f-b)s=2\times 50.3/(400-200)\times 150=0.335\%$

最小配箍率：$\rho_{sv\min}=0.28f_t/f_{yv}=0.28\times 1.1/210=0.147\%$

$\rho_{sv}\geqslant\rho_{sv\min}$，配箍率满足要求。

抗扭纵筋：配筋率：$\rho_{st}=A'_{stl}/(b'_f-b)h'_f=201.2/(400-200)\times 80=1.26\%$

因翼缘不承受剪力 $T'_f/Vb>2$，取 $T'_f/Vb=2$

最小配筋率：$\rho_{st\min}=0.6(T_w/Vb)^{\frac{1}{2}}f_t/f_y=0.6\times(2)^{1/2}\times 1.1/300=0.31\%$

$\rho_{st}\geqslant\rho_{st\min}$，配筋率满足要求。

截面配筋如图 5-6 所示。

习　题

一、填空题

5-1　钢筋混凝土受扭构件随着扭矩的增大，先在截面________最薄弱的部位出现斜裂缝，然后形成大体连续的________。

5-2　受扭构件的箍筋必须做成封闭式的，当采用绑扎骨架时，箍筋的末端应做成弯钩，弯钩末端的直线长度应不小于________，d 为箍筋直径。

5-3　钢筋混凝土纯扭构件的四种破坏类型是________、________、________、________。

5-4　受扭构件的最小纵筋和箍筋用量，可根据钢筋混凝土构件________的原则确定。

5-5　在钢筋混凝土构件中，通常采用________钢筋和________组成的空间骨架来提高构件的抗扭承载力。

5-6　在钢筋混凝土结构中，常见的受扭构件有________和________。

5-7　素混凝土纯扭构件的裂缝呈________度，构件一开裂就破坏，属于________破坏类型。

5-8　配筋适当的钢筋混凝土纯扭构件,破坏时纵向钢筋和箍筋都能达到其________。

5-9　雨篷是由________和________两部分组成。雨篷的计算包括________、________和________三部分,雨篷板为________构件,雨篷板上的荷载有可能使雨篷梁绕梁底________转动而倾覆,出现________。为保持雨篷的稳定,应进行________。

二、判断题

5-1　一般钢筋混凝土受扭构件的破坏属于塑性破坏。(　　)

5-2　框架边梁和雨篷梁均是弯剪扭构件。(　　)

5-3　雨篷板是纯扭构件。(　　)

5-4　钢筋混凝土受扭构件,当受扭纵筋、箍筋均屈服时为塑性破坏。(　　)

5-5　受扭纵筋与箍筋的强度比满足《规范》规定时,受扭纵筋、箍筋基本能屈服。(　　)

5-6　矩形截面受扭构件沿截面周边的四角必须放置受扭的纵向钢筋。(　　)

5-7　受扭构件的截面限制条件是避免构件发生超筋破坏。(　　)

5-8　受扭构件规定的最小配筋率是避免构件发生少筋破坏。(　　)

5-9　对矩形截面弯剪扭构件,受弯单独按受弯构件正截面承载力计算公式计算纵向配筋。(　　)

5-10　弯扭构件和弯剪扭构件配筋计算中,纵向钢筋由受弯和受扭所需相应面积相叠加。(　　)

5-11　剪扭构件和弯剪扭构件配筋计算中,箍筋由受剪和受扭所需相应面积叠加。(　　)

5-12　弯剪扭构件承载力计算中的关键是剪扭共同作用下混凝土作用的相互关系。(　　)

5-13　受扭构件的箍筋可以做成开口的形式。(　　)

5-14　素混凝土纯扭构件的开裂扭矩一般也是它的破坏扭矩。(　　)

5-15　在受扭构件中设置抗扭钢筋仅在很小程度上提高构件的抗裂扭矩值。(　　)

5-16　计算 T 形截面弯剪扭构件时,翼缘参加抗剪工作。(　　)

5-17　矩形截面弯剪扭构件承载力计算考虑弯矩与剪力、扭矩的相关性。(　　)

5-18　T 形截面弯剪扭构件承载力计算时,腹板应按剪扭受力状态计算。(　　)

5-19　钢筋混凝土弯剪扭构件,当 $T \leqslant 0.175 f_t w_t$ 时,不考虑扭矩的作用,仅按受弯构件计算。(　　)

三、选择题

5-1　为防止钢筋混凝土受扭构件发生超筋破坏,应采取的措施是(　　)。

A. 限制 $T \leqslant 0.25 \beta_c f_c w_t$　　B. 限制最小配筋量

C. 考虑系数 β_t　　D. 限制系数 ζ 范围

5-2　受扭构件的纵向钢筋应在截面内(　　)。

A. 下边布置　　B. 两侧布置　　C. 上边布置　　D. 周边对称布置

5-3　受扭构件纵向钢筋与箍筋的配筋强度比满足《规范》规定时(　　)。

A. 均布纵筋及箍筋部分屈服　　B. 均布纵筋及箍筋均屈服

C. 仅箍筋屈服　　D. 不对称纵筋及箍筋均屈服

5－4　剪扭构件的承载力计算公式中(　　)。

A. 混凝土部分相关，钢筋不相关　　B. 混凝土和钢筋均相关

C. 混凝土不相关，钢筋相关　　D. 混凝土和钢筋均不相关

5－5　矩形截面素混凝土纯扭构件，首先出现的一条与构件纵轴线约成45°的斜裂缝，这条斜裂缝往往在矩形截面的(　　)出现。

A. 长边中点附近　　B. 顶面的短边中点附近

C. 底面的短边中点附近

5－6　作用在雨篷板上的垂直荷载会在(　　)中引起扭矩。

A. 雨篷板　　B. 雨篷梁

C. 支撑雨篷梁的砖墙上　　D. 支撑雨篷的砖墙上

5－7　T形、I字型截面剪扭构件可分成矩形块计算，此时(　　)。

A. 由各矩形块分担剪力　　B. 剪力全由腹板承担

C. 剪力、扭矩全由腹板承担　　D. 扭矩全由腹板承担

5－8　钢筋混凝土弯剪扭构件，当 $V \leqslant 0.35 f_t b h_0$ 或 $V \leqslant [0.875/(\lambda+1)] f_t b h_0$ 时，仅按(　　)的构件分别进行承载力计算。

A. 弯距作用下　　B. 弯矩和剪力作用下

C. 弯矩和扭矩作用下　　D. 扭矩作用下

5－9　剪扭构件计算 $\beta_t = 1$ 时(　　)。

A. 混凝土受剪承载力不变　　B. 混凝土受扭承载力不变

C. 混凝土承载力不变　　D. 混凝土受剪承载力为受扭承载力的一半

5－10　钢筋混凝土纯扭构件应(　　)。

A. 只配抗扭箍筋　　B. 既配抗扭纵筋、又配抗扭箍筋

C. 只配抗扭纵筋　　D. 只配与梁轴成45°的螺旋筋

5－11　为了提高混凝土构件的受扭承载力，应该配(　　)。

A. 沿周边均匀分布的纵向钢筋　　B. 箍筋

C. 弯起钢筋　　D. 纵向钢筋和箍筋

四、简答题

5－1　在受扭构件中只配抗扭的纵向钢筋或只配抗扭的箍筋是否可以，为什么？

5－2　为什么要确定受扭构件的截面限制条件？

5－3　在设计钢筋混凝土受扭构件时，怎样才能避免出现少筋构件和完全超筋构件？

5－4　受扭构件中对抗扭钢筋有哪些构造要求？

5－5　试说明受扭构件承载力计算公式中 ζ 的物理意义，《规范》规定 ζ 的限制范围是多少？在工程中常用的范围是多少？

5－6　弯扭构件承载力的相关性主要与哪些因素有关？《规范》规定采用什么方法对弯扭构件进行设计？

5－7　纯扭构件中当 $T \leqslant 0.7 f_t w_t$ 时，应如何配筋？弯剪扭构件当 $V/bh_0 + T/w_t \leqslant 0.7 f_t$ 时应如何配筋？

5－8　为什么钢筋混凝土受弯构件同时受到扭矩作用时，构件的受弯承载力和受剪承

载力均有所下降?

5-9 在剪扭构件的计算公式中为什么要引用混凝土强度降低系数?其值为什么必须在0.5~1之间?

5-10 试说明《规范》采用的弯剪扭构件的简化计算原则。

5-11 简述设计弯剪扭构件的步骤。

五、计算题

5-1 钢筋混凝土矩形截面纯扭构件 $b \times h = 250\ \text{mm} \times 500\ \text{mm}$,承受的扭矩设计值 $T = 15\ \text{kN·m}$,混凝土强度等级为C20($f_c = 9.6\ \text{N/mm}^2$,$f_t = 1.1\ \text{N/mm}^2$),纵筋采用HRB335钢筋($f_y = 300\ \text{N/mm}^2$),箍筋采用HPB235($f_{yv} = 210\ \text{N/mm}^2$),求此构件所需的受扭纵筋及箍筋。

5-2 一承受均布荷载作用的矩形截面弯剪扭构件,截面尺寸 $b \times h = 250\ \text{mm} \times 600\ \text{mm}$,承受的扭矩设计值 $T = 20\ \text{kN·m}$,剪力设计值 $V = 68\ \text{kN}$,弯矩设计值 $M = 100\ \text{kN·m}$,混凝土强度等级为C20($f_c = 9.6\ \text{N/mm}^2$,$f_t = 1.1\ \text{N/mm}^2$),纵筋采用HRB400($f_y = 360\ \text{N/mm}^2$),箍筋采用HPB235($f_{yv} = 210\ \text{N/mm}^2$),试设计该构件。

5-3 一承受均布荷载作用的T形截面弯剪扭构件,截面尺寸 $b = 200\ \text{mm}$,$h = 450\ \text{mm}$,$b'_f = 400\ \text{mm}$,$h'_f = 80\ \text{mm}$ 承受的扭矩设计值 $T = 8\ \text{kN·m}$,剪力设计值 $V = 45\ \text{kN}$,弯矩设计值 $M = 70\ \text{kN·m}$,混凝土强度等级为C20($f_c = 9.6\ \text{N/mm}^2$,$f_t = 1.1\ \text{N/mm}^2$),纵筋采用HRB335($f_y = 300\ \text{N/mm}^2$),箍筋采用HPB235($f_{yv} = 210\ \text{N/mm}^2$),试设计该构件。

参考答案

一、填空题

5-1 长边中点附近,螺旋形裂缝

5-2 135° 10d

5-3 少筋破坏　适筋破坏　部分超筋破坏　完全超筋破坏

5-4 所能承受的扭矩不低于相同截面素混凝土构件的开裂扭矩

5-5 纵向受力　箍筋

5-6 雨篷梁　框架边梁

5-7 45°　脆性

5-8 屈服强度

5-9 雨篷板　雨篷梁　雨篷板　雨篷梁　雨篷倾覆　悬挑构件　倾覆点　失稳破坏　抗倾覆验算

二、判断题

5-1 ×　5-2 √　5-3 ×　5-4 √　5-5 √　5-6 √

5-7 √　5-8 √　5-9 √　5-10 √　5-11 √　5-12 √

5-13 ×　5-14 √　5-15 √　5-16 ×　5-17 ×　5-18 ×

5-19 √

三、选择题

5-1 A　5-2 D　5-3 B　5-4 A　5-5 A　5-6 B　5-7 B
5-8 C　5-9 C　5-10 B　5-11 D

四、简答题

5-1 不可以。因为扭矩在构件中引起的主拉应力方向与构件轴线成45°，因此合理的配筋方式是在构件靠近表面处设置呈45°走向的螺旋形钢筋，这种钢筋不变施工，且在扭矩改变方向后将完全失去作用。实际工程中，一般采用有贴近表面的箍筋和沿构件周边均匀布置的纵向钢筋共同组成的抗扭钢筋骨架来代替螺旋形钢筋，它们是相互关联的整体，因此不能只配置纵筋或只配置箍筋。

5-2 为了避免受扭构件配筋过多发生完全超配筋性质的破坏，《规范》规定了构件截面承载力的上限，既对受扭构件截面尺寸和混凝土强度等级应符合下式要求 $V/bh_0+T/0.8w_t\leqslant 0.25\beta_c f_c$，当不满足上式要求时，应增大截面尺寸或提高混凝土强度等级。

5-3 为了防止构件发生少筋破坏，《规范》规定了箍筋和纵筋的最小用量，即箍筋和纵筋的最小配筋率；为了防止构件发生完全超筋破坏，《规范》规定了构件承载力的上限，即构件截面尺寸和混凝土强度等应符合设计公式的要求。

5-4 (一)箍筋的构造要求

1.受扭构件的箍筋必须做成封闭式，当采用绑扎骨架时，箍筋末端应做成135°弯钩，弯钩末端的直线长度不应小于 $10d$，d 为箍筋直径，当箍筋间距较小时，钩的位置宜错开。

2.箍筋的配箍率应大于最小配箍率，即 $\rho_{sv}=A_{sv}/bs\geqslant\rho_{sv\min}=0.28f_t/f_{yv}$。

(二)纵筋的构造要求

1.抗扭纵筋应沿周边均匀对称布置，四角必须设置纵筋，纵筋的间距不应大于200 mm和截面短边长度；纵筋的接头和锚固长度与受弯构件纵向钢筋相同。

2.纵筋的配筋率应大于最小配筋率，即 $\rho_{st}=A_{stl}/bh\geqslant\rho_{st\min}=0.6(T/Vb)1/2f_t/f_y$。

5-5 系数 ζ 反映了受扭构件中纵筋和箍筋在数量上和强度上相对关系，称为纵筋和箍筋的配筋强度比，即纵筋和箍筋的体积比和强度比的乘积。试验表明，只有当 ζ 值在一定范围内时，才可保证构件破坏时纵筋和箍筋的强度都得到充分利用，即纵筋和箍筋在构件破坏时均能屈服。《规范》规定 ζ 的限制范围是 $0.6\leqslant\zeta\leqslant 1.7$，在工程中常用的范围是 $1\leqslant\zeta\leqslant 1.3$。

5-6 弯扭构件中，纵向钢筋既要承受弯矩作用，又要承受扭矩作用，因此，构件的抗弯能力与抗扭能力之间必定具有相关性，即截面所能承受的弯矩将随作用扭矩的大小不同而变化，反之亦然。这种相关性与构件截面上部和下部纵筋数量的比值、截面高度比、纵筋与箍筋的配筋强度比以及沿截面侧边纵筋数量等因素有关。

由于弯扭构件承载力的相关因素很多，准确表达十分复杂，因此《规范》规定采用实用的“叠加法”进行设计，即对构件截面先分别按抗弯抗扭进行计算，再将所需的纵筋数量进行叠加。

5-7 纯扭构件中当 $T\leqslant 0.7f_t$ 时，说明设计扭矩小于开裂扭矩，可不进行抗扭承载力计算，而只需按构造配置抗扭钢筋弯剪扭构件当 $V/bh_0+T/w_t\leqslant 0.7f_t$ 说明设计扭矩小于开裂扭矩,可不进行抗扭和抗剪承载力计算,而只需按构造配置抗扭纵筋和箍筋。

5-8 一般受弯构件中的纵向钢筋为非对称配筋,当弯矩较大,扭矩较小时,扭矩作用的效果是使截面受压钢筋中压应力减小,受拉钢筋中拉应力增大,使受拉钢筋提前达到屈服,导致了受弯承载力的降低,当弯矩较小,扭矩较大时,扭矩引起的纵筋拉应力很大,由于受弯构件中受压钢筋较少而受拉钢筋较多,叠加效果是使受压钢筋中出现的拉应力将大于受拉钢筋中由弯矩和扭矩引起的拉应力,截面承载力取决于受压钢筋中的拉应力,构件的破坏是由于受压钢筋先达到抗拉屈服强度,而后混凝土被压坏,因此混凝土压坏,因此受弯构件同时受到扭矩作用时,扭矩的存在总是使构件的受弯承载力降低。同时受到剪力和扭矩作用的构件,因为剪力和扭矩产生的剪应力在构件的一个侧面上总是叠加的,因此扭矩的存在总是使受弯构件的斜截面受剪承载力有所降低。

5-9 由于构件的受剪承载力和纯扭承载力计算公式中均包含混凝土部分和钢筋部分两项,《规范》规定对剪扭构件采用混凝土部分相关、钢筋部分不相关的近似计算方法,即箍筋按剪扭构件的受剪承载力和受扭承载力分别计算其所需的箍筋用量,用叠加方法配箍。混凝土部分为了避免重复利用其强度而使计算的承载力超过了实际承载力,因此需在受剪及受扭承载力计算中的混凝土部分分别引用混凝土强度降低系数以考虑其相关关系。

5-10 (1)当 $T \leqslant 0.175 f_t w_t$ 时,不考虑扭矩的作用,仅按受弯构件进行正截面抗弯计算和斜截面抗剪计算;

(2)当 $V \leqslant 0.35 f_t b h_0$ 或 $V \leqslant [0.875/(\lambda+1)] f_t b h_0$ 时不考虑剪力的作用,按弯扭构件进行正截面抗弯计算和抗扭计算;

(3)当 $T > 0.175 f_t w_t$ 且 $V > 0.35 f_t b h_0$ 或 $V > [0.875/(\lambda+1)] f_t b h_0$ 时,按正截面受弯承载力和剪扭共同作用下的剪扭承载力进行配筋计算。剪扭构件的受剪承载力和受扭承载力公式中应分别考虑混凝土强度降低系数,纵筋应分别按受弯和受扭所需钢筋截面积进行配置,箍筋应按抗剪扭构件的受剪及受扭所需箍筋截面面积的总和进行配置。

5-11 计算步骤:(1)验算是否考虑扭矩;(2)验算是否考虑剪力;(3)验算截面尺寸;(4)验算是否计算配筋;(5)根据弯矩求抗弯纵筋;(6)根据扭矩求抗扭纵筋和箍筋;(7)根据剪力求抗剪箍筋;(8)选用钢筋;(9)验算配筋率。

第六章　受压构件承载力计算

第一节　概　述

钢筋混凝土受压构件分为轴心受压构件和偏心受压构件，如图 6-1 所示。当轴向压力作用线与构件截面重心轴重合时称为轴心受压构件。在实际结构中，由于混凝土质量不均匀，配筋的不对称，制作和安装误差等原因，往往存在着或多或少的偏心，所以，在工程中理想的轴心受压构件是不存在的。因此，目前有些国家的设计规范中已取消了轴心受压构件的计算。我国《规范》对以恒载为主的多层房屋的内柱、屋架的斜压腹杆和压杆等构件，在设计时考虑到构件所受弯矩很小可略去不计，而近似按轴心受压构件进行计算。

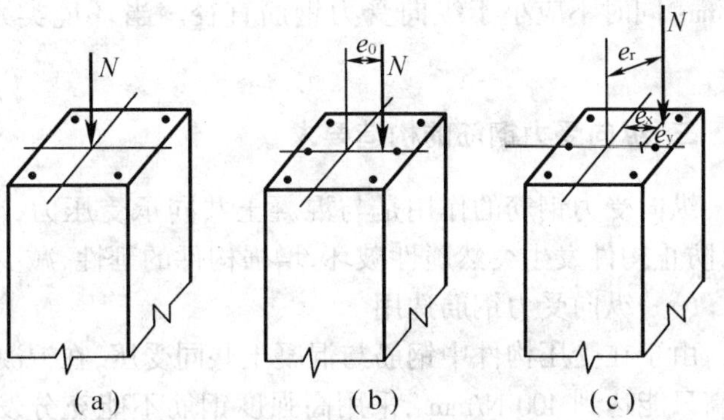

图 6-1　轴心受压与偏心受压

(a)轴心受压；(b)单向偏心受压；(c)双向偏心受压

当轴向压力作用线与构件截面重心轴不重合时或构件同时承受轴向压力和弯矩时，称为偏心受压构件。在实际结构中，偏心受压构件是非常多的，如多层框架柱、单层排架柱、大量的实体剪力墙、屋架和托架的上弦杆和某些受压腹杆等都属于偏心受压构件。当轴向力作用线与构件截面重心轴平行且沿某一主轴偏离重心时，称为单向偏心受压构件。多数偏压构件为单向偏心受压。当轴向力作用线与构件截面重心轴平行且偏离两个主轴时，称为双向偏心受压构件。如多层框架房屋的角柱。偏心受压构件中，离偏心压力较近一侧的纵向钢筋为受压钢筋，其截面面积用 A_s' 表示，离偏心压力较远一侧的纵向钢筋可能受压也可能受拉，均称为受拉钢筋，其截面面积用 A_s 表示。

第二节　受压构件的构造要求

构件设计除满足承载力计算要求外，还必须满足相应的构造要求，这些构造要求内容多而复杂，本节只介绍一些基本构造要求。

一、截面形式和尺寸

轴心受压构件的截面形式一般做成方形、圆形或多边形；偏心受压构件的截面形式一般做成矩形或工字形。

受压构件截面尺寸一般不宜小于 250 mm × 250 mm。为避免构件长细比太大而降低构件的承载力，一般宜满足 $l_0/b \leqslant 30$ 及 $l_0/h \leqslant 25$ 或 $l_0/d \leqslant 25$，其中 l_0 为柱的计算长度，b、h、d

为矩形柱的截面短边、长边和圆柱形柱的直径。为了施工制作方便,在截面边长小于800 mm时,以50 mm为模数,大于800 mm时,以100 mm为模数。

二、混凝土的构造要求

(一)混凝土选用

受压构件正截面承载力受混凝土强度等级影响较大,为了减小构件截面尺寸,节约钢筋,受压构件宜采用较高强度等级的混凝土,一般常用混凝土的强度等级为C20~C40或更高。

(二)混凝土保护层厚度

受压构件的混凝土保护层厚度,当环境类别为一类时(室内正常环境下),最小厚度为30 mm,同时不应小于纵向受力钢筋直径。当环境类别为二、三类时,应适当加厚,见附表14。

三、纵向受力钢筋的构造要求

纵向受力钢筋的作用是与混凝土共同承受压力,减少构件尺寸,改善素混凝土的离散性,防止构件发生突然脆性破坏,增强构件的延性,减少混凝土徐变变形等。

(一)纵向受力钢筋选用

由于在受压构件中钢筋与混凝土共同受压,在混凝土达到极限压应变时,钢筋的压应力最高只能达到400 N/mm^2,采用高强度钢筋不能充分发挥其作用,因此,不宜选用高强度钢筋。一般常用钢筋为HRB335和RRB400级钢筋。

(二)纵向受力钢筋直径和间距

受压构件中,为了增强钢筋骨架的刚度,宜采用较粗直径的钢筋,一般要求在12~32 mm范围内。当构件垂直浇筑时,纵向钢筋的净距不应小于50 mm,水平浇筑时纵向钢筋的净距要求与梁相同。轴心受压构件各边的纵向受力钢筋和偏心受压构件中在垂直于弯矩作用平面的纵向受力钢筋,其间距不应大于350 mm。

(三)纵向受力钢筋的布置

矩形截面受压构件中纵向受力钢筋的根数不得少于4根。圆形截面受压构件中纵向受力钢筋的根数不宜少于8根,且不得少于6根。轴心受压构件中的纵向钢筋应沿构件截面周边均匀布置,偏心受压构件中的纵向钢筋应按计算要求布置在与偏心压力作用平面垂直的两侧。

当矩形截面偏心受压构件的截面高度 $h \geqslant 600$ mm时,应在截面两侧设置直径为10~16 mm的侧向构造钢筋,以防止构件因混凝土收缩和温度变化产生裂缝,并相应设置复合箍筋或拉筋。

(四)纵向受力钢筋的配筋率

为使纵向受力钢筋起到提高受压构件截面承载力的作用,其配筋率不得小于最小配筋率。对于轴心受压构件最小配筋率为0.6%,当混凝土强度等级大于C60时,最小配筋率为0.7%,同时,一侧钢筋的配筋率不应小于0.2%。对于偏心受压构件受拉钢筋的最小配筋率为0.15%,当混凝土强度等级为C40~C60时,最小配筋率为0.2%;受压钢筋的最小配筋率为0.2%。为了施工方便和经济要求,全部纵向钢筋配筋率不应大于5%,一般不宜大于3%。

(五)柱中纵向钢筋的搭接

在多层房屋中,柱中钢筋不可避免要做接头。其接头位置可设在各层楼面处 500 ~ 1 200 mm范围内,即将下层柱纵筋伸出楼面一段距离与上层纵筋搭接。其长度为钢筋的搭接长度。

位于同一接头范围内的受压钢筋搭接接头面积不宜超过 50%,搭接长度取 $0.85l_a$,当接头面积超过 50% 时,取 $1.05l_a$,且在任何情况下不应小于 200 mm。

焊接骨架在受力方向的连接若采用搭接连接,则受拉钢筋的搭接长度不应小于 l_a,受压钢筋的搭接长度不应小于 $0.7l_a$。

当柱每边的纵筋不多于 4 根时,可在同一水平截面处接头;当柱每边的纵筋为 5 ~ 8 根时,应在两个水平截面处接头,当柱每边的纵筋为 9 ~ 12 根时,应在三个水平截面处接头。

当下柱截面尺寸大于上柱截面尺寸,且上下柱相互错开尺寸与梁高之比小于等于 1/6 时,下层柱纵筋可弯折一倾角再伸入上层柱;当上下柱相互错开尺寸与梁高之比大于 1/6 时,应附加短钢筋与柱搭接,短筋直径与根数与上柱相同,如图 6 - 2 所示。

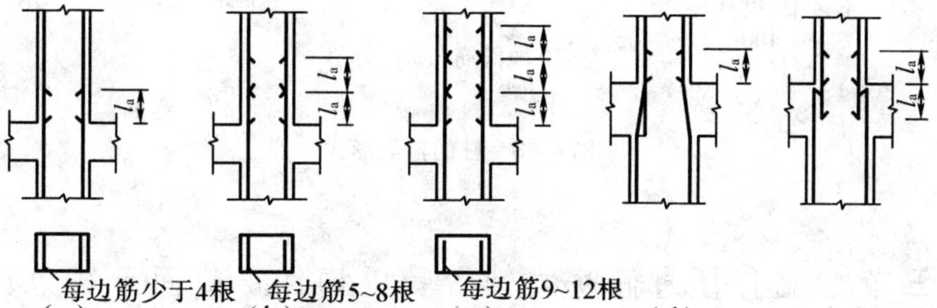

图 6 - 2 柱的钢筋搭接

四、箍筋的构造要求

箍筋的作用是和纵筋形成骨架,防止纵向钢筋受力后向外压屈,保证纵向钢筋的正确位置,保证了纵筋与混凝土在构件破坏前共同工作。同时对核芯混凝土起一定的约束作用,提高了混凝土的极限变形。当配置螺旋式箍筋时,其对核芯混凝土的约束作用很强,能进一步提高构件的承载力和受压延性。

(一)箍筋的直径

当采用热轧钢筋时,箍筋直径不应小于 $d/4$ 且不应小于 6 mm;当采用冷拔低碳钢丝时,箍筋直径不应小于 $d/5$ 且不应小于 5 mm,d 为纵向钢筋最大直径。柱内纵向钢筋搭接范围内的箍筋直径不宜小于 $d/4$,d 为搭接钢筋直径。当柱中全部纵向受力钢筋的配筋率大于 3% 时,箍筋直径不宜小于 8 mm。

(二)箍筋的间距

箍筋的间距不应大于构件截面的短边尺寸且不应大于400 mm,同时在绑扎骨架中不应大于 $15d$,在焊接骨架中不应大于 $20d$,d 为纵向钢筋最小直径。在绑扎搭接范围或焊接接头处的 $35d$ 且不小于 500 mm 区段内,当钢筋受拉时,其间距不应大于 $5d$ 且不应大于 100 mm;当钢筋受压时,其间距不应大于 $10d$ 且不应大于 200 mm。当受压钢筋大于 25 mm

时,应在搭接接头两端 50 mm 范围内,各设置两根箍筋。当柱中全部纵向受力钢筋的配筋率大于 3% 时,间距不应大于 $10d$ 且不应大于 200 mm。

(三)箍筋的形式

如图 6－3 所示,箍筋应做成封闭式,当柱中全部纵向受力钢筋的配筋率大于 3% 时,应焊成封闭式,箍筋末端应做成不小于 135°的弯钩,弯钩末端平直的长度应满足不应小于 $10d$,d 为箍筋直径。纵向钢筋至少每隔一根放置于箍筋转角处。当柱截面的短边大于 400 mm且截面各边纵筋多于 3 根或柱截面的短边不大于400 mm且截面各边纵筋多于 4 根时,应设置复合箍筋,其直径与间距与一般箍筋相同。对截面形状复杂的柱不可采用有内折角的箍筋,以避免产生向外的拉力,使折角处的混凝土破损,而应采用分离式箍筋。

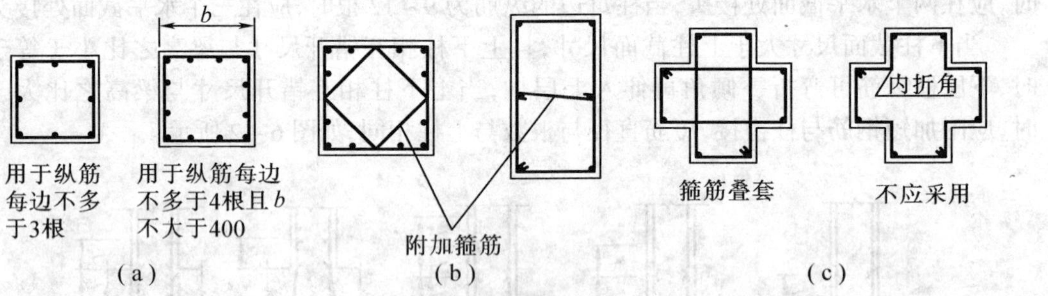

图 6－3 柱的箍筋形式

第三节 配有普通箍筋的轴心受压构件正截面承载力计算

一、轴心受压柱的破坏形态

轴心受压柱按长细比不同分为短柱和长柱。《规范》规定,对一般截面,长细比应满足 $l_0/i \leqslant 28$,矩形截面当长细比 $l_0/b \leqslant 8$ 时为短柱,否则为长柱。其中 i 为截面的最小回转半径。

试验表明,对配置中等强度钢筋的轴心受压短柱,在构件破坏时,钢筋能达到屈服强度,混凝土能达到轴心抗压强度,钢筋和混凝土都能得到充分利用;对配置高强度钢筋的轴心受压短柱,在构件破坏时,混凝土能达到轴心抗压强度,混凝土达到轴心抗压强度时的极限压应变为 0.002,由于钢筋和混凝土之间存在着黏结力,两者的压应变相等,则钢筋的压应变也为 0.002,钢筋的应力为 $\sigma_s' = E_s\varepsilon_s' \approx 2\times10^5\times0.002 = 400\ \text{N/mm}^2$。可见采用高强钢筋时,钢筋达不到屈服强度,其强度不能被充分利用,因此不宜采用高强钢筋。构件的承载力最终都是由混凝土压碎来控制的。在达到极限荷载时,短柱四周出现明显的纵向裂缝,而纵筋在箍筋间呈灯笼状向外受压屈服,这些裂缝相互贯通,最终混凝土被压碎,如图 6－4 所示。

试验表明,初始偏心对于轴心受压短柱的承载力没有明显影响,可不考虑,但对长柱影响是不能忽略的。由于初始偏心距将产生附加弯矩,而附加弯矩产生的侧向挠度又加大了原来的初始偏心距,这样相互影响的结果使长柱最终在轴向力和弯矩共同作用下发生破坏。破坏时,受压一侧往往产生较长的纵向裂缝,箍筋之间的纵筋向外压屈,混凝土被压碎,而另一侧混凝土则被拉裂,在构件高度的中部发生横向裂缝,这实际上是偏心受压构件破坏的典型特征,如图 6-5 所示。

图 6-4 轴心受压短柱破坏形态

图 6-5 轴心受压长柱破坏形态

试验表明,长柱承载力低于同等条件下短柱的承载力,《规范》采用稳定系数 φ 来反映长柱承载力随长细比增大而降低的程度。稳定系数与构件的长细比的关系见表 6-1。

表 6-1 钢筋混凝土轴心受压构件的稳定系数 φ

l_0/b	l_0/d	l_0/i	φ	l_0/b	l_0/d	l_0/i	φ
8	7	28	1	30	26	104	0.52
10	8.5	35	0.98	32	28	111	0.48
12	10.5	42	0.95	34	29.5	118	0.44
14	12	48	0.92	36	31	125	0.40
16	14	55	0.87	38	33	132	0.36
18	15.5	62	0.81	40	34.5	139	0.32
20	17	69	0.75	42	36.5	146	0.29
22	19	76	0.70	44	38	153	0.26
24	21	83	0.65	46	40	160	0.23
26	22.5	90	0.60	48	41.5	167	0.21
28	24	97	0.56	50	43	174	0.19

注:表中 l_0—构件计算长度;b—矩形截面的短边尺寸;d—圆形截面的直径;i—截面的最小回转半径,$i=\sqrt{\dfrac{I}{A}}$。

构件的计算长度与构件端部支承情况有关,材料力学中曾讲过理想支承情况下柱的计算长度。实际工程中,构件的支承情况要比理想支承情况复杂得多。《规范》规定受压构件的计算长度按下列规定取用。

一般多层房屋钢筋混凝土框架各层柱。

现浇楼盖:底层柱:$l_0=H$,其余层柱 $l_0=1.25H$;

装配楼盖：底层柱：$l_0 = 1.25H$，其余层柱 $l_0 = 1.5H$；

对底层柱 H 为基础顶面到一层楼盖顶面之间的距离，对其余层柱为上下层楼盖顶面之间的距离。

刚性屋盖单层房屋排架柱、露天吊车和栈桥柱按表 6－2 取用。

表 6－2　采用刚性屋盖的单层工业厂房排架柱、露天吊车柱和栈桥柱的计算高度 l_0

柱 的 类 型		排架方向	垂直排架方向	
			有柱间支撑	无柱间支撑
无吊车厂房柱	单　　跨	$1.5H$	$1.0H$	$1.2H$
	两跨及多跨	$1.25H$	$1.0H$	$1.2H$
有吊车厂房柱	上　　柱	$2.0H_u$	$1.25H_u$	$1.5H_u$
	下　　柱	$2.0H_l$	$0.8H_l$	$1.0H_l$
露天吊车和栈桥柱		$2.0H_l$	$1.0H_l$	—

注：①表中 H 为从基础顶面算起的柱子全高；H_l 为从基础顶高至装配式吊车梁底面或现浇式吊车梁顶面的柱子下部高度；H_u 为从装配式吊车梁底面或从现浇式吊车梁顶面算起的柱子上部高度；

②表中有吊车厂房排架柱的计算长度，当计算中不考虑吊车载荷时，可按无吊车厂房的计算长度采用，但上柱的计算长度仍按有吊车厂房采用；

③表中有吊车厂房排架柱的上柱在排架方向的计算长度，仅适用于 $H_u/H_l \geqslant 0.3$ 的情况；当 $H_u/H_l < 0.3$，计算长度宜采用 $2.5H_u$。

二、柱正截面承载力计算

（一）计算公式

《规范》给出的轴心受压柱正截面承载力计算公式为

$$N = 0.9\varphi(f_cA + f'_yA'_s) \tag{6-1}$$

按照承载力极限状态设计应满足

$$N \leqslant N_u \tag{6-2}$$

$$N_u = 0.9\varphi(f_cA + f'A'_s) \tag{6-3}$$

式中　N_u——受压构件正截面抗压承载力设计值，也叫构件的极限轴向压力；

φ——钢筋混凝土构件稳定系数，查表 6－1；

f_c——混凝土轴心抗压强度设计值；

A——构件截面面积，当纵向钢筋配筋率 $\rho > 3\%$ 时，A 改为 $A_n = A - A'_s$；

f'_y——纵向钢筋的抗压强度设计值，当 $f_y \geqslant 400\ \text{N/mm}^2$ 时，取 $f'_y = 400\ \text{N/mm}^2$；

A'_s——全部纵筋受压钢筋截面积；

N——轴向压力设计值。

在实际工程中，轴心受压构件沿两个主轴方向的杆端约束条件可能不同，因此计算长度 l_0 和截面回转半径 i 也不同，应分别按两个方向确定 φ 值，选其中较小者进行计算。

（二）计算类型及计算方法

1.截面设计

已知：$b \times h, f_c, f_y, N, l_0$，求 A_s。

解：计算长细比 l_0/b，查表 6-1，确定稳定系数 φ

直接利用公式计算 $A_s' = (N/0.9\varphi - f_cA)/f_y'$

验算配筋率 $\rho_{min} \leqslant \rho \leqslant \rho_{max}$

当 $\rho > \rho_{max}$ 时，可考虑增大截面尺寸后重新计算；

当 $\rho < \rho_{min}$ 时，可考虑减小截面尺寸后重新计算或取 $\rho = \rho_{min}$ 进行配筋计算。

2.截面复核

(1)已知：$b \times h, f_c, f_y, N, l_0, A_s, N$ 验算承载力是否满足要求。

(2)已知：$b \times h, f_c, f_y, N, l_0, A_s$ 求 N_u。

解：计算长细比 l_0/b，查表确定稳定系数 φ

直接利用公式计算 $N_u = 0.9\varphi(f_cA + f_y'A_s')$

$N \leqslant N_u$ 则承载力满足要求；$N > N_u$ 则承载力不满足要求。

例 6-1 某钢筋混凝土轴心受压柱，承受轴向压力设计值 $N = 2600$ kN，若柱的计算长度为 $5m$，混凝土采用 C25，纵筋采用 HRB400 钢筋，截面尺寸 $b \times h = 400$ mm × 400 mm，试求该柱所需受压钢筋截面面积。

解 查表得 C25：$f_c = 11.9$ N/mm²，$f_t = 1.27$ N/mm²；HRB400 级钢筋：$f_y = 360$ N/mm²

1.确定稳定系数 φ

$l_0/b = 5\,000/400 = 12.5$，查表 6-1，$\varphi = 0.94$

2.计算受压钢筋截面面积

$A_s' = (N/0.9\varphi - f_cA)/f_y' = [2\,600 \times 10^3/0.9 \times 0.94 - 11.9 \times 400 \times 400]/360 = 3248\ \text{mm}^2$

3.验算配筋率

$$\rho' = A_s'/bh = 3\,248/400 \times 400 = 2.03\%,\ 0.6\% < \rho' < 3\%$$

满足要求。

4.选纵向受压钢筋

选 4 Φ 25 + 4 Φ 20（$A_s' = 3\,220$ mm²，误差 -0.86%，可以），沿截面周边均匀布置，每边 3 根。

例 6-2 某钢筋混凝土轴心受压柱，承受轴向压力设计值 $N = 2\,360$ kN，若柱的计算长度为 4.5 m，混凝土采用 C25，纵筋采用 HRB400 钢筋试设计该柱。

解 查表得 C25$f_c = 11.9$ N/mm²，$f_t = 1.27$ N/mm²；HRB400 级钢筋：$f_y = 360$ N/mm²

1.初步确定截面形式和尺寸

轴心受压构件采用正方形截面形式，截面尺寸取 400 mm × 400 mm

2.确定稳定系数 φ

$l_0/b = 4500/400 = 11.25$，查表 6-1 得 $\varphi = 0.962$

3.计算受压钢筋截面面积

$A_s' = (N/0.9\varphi - f_cA]/f_y' = [2\,360 \times 10^3/0.9 \times 0.962 - 11.9 \times 400 \times 400]/360 = 2\,282.8\ \text{mm}^2$

4.验算配筋率

$$\rho' = A_s'/bh = 2282.8/400 \times 400 = 1.43\%,\ 0.6\% < \rho' < 3\%$$

满足要求。

5.选纵向受压钢筋

选 8 Φ 20($A_s'=2\ 513\ mm^2$)沿截面周边均匀布置,每边 3 根。

6.选箍筋

根据纵向钢筋直径,按照箍筋配置构造要求,可选 ϕ8@200

第四节 配有螺旋式(或焊环式)箍筋的轴心受压构件正截面承载力计算

螺旋式(或焊环式)箍筋柱用钢量大、造价高、施工比较复杂,一般不宜普遍采用,仅用于轴心受压荷载很大而截面尺寸又受到限制,配置一般箍筋不能满足要求的情况。

一、箍筋的横向约束作用

混凝土的纵向受压破坏可认为是横向变形而发生的拉坏,配置螺旋箍筋可以约束混凝土的横向变形,从而间接提高混凝土的纵向抗压强度。试验表明,对配置螺旋式(或焊环式)箍筋的轴心受压柱,箍筋所包围的混凝土,相当于受到一个套箍作用,有效的限制了核芯混凝土的横向变形,使核芯混凝土受三向压应力作用,从而提高了轴心受压构件正截面承载能力。而对配置矩形箍筋的轴心受压柱,箍筋也能对混凝土起一定的约束作用,但其效果远没有螺旋式(或焊环式)箍筋那样显著,因为矩形箍筋的水平肢的侧向抗弯刚度很弱,无法对核心混凝土形成有效的约束,如图 6-6 所示。

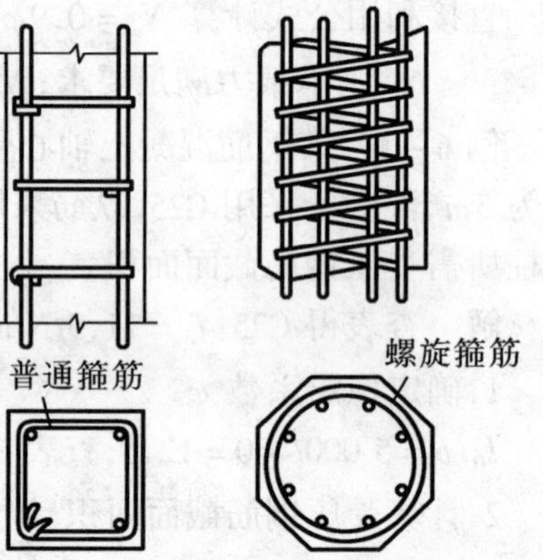

图 6-6 普通箍筋柱和螺旋箍筋柱

二、柱正截面承载力计算

核芯混凝土在三向压应力作用下,其轴心抗压强度可近似按下式表示

$$f_{c1}=f_c+4\sigma_r \qquad (6-4)$$

式中 f_{c1}——被约束核芯混凝土轴心抗压强度设计值;

σ_r——螺旋式(或焊环式)箍筋屈服时柱的核芯混凝土受到的径向压应力。

如图 6-7,根据平衡条件得

$$\sigma_r s d_{cor}=2\alpha f_y A_{ss1} \qquad (6-5)$$

式中 d_{cor}——核芯截面直径;

s——沿构件轴线方向间接钢筋的螺矩;

f_y——间接钢筋的抗拉强度设计值;

A_{ss1}——单肢间接钢筋的截面面积。

图 6-7 正截面受压承载力情况

由式(6-5)得

$$\sigma_r=2\alpha f_y A_{ss1}/sd_{cor}=2\alpha f_y A_{ss1}\pi d_{cor}/\pi d_{cor}{}^2 s=\alpha f_y A_{ss0}/2A_{cor} \qquad (6-6)$$

式中 α——间接钢筋对混凝土约束的折减系数；

当混凝土强度等级不超过 C50 时，$\alpha = 1$；当混凝土强度等级为 C80 时，$\alpha = 0.85$，期间按线性内插确定；

A_{sso}——间接钢筋的换算面积，$A_{sso} = A_{ssi}\pi d_{cor}/s$；　(6-7)

A_{cor}——构件的核芯混凝土截面面积。

根据平衡条件，对配置螺旋式（或焊环式）箍筋的轴心受压柱，其正截面受压承载力计算公式为

$$N = 0.9(f_1 A_{cor} + f'_y A'_s) = 0.9(f_c A_{cor} + 4\alpha f_y A_{sso} A_{cor}/2A_{cor} + f'_y A'_s)$$

$$= 0.9(f_c A_{cor} + 2\alpha f_y A_{sso} + f'_y A'_s) \quad (6-8)$$

按照承载力极限状态设计应满足

$$N \leqslant N_u \quad (6-9)$$

$$N_u = 0.9(f_c A_{cor} + 2\alpha f_y A_{sso} + f'_y A'_s) \quad (6-10)$$

当利用(6-8)计算螺旋式（或焊环式）箍筋的轴心受压柱承载力时，应注意下列事项：

1. 为了防止混凝土保护层在使用荷载作用下过早剥落，《规范》规定：按式(6-10)算得的构件受压承载力值不应比按式(6-3)算得的大 50%。

2. 当构件长细比 $l_0/d > 12$ 时，间接钢筋因偏心影响难以发挥其作用，这时应按式(6-1)计算。

3. 当外围混凝土较厚，核芯混凝土面积相对较小时，可能按式(6-8)算得的承载力小于按式(6-1)算得的承载力，这时应按式(6-1)计算。

4. 当间接钢筋的换算面积 A_{sso} 小于全部纵向钢筋面积的 25%，间接钢筋的约束作用不明显，这时应按式(6-1)计算。当考虑间接钢筋作用时，其螺距不应大于 80 mm 及 $d_{cor}/5$，同时亦不应小于 40 mm。

例 6-3 某大楼底层门厅现浇钢筋混凝土柱，已求得轴向力设计值 $N = 3\,700$ kN，若柱的计算长度为 4.2 m，根据设计要求，柱为圆形截面，直径为 400 mm，混凝土采用 C30，纵筋采用 HRB400 钢筋，螺旋箍筋采用 HPB235 钢筋，试设计该柱。

解 查表得 C30：$f_c = 14.3$ N/mm^2，$f_t = 1.43$ N/mm^2；HRB400 级钢筋：$f_y = 360$ N/mm^2

1. 先按配置纵筋和一般箍筋柱计算

(1)计算长细比

$$l_0/b = 4\,200/400 = 10.5，查表 6-1，\varphi = 0.95$$

(2)计算纵向受压钢筋截面面积

$$A = 3.14 \times 400^2/4 = 125\,600 \text{ mm}^2$$

$$A'_s = [N/0.9\varphi - f_c A]/f'_y = [3\,700 \times 10^3/0.9 \times 0.95 - 14.3 \times 125\,600]/360 = 7\,031.7 \text{ mm}^2$$

(3)验算配筋率

$$\rho' = A'_s/bh = 7\,031.7/125\,600 = 5.6\%$$

$\rho' > 5\%$ 说明不宜采用普通箍筋柱。

2. 按配置纵筋和螺旋箍筋柱计算

(1)判别是否可用螺旋箍筋

$l_0/b = 4\,200/400 = 10.5 < 12$，可以采用螺旋箍筋柱。

(2)确定纵向受压钢筋

按 $\rho'=3\%$ 选取受压钢筋 $A'_s=0.03\times125\ 600=3\ 768\ \text{mm}^2$，选用 10 ϕ 22($A'_s=3\ 801\ \text{mm}^2$)。

(3)计算核芯截面面积

$$d_{cor}=400-50=350\ \text{mm},A_{cor}=3.14\times350^2/4=96\ 162.5\ \text{mm}^2$$

(4)计算所需的间接钢筋换算面积 A_{sso} 并验算其用量

$$A_{sso}=[N/0.9-(f_c A_{cor}+f'_y A'_s)]/2\alpha f_y$$
$$=[3\ 700\ 000/0.9-(14.3\times96\ 162.5+360\times3\ 801)]/2\times1\times210$$
$$=3\ 256.3\ \text{mm}^2>0.25\ A'_s=0.25\times3\ 801=950.25\ \text{mm}^2$$

(5)确定螺旋箍筋直径和间距

选螺旋箍筋直径 14 mm，$A_s=153.9\ \text{mm}^2$

$$s=A_{ss1}\pi d_{cor}/A_{sso}=153.9\times3.14\times350/3\ 256.3=52\ \text{mm}$$

取 $s=50$ mm，$80\geqslant s\geqslant40$ mm；$s\leqslant d_{cor}/5=70$ mm，符合要求。

(6)验算保护层是否过早脱落

$$A_{sso}=A_{ssi}\pi d_{cor}/s=153.9\times3.14\times350/50=3\ 382.7\ \text{mm}^2$$

$$N_u=0.9(f_cA_{cor}+2\alpha f_yA_{sso}+f'_yA'_s)=0.9\times(14.3\times96\ 162.5+2\times1\times210\times3\ 382.7+360\times3\ 801)$$
$$=3\ 747.8\ \text{kN}>N=3\ 700\ \text{kN}$$

按普通箍筋柱计算

$$N_{u1}=0.9\varphi(f_cA+f'_yA'_s)=0.9\times0.95(14.3\times125\ 600+360\times3\ 801)=2\ 705.6\ \text{kN}$$
$$1.5N_{u1}=1.5\times2705.6=4058.4\ \text{kN}>3747.8\ \text{kN}$$

说明保护层不会过早脱落，所设计的螺旋箍筋柱符合要求。

第五节　偏心受压构件正截面试验研究

一、偏心受压构件正截面的破坏形态

偏心受压构件的正截面受力性能可视为轴心受压和受弯的中间状态，轴心受压是偏心受压状态在 $M=0$ 时的一种极端情况，而受弯是偏心受压状态在 $N=0$ 时的另一种极端情况。因此可以断定，偏心受压截面中的应力和应变分布特征将随着 M/N 的逐步降低而从接近于受弯状态过渡到接近于轴心受压状态。试验表明，偏心受压构件的截面平均应变值均符合平截面假定。

偏心受压构件的破坏可分为大偏心受压破坏和小偏心受压破坏两类。

(一)大偏心受压破坏(受拉破坏)

当偏心距较大，受拉钢筋配置较少时，发生大偏心受压破坏，如图 6-8 所示。这种破坏的特点是在偏心压力作用下，离纵向压力较远侧截面受拉，较近侧截面受压。当压力增大到一定程度时，首先在受拉区出现短的横向裂缝，随着荷载的增加，裂缝不断加宽并向受压区延伸，裂缝截面处的拉力将全部转由受拉钢筋承担，随着荷载的继续增加，受拉筋首先屈服，钢筋屈服后变形，垂直于纵轴的裂缝不断向受压区延伸发展，使受压区面积减小，最后受压区边缘混凝土达到极限压应变，受压混凝土被压碎而导致构件破坏。破坏时，混凝土压碎区较短，受压钢筋一般都能屈服。大偏心受压构件的破坏特征与适筋受弯构件的破坏特征完

全相同,破坏是由受拉钢筋首先屈服开始的,因此也称为受拉破坏。这种破坏是有预兆的,属于塑性破坏。

(二)小偏心受压破坏(受压破坏)

当偏心距较小或虽然偏心距较大,但受拉钢筋配置较多时,发生小偏心受压破坏,如图6-9所示。这种破坏的特点是在偏心压力作用下,截面可能处于大部分受压小部分受拉状态,也可能全部受压状态。当偏心矩较大时,截面部分受拉,部分受压,随着压力的增大,在受拉区虽有裂缝产生但开展比较缓慢,构件的破坏是由受压区混凝土被压碎而引起。破坏时,受压钢筋一般都能屈服,但受拉钢筋不能屈服。当偏心距很小时,构件将全部受压,距轴向力较近一侧的混凝土压应力较大,另一侧的压应力较小,构件的破坏是由压应力较大一侧的混凝土被压碎而引起,该侧的受压钢筋能够屈服,另一侧的钢筋不能屈服。小偏心受压破坏是由受压区混凝土被压碎而引起的,因此也称为受压破坏。这种破坏是无预兆的,属于脆性破坏。

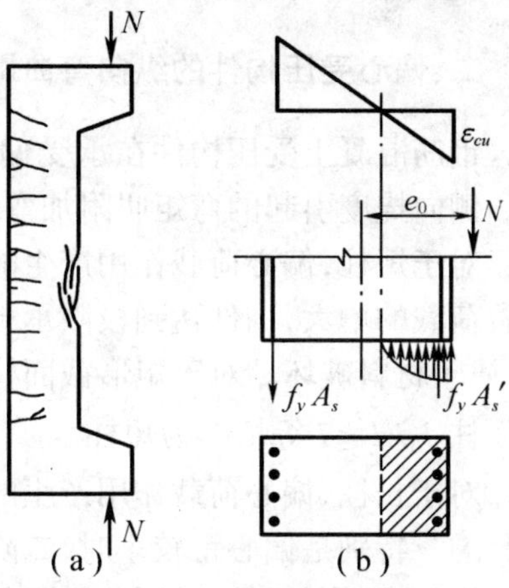

图6-8 大偏心受压破坏形状

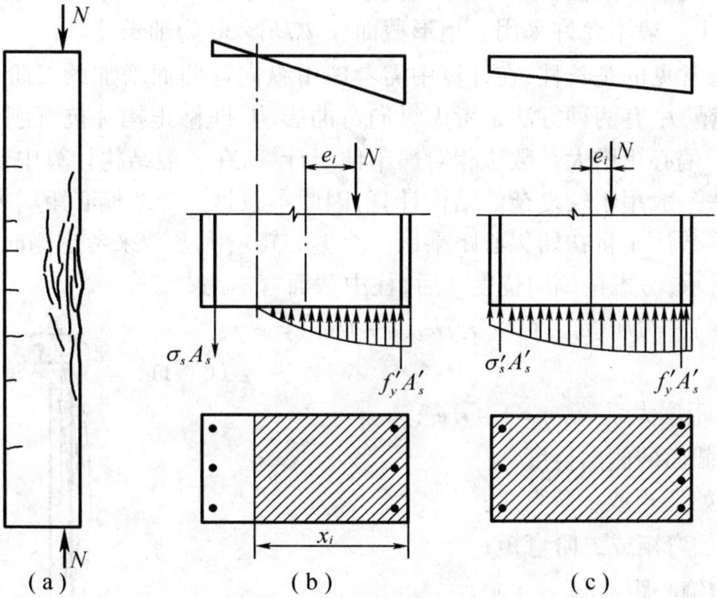

图6-9 小偏心受压破坏情况

(三)界限破坏

在大小偏心受压构件破坏之间存在一种界限状态,这种状态下的破坏称为界限破坏,破坏时纵向受拉钢筋屈服,同时,受压区混凝土达到极限压应变。

大小偏心受压破坏的根本区别是截面破坏时受拉钢筋是否屈服。这和受弯构件的适筋与超筋破坏两种情况完全相同,因此,两种偏心受压破坏形态的界限与受弯构件适筋与超筋破坏的界限也必然相同。大小偏心界限破坏时的相对受压区高度称为界限相对受压区高度

ξ_b，当 $\xi \leqslant \xi_b$ 时为大偏心受压，当 $\xi > \xi_b$ 时为小偏心受压。

二、偏心受压构件的纵向弯曲影响

钢筋混凝土受压构件在承受偏心荷载作用后，将产生纵向弯曲变形，即会产生侧向挠度。侧向挠度引起的弯矩叫附加弯矩(也叫二阶弯矩)，初始偏心引起的弯矩叫一阶弯矩。

对于短柱，偏心荷载作用产生的侧向挠度很小，计算时可忽略不计。短柱的破坏特征是随着荷载的增大，构件达到极限承载力时，构件的截面由于材料的强度达到其极限强度而破坏，属于材料破坏。对于矩形截面柱 $l_0/h \leqslant 5$，T形及I字形截面柱 $l_0/i \leqslant 28$，环形及圆柱形截面柱 $l_0/d \leqslant 7$ 等情况为短柱。

对于长柱，偏心荷载作用产生的侧向挠度很大，计算时不可忽略而必须考虑其二阶弯矩的影响。特别是偏心距较小时，二阶弯矩在总弯矩中占有相当大的比重。由于挠度是随荷载的增加而不断增加的，因此实际偏心距是随荷载的增大而非线性增加的，构件的承载力比相同截面的短柱有所减小，但其破坏特征仍与短柱相同，属于材料破坏。对于矩形截面柱 $5 < l_0/h \leqslant 30$、T形及I字形截面柱 $28 < l_0/i \leqslant 104$、环形及圆柱形截面柱 $7 < l_0/d \leqslant 25$ 等情况为长柱。

对于细长柱，当偏心荷载达到一定值时，侧向挠度突然剧增，此时钢筋和混凝土的应变均未达到材料破坏时的极限值，柱子破坏是由于柱纵向弯曲失去平衡而发生失稳破坏，并不是材料破坏，设计中一般不允许采用。矩形截面柱 $l_0/h > 30$ 为细长柱。

实际工程中最常见的是长柱，在计算中需考虑由纵向弯曲而增加的二阶弯矩对长柱承载力的影响。《规范》中有两种方法来考虑纵向弯曲影响，即修正构件抗弯刚度法和偏心矩增大系数法。由于偏心矩增大系数法相对简单便于计算，在一般结构计算中普遍采用，而修正构件抗弯刚度法一般用于较复杂的结构计算，因此本教材只介绍偏心矩增大系数法。

偏心矩增大系数法是将初始偏心距乘以一个偏心矩增大系数来考虑侧向挠度的影响。

如图6-10所示，考虑柱侧向挠度 f 后，柱中截面弯矩为

$$M = N(e_i + f) = Ne_i(e_i + f)/e_i = Ne_i(1 + f/e_i) = N\eta e_i \tag{6-11}$$

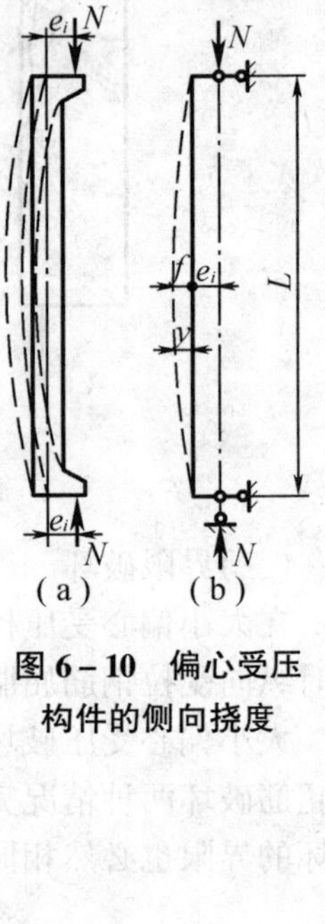

图6-10 偏心受压构件的侧向挠度

式中 η——偏心距增大系数，$\eta = 1 + f/e_i$；

f——柱中截面的侧向挠度；

Ne_0——初始弯矩或一阶弯矩；

Ne_i——附加弯矩或二阶弯矩；

e_i——初始偏心距，$e_i = e_0 + e_a$；

e_0——原始偏心距，$e_0 = M/N$；

e_a——附加偏心距 $e_a = h/30 \geqslant 20$ mm。

根据偏心受压构件试验挠度曲线和理论分析，《规范》给出了偏心距增大系数的计算公式：

$$\eta = 1 + \xi_1 \xi_2 (l_0/h)^2/(1\,400\ e_i/h_0) \tag{6-12}$$

式中 ξ_1——考虑偏心矩对截面极限曲率的修正系数，$\xi_1 = 0.5f_cA/N$，当 $\xi_1 > 1$ 时，取 $\xi_1 = 1$；

A——构件的截面面积；

N——轴向压力设计值；

ξ_2——考虑构件长细比对截面极限曲率的修正系数，当 $l_0/h\leqslant15$ 时，取 $\xi_2=1$，当 $l_0/h>15$ 时，取 $\xi_2=1.15-0.01l_0/h\leqslant1$。

对于短柱可不考虑侧向挠度的影响。《规范》规定若构件长细比 $l_0/i\leqslant17.5$ 时，$\eta=1$，i 为柱截面回转半径，对于矩形截面，当 $l_0/h\leqslant5$ 时，$\eta=1$。

三、偏心受压构件 $N-M$ 相关曲线

偏心受压构件到达承载力极限状态时，截面的轴向力 N 和弯矩 M 并不是独立的，而是相关的。即给定轴力 N 时，有唯一对应的弯矩，或者说构件可以在不同的 N 和 M 组合下都可达到极限强度。因此以轴向力 N 为竖轴，弯矩 M 为横轴，可在平面上绘出极限承载力 N 与 M 的相关曲线，由大小偏心受压构件正截面承载力计算公式可分别推导截面中 M 与 N 之间的关系式均为二次函数，如图 6－11 所示，为对称配筋偏心受压构件的 $N-M$ 关系曲线。

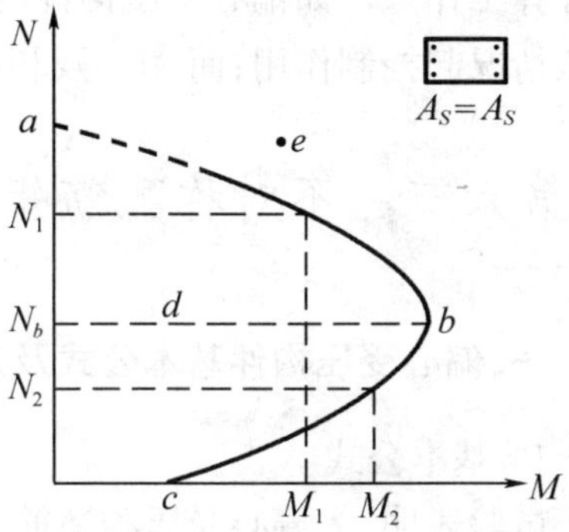

图 6－11 对称配筋偏心受压构件的 $N-M$ 关系曲线

对于给定的偏心受压正截面是否会发生强度破坏是由 N 和 M 两个变量共同决定的，这和受弯正截面（只由 M 决定）及轴心受压正截面（只由 N 决定）不同。当材料或构件是否会破坏取决于两个变量的大小时，常用“强度包络图”来表述。偏心受压构件的 $N-M$ 相关曲线就是一种强度包络图。

凡能给出 ab 曲线上任意一点的一组（N,M）组合，都将引起受压的小偏心破坏；而 bc 曲线上的任意一点所对应的组合，都将引起受拉的大偏心破坏。由曲线走向可以看出，在大偏心受压破坏情况下，随着轴向压力 N 的增大，截面所能承受的弯矩 M 也相应提高；b 点为钢筋与混凝土同时达到其强度设计值的极限状态；在小偏心受压破坏情况下，随着轴向压力 N 的增大，截面所能承受的弯矩 M 反而降低。

$N-M$ 相关曲线的意义在于该曲线展示了在截面尺寸、配筋和材料一定时，从正截面轴心受压、偏心受压至受弯间连续过渡的全过程中截面承载力的变化规律。图中 a 点为轴心受压情况，c 点为受弯情况。$N-M$ 相关曲线是偏心受压构件承载力计算的依据。曲线上任意一点（N,M）代表一组截面承载力，如果作用在截面上的内力（N,M）坐标点位于图中曲线内侧，说明截面在该点对应的内力作用下未达到承载力极限状态，是安全的；位于曲线外侧，则表明截面在该点对应的内力作用下承载力不足；若作用在截面上的内力（N、M）坐标点恰好在轴线上，则处于极限状态。

$N-M$ 相关曲线分为大偏心受压和小偏心受压两种情况，其特点如下：

1. $M=0$ 时。N 最大；$N=0$ 时，M 不是最大，界限状态时，M 最大。
2. 小偏心受压时，N 随 M 的增大而减小，即在相同的 M 值下，N 值越大越不安全，N 值越小越安全；大偏心受压时，N 随 M 的增大而增大，即在相同的 M 值下，N 值越大越安全，N 值越小越不安全。
3. 无论大偏心受压还是小偏心受压，在相同的 N 值下，M 值越大越不安全。
4. 对称配筋方式界限状态时所对应的承载力 N_u 值与材料和截面有关，与配筋多少无

关。

作用在结构上的荷载有多种，但它们不一定都会同时出现或同时达到最大值，在结构设计时要进行荷载组合。因此在受压构件同一截面上可能会产生多组 N、M 内力，它们当中存在某一组内力对该截面起控制作用，即它对截面承载力为最不利，而这一组内力不容易凭直观从多组 N、M 中挑选出来。但利用 $N-M$ 相关曲线的规律，就能比较容易地找到最不利内力组合，这样就不必再对不起控制作用的若干组内力进行截面承载力计算，从而大大减少计算工作量。如偏心受压构件对称配筋时，N_{max} 及相应的 M 较大的内力有可能对小偏心受压情况起控制作用；而 M_{max} 及相应的 N 较小的内力可能对大偏心受压情况起控制作用。

第六节　不对称配筋矩形截面偏心受压构件正截面承载力计算

一、偏心受压构件基本公式及适用条件

1. 基本公式

试验表明，大偏心受压和适筋梁的受弯破坏特征相同，因此其计算的基本假定也相同，截面应力状态也完全一致。小偏心受压构件截面应力状态比较复杂，在引进附加偏心距和偏心距增大系数后，根据试验分析也可采用与大偏心受压相同的混凝土应力计算图形，矩形截面偏心受压构件的受力状态如图 6－12 所示。

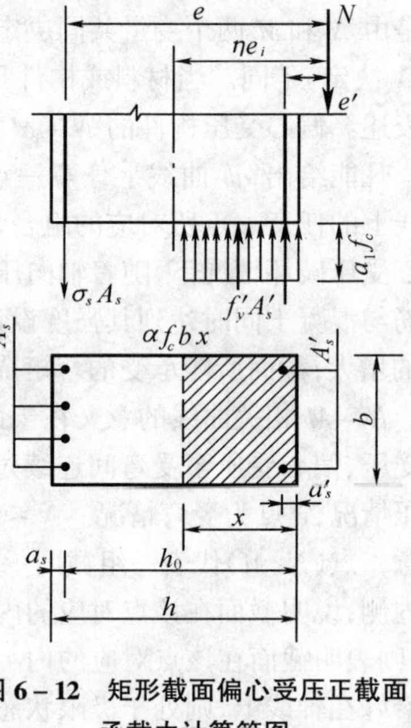

图 6－12　矩形截面偏心受压正截面承载力计算简图

由静力平衡条件得基本计算公式

$$\sum N=0 \quad N=\alpha_1 f_c bx+f'_y A'_s-\sigma_s A_s \tag{6-13}$$

$$\sum M=0 \quad Ne=\alpha_1 f_c bx(h_0-x/2)+f'_y A'_s(h_0-a'_s) \tag{6-14}$$

或

$$Ne'=\alpha_1 f_c bx(x/2-a'_s)+\sigma_s A_s(h_0-a'_s) \tag{6-15}$$

按照承载力极限状态设计应满足

$$N\leqslant N_u \quad M\leqslant M_u \tag{6-16}$$

$$N_u=\alpha_1 f_c bx+f'_y A'_s-\sigma_s A_s;\ M_u=N_u e_0 \tag{6-17}$$

式中　e——轴向力作用点至受拉钢筋合力点之间的距离，$e=\eta e_i+h/2-a_s$；

e'——轴向力作用点至受压钢筋合力点之间的距离，$e'=\eta e_i-h/2+a'_s$。

其他符号同前。

试验表明，对于小偏心受压破坏情况，远离偏心压力一侧的纵向受力钢筋不论受拉还是受压、配置数量是多还是少，其应力一般均不能达到屈服强度，《规范》给出 $\sigma_s-\xi$ 的近似线性关系为

$$\sigma_s=(\xi-\beta_1)f_y/(\xi_b-\beta_1) \tag{6-18}$$

其中 $f'_y\leqslant\sigma_s\leqslant f_y$，对于大偏心受压，$\sigma_s=f_y$；式中 β_1 同受弯构件。

2.适用条件

对大偏心受压构件，为了保证构件在破坏时，受压钢筋应力能达到抗压强度设计值，必须满足

$$x \geqslant 2a_s' \qquad (6-19)$$

若 $x < 2a_s'$，与双筋受弯构件类似，可取 $x = 2a_s'$，如图 6-13 所示。

各力对受压钢筋合力点取矩得

$$Ne' = f_y A_s (h_0 - a_s') \qquad (6-20)$$

$$A_s = Ne' / f_y (h_0 - a_s') \qquad (6-21)$$

无论是大偏心受压还是小偏心受压，截面设计求得的 A_s' A_s 均应满足最大最小配筋率要求，即 $A_s' \geqslant \rho_{\min} bh$，$A_s \geqslant \rho_{\min} bh$；$A_s' + A_s \leqslant 5\% bh$。

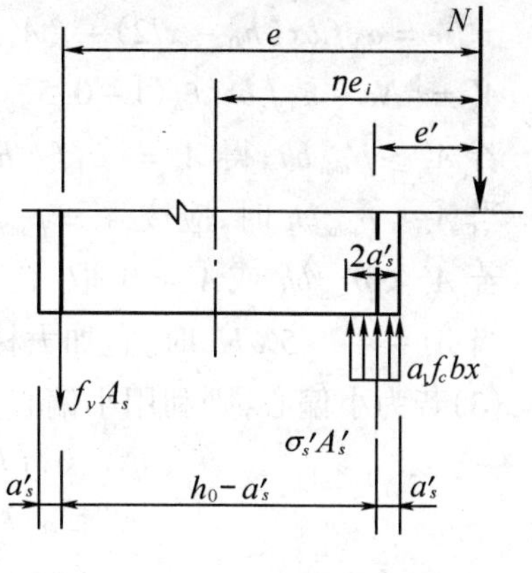

图 6-13　$x < 2a_s'$ 的计算图形

二、大小偏心的判别

在对偏心受压构件进行承载力计算时，首先应判别构件是属于大偏心受压还是小偏心受压，然后才能应用相应的公式进行计算。

如果根据已知条件利用基本公式可以计算出 ξ，则可直接将 ξ 与 ξ_b 相比较来判断大、小偏心，此方法适用于截面复核及矩形截面对称配筋下的截面设计情况。

当钢筋面积未知时，无法确定 ξ，不能用上述方法判别。根据统计资料，对常用材料在一般情况下，当 $\eta e_i > 0.3h_0$ 时，可按大偏心受压计算，当 $\eta e_i \leqslant 0.3h_0$ 时，按小偏心受压计算，其他情况均须验算。

三、垂直于弯矩作用平面的受压承载力计算

当轴向压力设计值 N 较大且弯矩作用平面内的偏心距较小时，若垂直于弯矩作用平面的长细比较大或边长较小时，则有可能使垂直于弯矩作用平面的受压承载力不足而发生破坏。因此，《规范》规定：偏心受压构件除应计算弯矩作用平面的偏心受压承载力外，还应按轴心受压构件验算垂直于弯矩作用平面的受压承载力，此时可不考虑弯矩的作用，但应考虑纵向弯曲影响。这种验算，无论在进行截面设计和截面复核时都应进行。在一般情况下，小偏心受压构件需进行此项验算，对于对称配筋的大偏心受压构件，当 $l_0/b \leqslant 24$ 时，可不进行此项验算。

四、计算类型及计算方法

(一)截面设计

1.已知：$b \times h, N, M, f_c, f_y, l_0$ 求 A_s, A_s'。

解：(1)判别大小偏心：当 $\eta e_i > 0.3h_0$ 时，为大偏心受压，当 $\eta e_i \leqslant 0.3h_0$ 时为小偏心受压。

(2)若为大偏心，则利用大偏心受压基本公式计算

$$N = \alpha_1 f_c bx + f_y' A_s' - f_y A_s$$

$$Ne = \alpha_1 f_c bx (h_0 - x/2) + f_y' A_s' (h_0 - a_s')$$

两个方程，三个未知数，无法求解，需补充一个方程。为充分利用混凝土的抗压强度，节

约钢材,令 $x=\xi_b h_0$ 代入方程得

$$Ne=\alpha_1 f_c bx(h_0-x/2)+f'_y A'_s(h_0-a'_s)=\alpha_1 f_c bh_0^2\xi_b(1-0.5\xi_b)+f'_y A'_s(h_0-a'_s)$$

$$A'_s=[Ne-\alpha_1 f_c bh_0^2\xi_b(1-0.5\xi_b)]/f'_y(h_0-a'_s)$$

若 $A'_s\geqslant\rho'_{\min}bh$,得 $A_s=[\alpha_1 f_c b\,h_0\xi_b+f'_y A'_s-N]/f_y$

当 $A_s<\rho_{\min}bh$ 时,应按 $A_s=\rho_{\min}bh$ 配筋。

若 $A'_s<\rho'_{\min}bh$ 或 $A'_s<0$,取 $A'_s=\rho'_{\min}bh$,按 A'_s 为已知计算 A_s。

当 $A_s+A'_s>5\%bh$ 时,宜加大柱截面尺寸。

(3)若为小偏心,则利用小偏心受压基本公式计算

$$N=\alpha_1 f_c bx+f'_y A'_s-\sigma_s A_s$$

$$Ne=\alpha_1 f_c bx(h_0-x/2)+f'_y A'_s(h_0-a'_s)$$

$$\sigma_s=(\xi-\beta_1)f_y/(\xi_b-\beta_1)$$

受力钢筋 σ_s 一般达不到 f_y,为节约钢筋,取 $A_s=\rho_{\min}bh_0=0.002bh$

联立解方程求 x、A'_s

①若 $\xi_b h_0<x<h$,说明纵筋基本处于受拉状态;

$$A'_s=[Ne-\alpha_1 f_c bx(h_0-x/2)]/f'_y(h_0-a'_s)\geqslant\rho_{\min}bh$$

当 $A'_s<\rho_{\min}bh$,取 $A'_s=\rho_{\min}bh$

当 $A_s+A'_s>5\%bh$ 时,宜加大柱截面尺寸。

②若 $x\geqslant h$ 时,说明全截面受压,取 $x=h$

$$A'_s=[Ne-\alpha_1 f_c bh(h_0-h/2)]/f'_y(h_0-a'_s)\geqslant\rho_{\min}bh$$

当 $A'_s<\rho'_{\min}bh$,应按 $A'_s=\rho'_{\min}bh$ 配筋

当 $A_s+A'_s>5\%bh$ 时,宜加大柱截面尺寸。

当 $e_0\leqslant0.15h_0$ 且 $N>\alpha_1 f_c bh_0$ 时,整个截面处于受压状态,若 A'_s 配置较多,而 A_s 配置较少,则 A_s 应力有可能达到受压屈服强度,A_s 一侧的混凝土也有可能先被压坏。这时的截面受力状态如图 6-14 所示。

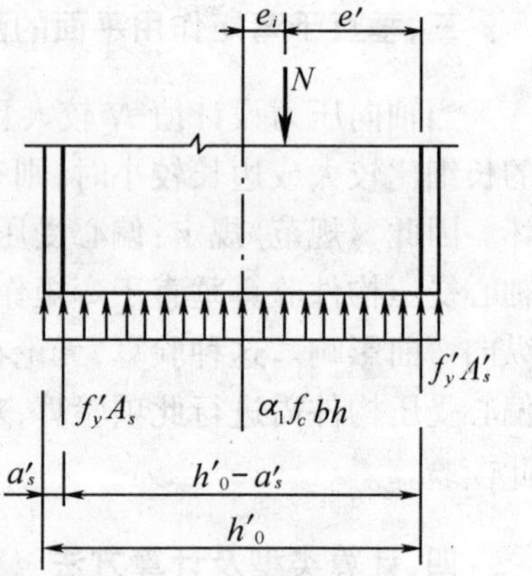

图 6-14 验算小偏心受压破坏发生在 A_s 一侧图形

对 A'_s 合力点取矩得

$$Ne'=\alpha_1 f_c bh(h/2-a'_s)+f'_y A_s(h_0-a'_s)$$

$$A_s=[Ne'-\alpha_1 f_c bh(h/2-a'_s)]/f'_y(h_0-a'_s)\geqslant\rho_{\min}bh$$

当 $A_s<\rho_{\min}bh$ 时,取 $A_s=\rho_{\min}bh$,$e'=h/2-e_i-a'_s=h/2-(e_o-e_a)-a'_s$。

由于轴向力作用点接近截面重心,可不考虑偏心距增大系数,初始偏心 $e_i=e_o-e_a$。

当 A_s 确定后,小偏心受压公式中就只有两个未知数 A'_s 和 x,可求出 A'_s。

③再按轴心受压构件验算垂直于弯矩作用平面的受压承载力,若不满足,应加大配筋或加大截面尺寸重新计算。

2.已知:$b\times h$,f_c,f_y,A'_s,N,M,l_0 求 A_s。

解：(1)判别大小偏心：当 $\eta e_i > 0.3\ h_0$ 时，为大偏心受压，当 $\eta e_i \leqslant 0.3h_0$ 时为小偏心受压。

(2)若为大偏心，则利用大偏心受压基本公式计算

$$N = \alpha_1 f_c bx + f'_y A'_s - f_y A_s$$

$$Ne = \alpha_1 f_c bx(h_0 - x/2) + f'_y A'_s(h_0 - a'_s)$$

基本公式中只有两个未知数 x 和 A_s，可以直接求解。

根据公式 $$x = h_0 - \sqrt{h_0^2 - 2[Ne - f'_y A'_s(h_0 - a'_s)]/\alpha_1 f_c b}$$

当 $x \geqslant 2a'_s$ 且 $x \leqslant \xi_b h_0$ 时，将 x 代入公式

得 $$A_s = (\alpha_1 f_c bx + f'_y A'_s - N)/f_y$$

当 $A_s < \rho_{\min} bh$ 时，应按 $A_s = \rho_{\min} bh$ 配筋。

当 $A_s + A'_s > 5\% bh$ 时，宜加大柱截面尺寸。

当 $\xi > \xi_b$ 时，说明给定的受压钢筋截面积太小，应重新配置 A'_s，按 A'_s 和 A_s 均未知情况重新计算，同上一类型题；或加大构件截面尺寸重新计算。

当 $x < 2a'_s$ 时，取 $x = 2a'_s$，先按 $A_s = Ne'/f_y(h_0 - a'_s)$ 计算 A_s，再按 $A'_s = 0$ 代入基本公式计算 A_s，取其中较大者为所求的受拉筋面积。

(3)若为小偏心，则利用小偏心受压基本公式计算

$$N = \alpha_1 f_c bx + f'_y A'_s - \sigma_s A_s$$

$$Ne = \alpha_1 f_c bx(h_0 - x/2) + f'_y A'_s(h_0 - a'_s)$$

$$\sigma_s = (\xi - \beta_1) f_y/(\xi_b - \beta_1)$$

基本公式中只有两个未知数 ξ 和 A_s，可以先求 ξ，再求 A_s。

当 $A_s < \rho_{\min} bh$ 时，应按 $A_s = \rho_{\min} bh$ 配筋。

当 $A_s + A'_s > 5\% bh$ 时，宜加大柱截面尺寸。

小偏心受压构件除应进行弯矩作用平面内的计算外，在垂直于弯矩作用平面也应按轴心受压构件进行验算。若不满足，应加大配筋或加大截面尺寸重新计算。

(二)截面复核

1.已知：$b \times h, f_c, f_y, A'_s, A_s, N, M, l_0$，验算承载力是否满足要求。

2.已知：$b \times h, f_c, f_y, A'_s, A_s, e_0, l_0$ 求 N_u, M_u。

解：A.初步判别大小偏心

当 $\eta e_i > 0.3h_0$ 时，为大偏心受压，当 $\eta e_i \leqslant 0.3h_0$ 时为小偏心受压。

B.若为大偏心，则利用大偏心受压基本公式计算，解方程求 ξ。

若 $\xi \leqslant \xi_b$，确为大偏心受压，将 ξ 代入方程再求 N_u，M_u

若 $\xi > \xi_b$，为小偏心受压，应由小偏心受压基本公式重新计算 ξ，将 ξ 代入方程再求 N_u，M_u。若求得的 $N_u > \alpha_1 f_c bh_0$ 且 $e_0 \leqslant 0.15h_0$，则按 $Ne' = \alpha_1 f_c bh(h/2 - a'_s) + f'_y A_s(h_0 - a'_s)$ 计算 N_u，再按轴心受压构件计算垂直于弯矩作用平面的受压承载力，取其较小者为构件所能承受的轴向压力。

$N \leqslant N_u$ 且 $M \leqslant M_u$ 则承载力满足要求；$N > N_u$ 或 $M > M_u$ 则承载力不满足要求。

例 6-4 已知钢筋混凝土矩形截面柱 $b \times h = 400\ \text{mm} \times 600\ \text{mm}$，承受的轴向力设计值 $N = 1\ 000\ \text{kN}$，弯矩设计值 $M = 400\ \text{kN·m}$，若柱的计算长度为 6 m，混凝土采用 C25，纵筋采用

HRB400 钢筋，$a_s = a'_s = 40$ mm，若采用非对称配筋，试求纵向钢筋截面面积。

解　查表得 C25：$f_c = 11.9$ N/mm^2 $f_t = 1.27$ N/mm^2；HRB400 级钢筋：$f_y = 360$ N/mm^2

1.求偏心矩

$$h_0 = 600 - 40 = 560 \text{ mm}, e_0 = M/N = 400\ 000\ 000/1\ 000\ 000 = 400 \text{ mm}$$

$$e_a = h/30 = 600/30 = 20 \text{ mm，取 } e_a = 20 \text{ mm}$$

$$e_i = e_0 + e_a = 400 + 20 = 420 \text{ mm}$$

2.求偏心矩增大系数

$\xi_1 = 0.5 f_c A/N = 0.5 \times 11.9 \times 400 \times 600/1\ 000\ 000 = 1.428 > 1$，取 $\xi_1 = 1$

$l_0/h = 6/0.6 = 10 < 15$，取 $\xi_2 = 1$

$\eta = 1 + \xi_1 \xi_2 (l_0/h)^2/(1\ 400 e_i/h_0) = 1 + 1 \times 1 \times 10^2/(1\ 400 \times 420/560) = 1.095$

$e = \eta e_i + h/2 - a_s = 1.095 \times 420 + 600/2 - 40 = 719.9$ mm

3.判别大小偏心

$\eta e_i = 1.095 \times 420 = 459.9 \text{ mm} > 0.3 h_0 = 168$ mm，按大偏心受压计算

4.求受压钢筋截面面积

由基本方程：$N = \alpha_1 f_c bx + f'_y A'_s - f_y A_s$

$$Ne = \alpha_1 f_c bx(h_0 - x/2) + f'_y A'_s (h_0 - a'_s)$$

取 $\xi = \xi_b = 0.518$

$A'_s = [Ne - \alpha_1 f_c b \xi_b h_0^2 (1 - 0.5\xi_b)]/f'_y (h_0 - a'_s)$

$= [1\ 000\ 000 \times 719.9 - 1 \times 11.9 \times 400 \times 560^2 \times 0.518(1 - 0.5 \times 0.518)]/360 \times (560 - 40)$

$= 784.9$ mm^2

5.求受拉钢筋截面面积

$A_s = (\alpha_1 f_c b h_0 \xi_b + f'_y A'_s - N)/f_y$

$= (1 \times 11.9 \times 400 \times 560 \times 0.518 + 360 \times 784.9 - 1\ 000\ 000)/360 = 1\ 842.6$ mm^2

6.选钢筋

受压钢筋：3 Φ 20($A'_s = 941$ mm^2)；受拉钢筋：4 Φ 25($A_s = 1964$ mm^2)

7.验算配筋率

$$A_{smin} = 0.002 bh = 0.002 \times 400 \times 600 = 480 \text{ mm}^2$$

$$A'_s > A_{smin}; A_s > A_{smin}$$

总配筋率　$\rho = (941 + 1964)/(400 \times 600) = 1.21\%$，$0.6\% < 1.21\% < 5\%$

例 6－5　已知条件同上题，但已选定受压钢筋 3 Φ 22HRB400 钢筋($A'_s = 1140$ mm^2)，试求受拉钢筋的截面面积。

解　前 3 步与上例相同

4.求 x。

$x = h_0 - \sqrt{h_0^2 - 2[Ne - f'_y A'_s (h_0 - a'_s)]/\alpha_1 f_c b}$

$= 560 - \sqrt{560^2 - 2[1\ 000\ 000 \times 719.9 - 360 \times 1140(560 - 40)]/1 \times 11.9 \times 400}$

$= 242.5$ mm，

$$80 \text{ mm} = 2a'_s < x < \xi_b h_0 = 0.518 \times 560 = 290.1 \text{ mm}$$

5.求受拉钢筋截面面积得

$A_s = (\alpha_1 f_c bx + f'_y A'_s - N)/f_y$

$= (1 \times 11.9 \times 400 \times 242.5 + 360 \times 1\ 140 - 1\ 000\ 000)/360 = 1568.6\ \text{mm}^2$

6.选钢筋

受拉钢筋:2 Φ 22 + 2 Φ 25($A_s = 1\ 742\ \text{mm}^2$)

7.验算配筋率

$$A_s > A_{s\min} = 0.002bh = 0.002 \times 400 \times 600 = 480\ \text{mm}^2$$

总配筋率 $\rho = (1\ 742 + 1140)/(400 \times 600) = 1.2\%$,

$$0.6\% < 1.2\% < 5\%$$

例6-6 上例中,若选定受压钢筋 6 Φ 25HRB400 钢筋($A'_s = 2\ 945\ \text{mm}^2$, $f'_y = 360\ \text{N/mm}^2$),试求受拉钢筋的截面面积。

解 前3步与上例相同。

4.求 x。

$x = h_0 - \sqrt{h_0^2 - 2[Ne - f'_y A'_s(h_0 - a'_s)]/\alpha_1 f_c b}$

$= 560 - \sqrt{560^2 - 2[1\ 000\ 000 \times 719.9 - 360 \times 2945(560 - 40)]/1 \times 11.9 \times 400}$

$= 67.3\ \text{mm} < 2a'_s = 80\ \text{mm}$

5.求受拉钢筋截面面积

取 $x = 2a'_s$, $e' = \eta e_i - h/2 + a'_s = 1.09 \times 420 - 600/2 + 40 = 199.9\ \text{mm}$

得 $A_s = Ne'/f_y(h_0 - a'_s) = 1\ 000\ 000 \times 199.9/360 \times (560 - 40) = 1067.8\ \text{mm}^2$

按 $A'_s = 0$ 代入基本公式计算

$$A_s = (\alpha_1 f_c bx - N)/f_y = (1 \times 11.9 \times 400 \times 67.3 - 1\ 000\ 000)/360 < 0$$

取其中较大者为所求的受拉筋面积。$A_s = 1067.8\ \text{mm}^2$

6.选钢筋

受拉钢筋:3 Φ 22($A_s = 1\ 140\ \text{mm}^2$)

7.验算配筋率

$A_s > A_{s\min} = 0.002bh = 0.002 \times 400 \times 600 = 480\ \text{mm}^2$

总配筋率 $\rho = (2\ 945 + 1\ 140)/(400 \times 600) = 1.7\%$, $0.6\% < 1.7\% < 5\%$

例6-7 已知钢筋混凝土矩形柱 $b \times h = 350\ \text{mm} \times 500\ \text{mm}$,承受的轴向力设计值 $N = 2\ 000\ \text{kN}$,弯矩设计值 $M = 200\ \text{kN·m}$, $l_0 = 3.5\ \text{m}$,混凝土采用C25,纵筋采用HRB400钢筋,$a_s = a'_s = 40\ \text{mm}$,若采用非对称配筋,试求纵向钢筋截面面积。

解 查表得C25: $f_c = 11.9\ \text{N/mm}^2$ $f_t = 1.27\ \text{N/mm}^2$;HRB400级钢筋: $f_y = 360\ \text{N/mm}^2$

1.求偏心矩

$$h_0 = 500 - 40 = 460\ \text{mm}, e_0 = M/N = 200\ 000\ 000/2\ 000\ 000 = 100\ \text{mm}$$

$$e_a = h/30 = 500/30 = 16.7\ \text{mm}, \text{取 } e_a = 20\ \text{mm}$$

$$e_i = e_0 + e_a = 100 + 20 = 120\ \text{mm}$$

2.求偏心矩增大系数

$$l_0/h = 3.5/0.5 = 7, \text{取 } \eta = 1$$

$$e = \eta e_i + h/2 - as = 1 \times 120 + 500/2 - 40 = 330\ \text{mm}$$

3.判别大小偏心

$$\eta e_i = 1 \times 120 = 120 \text{ mm} < 0.3h_0 = 138 \text{ mm}$$,按小偏心受压计算

4.求钢筋截面面积

取 $A_s = A_{smin} = 0.002bh = 0.002 \times 350 \times 500 = 350 \text{ mm}^2$

由基本方程

$$N = \alpha_1 f_c bx + f'_y A'_s - \sigma_s A_s$$

$$Ne = \alpha_1 f_c bx(h_0 - x/2) + f'_y A'_s(h_0 - a'_s)$$

$$\sigma_s = (\xi - \beta_1) f_y / (\xi_b - \beta_1)$$

$$\beta_1 = 0.8$$

$$2\ 000\ 000 = 1 \times 11.9 \times 350x + 360 \times A'_s - 360 \times 350 \times (x/460 - 0.8)/(0.518 - 0.8)$$

$$2\ 000\ 000 \times 330 = 1 \times 11.9 \times 350x(460 - x/2) + 360 \times A'_s(460 - 40)$$

$$x^2 + 116x - 158\ 217.4 = 0$$

$$x = 344 \text{ mm} \quad 238.3 \text{ mm} = \xi_b h_0 < x < h = 500 \text{ mm}$$

则 $A'_s = 1\ 640 \text{ mm}^2$

$N < \alpha_1 f_c bh = 2\ 082\ 500$,不需要重新计算 A_s。

5.选钢筋

受压钢筋:4 ⌀ 25($A'_s = 1\ 964 \text{ mm}^2$)

6.验算配筋率

$$A'_s > A_{smin} = 0.002bh = 0.002 \times 350 \times 500 = 350 \text{ mm}^2$$

总配筋率 $\rho = (1\ 640 + 350)/(350 \times 500) = 1.14\%$,$0.6\% < 1.14\% < 5\%$

7.垂直弯矩平面方向的验算

$$l_0/b = 3.5/0.35 = 10,\text{取 } \varphi = 0.98$$

$$0.9\varphi[f_c A + f'_y(A'_s + A_s)] = 0.9 \times 0.98 \times [11.9 \times 300 \times 500 + 360(1\ 640 + 350)]$$

$$= 2\ 206\ 235 \text{ N} > 2\ 000\ 000 \text{ N}$$,安全。

例 6-8 已知钢筋混凝土矩形柱 $b \times h = 300 \text{ mm} \times 500 \text{ mm}$,承受的轴向力设计值 $N = 2\ 700 \text{ kN}$,弯矩设计值 $M = 130 \text{ kN·m}$,$l_0 = 3 \text{ m}$,混凝土采用 C25,纵筋采用 HRB400 钢筋,$a_s = a'_s = 40 \text{ mm}$,若采用非对称配筋,试求纵向钢筋截面面积。

解 查表得 C25:$f_c = 11.9 \text{ N/mm}^2$,$f_t = 1.27 \text{ N/mm}^2$;HRB400 级钢筋:$f_y = 360 \text{ N/mm}^2$

1.求偏心矩

$$h_0 = 500 - 40 = 460 \text{ mm}$$

$$e_o = M/N = 130\ 000\ 000/2\ 700\ 000 = 48.1 \text{ mm} < 0.15h_0 = 0.15 \times 460 = 69 \text{ mm}$$

$$e_a = h/30 = 500/30 = 16.7 \text{ mm}$$

取 $e_a = 20 \text{ mm}$

$$e_i = e_0 + e_a = 48.1 + 20 = 68.1 \text{ mm},\ l_0/h = 3/0.5 = 6$$

取 $\eta = 1$

$$\eta e_i = 1 \times 68.1 = 68.1 \text{ mm} < 0.3h_0 = 138 \text{ mm}$$

按小偏心受压计算

$$N = 2\ 700\ 000 \text{ N} > \alpha_1 f_c bh_0 = 1 \times 11.9 \times 300 \times 460 = 1\ 642\ 200 \text{ N}$$

应考虑可能出现远离纵向压力一侧混凝土先被压坏的情况。

2.求受拉钢筋截面面积

$$e' = h/2 - (e_0 - e_a) - a_s = 500/2 - 48.1 + 20 - 40 = 181.9 \text{ mm}$$

$$A_s = [Ne' - \alpha_1 f_c bh(h/2 - a_s')]/f_y'(h_0 - a_s')$$

$$= [2\ 700\ 000 \times 181.9 - 1 \times 11.9 \times 300 \times 500(500/2 - 40)]/360 \times (460 - 40)$$

$$= 769 \text{ mm}^2 \geqslant \rho_{\min} bh = 0.002 \times 300 \times 500 = 300 \text{ mm}^2$$

3.求受压钢筋截面面积

$$e = \eta e_i + h/2 - as = 68.1 + 500/2 - 40 = 278.1 \text{ mm}$$

利用小偏心受压基本公式得

$$2\ 700\ 000 = 1 \times 11.9 \times 300x + 360 \times A_s' - 360 \times 769 \times (x/460 - 0.8)/(0.518 - 0.8)$$

$$2\ 700\ 000 \times 278.1 = 1 \times 11.9 \times 300x(460 - x/2) + 360 \times A_s'(460 - 40)$$

$$x^2 - 423x - 399627 = 0$$

$$x = 455 \text{ mm} < h = 500 \text{ mm}, A_s' = 2470.8 \text{ mm}^2$$

5.选钢筋

受拉钢筋:3 Φ 20($A_s = 941 \text{ mm}^2$)受压钢筋 6 Φ 25($A_s = 2945 \text{ mm}^2$)

6.验算配筋率

$$A_s' > A_{s\min} = 0.002bh = 0.002 \times 300 \times 500 = 300 \text{ mm}^2$$

总配筋率　$\rho = (941 + 2945)/(300 \times 500) = 2.59\%$,$0.6\% < 2.59\% < 5\%$

7.垂直弯矩平面方向的验算

$$l_0/b = 3/0.3 = 10$$

取 $\varphi = 0.98$

$$0.9\varphi[f_c A + f_y'(A_s' + A_s)] = 0.9 \times 0.98 \times [11.9 \times 300 \times 500 + 360(941 + 2945)]$$

$$= 2\ 808\ 253 \text{ N} > 2\ 700\ 000 \text{ N},\text{安全。}$$

例 6-9　已知钢筋混凝土矩形柱 $b \times h = 400 \text{ mm} \times 600 \text{ mm}$,混凝土采用 C25,纵筋采用 HRB335 钢筋,已配有受拉钢筋 4 Φ 22($A_s = 1520 \text{ mm}^2$),受压钢筋 2 Φ 20($A_s' = 628 \text{ mm}^2$),$a_s = a_s' = 40$ mm,$l_0 = 5.5$ m,偏心距增大系数 $\eta = 1.09$,求 $e_o = 350$ mm 时截面能承受的轴向压力设计值和弯矩设计值。

解　查表得:C25:$f_c = 11.9 \text{ N/mm}^2$,$f_t = 1.27 \text{ N/mm}^2$;HRB335 级钢筋:$f_y = 300 \text{ N/mm}^2$。

1.求偏心矩

$$h_0 = 600 - 40 = 560 \text{ mm} \quad e_a = h/30 = 600/30 = 20 \text{ mm}$$

取 $e_a = 20$ mm

$$e_i = e_o + e_a = 350 + 20 = 370 \text{ mm}$$

$$\eta e_i = 1.09 \times 370 = 403 \text{ mm} > 0.3h_0 = 168 \text{ mm}$$

初步按大偏心受压计算

$$e = \eta e_i + h/2 - a_s = 403 + 600/2 - 40 = 663 \text{ mm}$$

2.按大偏心受压公式计算 ξ

由基本方程:$N = \alpha_1 f_c bx + f_y' A_s' - f_y A_s$

$$Ne = \alpha_1 f_c bx(h_0 - x/2) + f_y' A_s'(h_0 - a_s')$$

$$N = 11.9 \times 400 \times 560\xi + 300 \times 628 - 300 \times 1\ 520$$

$$663N = 11.9 \times 400 \times 5602\xi(1-0.5\xi) + 300 \times 628(560-40)$$

$$1\,125\,744\xi^2 + 414\,113\xi - 415\,365 = 0$$

$\xi = 0.451 < \xi_b = 0.55$,确为大偏心受压

$$x = \xi h_0 = 0.451 \times 560 = 252.6 \text{ mm} > 2a'_s = 80 \text{ mm}$$

3.计算 N 和 M

$$N = 934.6 \text{ kN}, M = Ne_o = 934.6 \times 0.35 = 327.1 \text{ kN·m}$$

例 6－10 已知条件同上例,求 $e_o = 100$ mm 时截面能承受的轴向压力设计值和弯矩设计值。

解 1.求偏心矩

$$h_0 = 600 - 40 = 560 \text{ mm} \quad e_a = h/30 = 600/30 = 20 \text{ mm}$$

取 $e_a = 20$ mm

$$e_i = e_o + e_a = 100 + 20 = 120 \text{ mm}$$

$$\eta e_i = 1.09 \times 120 = 131 \text{ mm} < 0.3h_0 = 168 \text{ mm},\text{初步按小偏心受压计算}$$

$$e = \eta e_i + h/2 - a_s = 131 + 600/2 - 40 = 391 \text{ mm}$$

2.按小偏心受压公式计算 ξ

$$N = 11.9 \times 400 \times 560\xi + 300 \times 628 - 300 \times 1520(\xi - 0.8)/(0.55 - 0.8)$$

$$391N = 11.9 \times 400 \times 5\,602\xi(1-0.5\xi) + 300 \times 628(560-40)$$

$$\xi^2 + 0.352\xi - 0.797 = 0$$

$\xi = 0.734 > \xi_b = 0.55$,确为小偏心受压

3.计算 N 和 M

$$N = 2\,024.6 \text{ kN}, M = Ne_o = 2024.6 \times 0.1 = 202.46 \text{ kN·m}$$

4.垂直弯矩平面方向的验算

$$l_0/b = 5.5/0.4 = 13.75$$

取 $\varphi = 0.924$

$$0.9\varphi[f_cA + f'_y(A'_s + A_s)] = 0.9 \times 0.924 \times [11.9 \times 400 \times 600 + 300(1\,520 + 628)]$$

$$= 2\,911 \text{ kN} > 2\,024.6 \text{ kN}$$

满足要求。

第七节　对称配筋矩形截面偏心受压构件正截面承载力计算

偏心受压构件在各种荷载组合下,在同一截面内可能承受变号弯矩作用,即截面在一种荷载组合下为受拉的部位,在另一种荷载组合下变为受压,当其所产生的正负弯矩值相差不大时,或其正负弯矩相差较大,但按对称配筋计算时纵向钢筋总的用钢量相差不多时,为便于设计和施工,宜采用对称配筋;对于预制构件,为保证吊装时不出现差错,也宜采用对称配筋。实际工程中偏心受压构件采用对称配筋是常见的配筋形式。所谓对称配筋是指受拉钢筋与受压钢筋的配筋量相同,所用钢筋级别相同,即 $A_s = A'_s$, $f_y = f'_y$, $a'_s = a'_s$。对称配筋只是不对称配筋的一个特例,因此不对称配筋的基本公式仍然适用。

一、大小偏心的判别

将 $A_s = A'_s$, $f_y = f'_y$ 代入不对称配筋大偏心受压基本公式中就得到对称配筋大偏心受压

基本公式

$$N = \alpha_1 f_c b\xi h_0 \quad (6-22)$$

$$Ne = \alpha_1 f_c b\xi h_0 (h_0 - \xi h_0/2) + f'_y A'_s (h_0 - a'_s) \quad (6-23)$$

$$\xi = N/\alpha_1 f_c b h_0 \quad (6-24)$$

当 $\xi \leqslant \xi_b$ 时为大偏心受压，当 $\xi > \xi_b$ 时为小偏心受压。

二、计算类型及计算方法

(一)截面设计

1.已知：$b \times h, N, M, f_c, f_y, l_0, A_s = A'_s$，求 A_s、A'_s。

解：(1)判别大小偏心

$$\xi = N/\alpha_1 f_c b h_0$$

当 $\xi \leqslant \xi_b$ 时为大偏心受压，当 $\xi > \xi_b$ 时为小偏心受压；

(2)若为大偏心受压，按大偏心受压基本公式计算

$$\zeta = N/\alpha_1 f_c b h_0$$

①若 $x \geqslant 2a'_s$ 且 $x \leqslant \xi_b h_0$ 时，将 x 代入基本公式

得
$$A'_s = A_s = [Ne - \alpha_1 f_c b\xi h_0^2 (1 - \xi/2)]/f'_y (h_0 - a'_s)$$

当 $A_s < \rho_{\min} bh$ 时，应按 $A_s = \rho_{\min} bh$ 配筋。

当 $A_s + A'_s > 5\% bh$ 时，宜加大柱截面尺寸。

②若 $x < 2a'_s$ 时，取 $x = 2a'_s$，先按 $A_s = Ne'/f_y(h_0 - a'_s)$ 计算 A_s，再按 $A'_s = 0$ 代入基本公式计算 A_s，取其中较大者为所求的受拉筋面积。

③若为小偏心受压，按小偏心受压基本公式计算

$$N = \alpha_1 f_c b\xi h_0 + f'_y A'_s - f_y A_s (\xi - 0.8)/(\xi_b - 0.8)$$

$$Ne = \alpha_1 f_c b\xi h_0^2 (1 - \xi/2) + f'_y A'_s (h_0 - a'_s)$$

可求出

$$\xi = \frac{N - \alpha_1 f_c b\xi_b h_0}{\dfrac{Ne - 0.43\alpha_1 f_c b h_0^2}{(0.8 - \xi_b)(h_0 - a'_s)} + \alpha_1 f_c b h_0} + \xi_b$$

$$A'_s = A_s = [Ne - \alpha_1 f_c b\xi h_0^2 (1 - \xi/2)]/f'_y (h_0 - a'_s)$$

当 $A_s < \rho_{\min} bh$ 时，应按 $A_s = \rho_{\min} bh$ 配筋。

当 $A_s + A'_s > 5\% bh$ 时，宜加大柱截面尺寸。

小偏心受压构件除应进行弯矩作用平面内的计算外，在垂直于弯矩作用平面也应按轴心受压构件进行验算。若不满足，应加大配筋或加大截面尺寸重新计算。

(二)截面复核

1.已知：$b \times h, f_c, f_y, A'_s, A_s, N, M, l_0$，验算承载力是否满足要求。

2.已知：$b \times h, f_c, f_y, A'_s, A_s, e_0, l_0$，求 N_u, M_u。

解：与非对称配筋截面承载力校核方法相同。

例 6－11 已知条件同例 4，仅采用对称配筋，试求纵向钢筋截面面积，并与例 4 比较总用钢量。

解 1.判别大小偏心

$$\xi = N/(\alpha_1 f_c b\ h_0) = 1\ 000\ 000/(1 \times 11.9 \times 400 \times 560) = 0.375 < \xi_b = 0.518$$

属于大偏心受压

$$x = \xi h_0 = 0.375 \times 560 = 210\ \text{mm} > 2a_s' = 80\ \text{mm}$$

2.求钢筋截面面积

$$e = \eta e_i + h/2 - a_s = 1.095 \times 420 + 600/2 - 40 = 719.9\ \text{mm}$$

$$A_s' = [Ne - \alpha_1 f_c b\xi h_0^2(1-0.5\xi)]/f_y'(h_0 - a_s')$$
$$= [1\ 000\ 000 \times 719.9 - 1 \times 11.9 \times 400 \times 560^2 \times 0.375(1-0.5 \times 0.375)]/360 \times (560-40)$$
$$= 1416\ \text{mm}^2$$

$$A_s = A_s' = 1416\ \text{mm}^2$$

比较用钢量:本题总用钢量:$2 \times 1416 = 2\ 832\ \text{mm}^2$

例 4 总用钢量:$784.9 + 1\ 842.6 = 2\ 627.5\ \text{mm}^2$

结论:条件相同的柱采用对称配筋和不对称配筋用钢量不同,对称配筋多用$204.5\ \text{mm}^2$。

3.选钢筋

受压钢筋:4 ϕ 22($A_s' = 1\ 520\ \text{mm}^2$);受拉钢筋:4 ϕ 22($A_s = 1\ 520\ \text{mm}^2$)。

4.验算配筋率

$$A_s' = A_s > A_{smin} = 0.002bh = 0.002 \times 400 \times 600 = 480\ \text{mm}^2$$

总配筋率 $\rho = (1\ 520 + 1\ 520)/(400 \times 600) = 1.27\%\quad 5\% < 1.27\% < 0.6\%$

例 6－12 已知条件同例 7,截面尺寸改为 300 mm×500 mm,采用对称配筋,试求纵向钢筋截面面积。

解 1.判别大小偏心

$$\xi = N/(\alpha_1 f_c b\ h_0) = 2\ 000\ 000/(1 \times 11.9 \times 300 \times 460) = 1.218 > \xi_b = 0.518$$

按小偏心受压计算。

2.求相对受压区高度

$$e = \eta e_i + h/2 - a_s = 1 \times 120 + 500/2 - 40 = 330\ \text{mm}$$

$$\xi = \frac{N - \alpha_1 f_c b\xi_b h_0}{\dfrac{Ne - 0.43\alpha_1 f_c bh_0^2}{(0.8-\xi_b)(h_0 - a_s')} + \alpha_1 f_c bh_0} + \xi_b$$

$$= \frac{2\ 000\ 000 - 0.518 \times 1 \times 11.9 \times 300 \times 460}{\dfrac{(2\ 000\ 000 \times 330 - 0.43 \times 1 \times 11.9 \times 300 \times 460^2}{(0.8-0.518) \times (460-40)} + 1 \times 11.9 \times 300 \times 460} + 0.518$$

$$= 0.257 + 0.518 = 0.775$$

3.计算受压及受拉钢筋面积

$$A_s' = [Ne - \alpha_1 f_c b\xi h_0^2(1-0.5\xi)]/[f_y'(h_0 - a_s')]$$
$$= [2\ 000\ 000 \times 330 - 1 \times 11.9 \times 300 \times 460^2 \times 0.775(1-0.5 \times 0.775)]/[360 \times (460-40)]$$
$$= 1\ 993.5\ \text{mm}^2$$

$$A_s = A_s' = 1995.4\ \text{mm}^2$$

4.选钢筋

受压钢筋:4 ϕ 25($A_s' = 1964\ \text{mm}^2$);受拉钢筋:4 ϕ 25($A_s = 1964\ \text{mm}^2$)

5.验算配筋率

$$A_s' = A_s > A_{smin} = 0.002bh = 0.002 \times 300 \times 500 = 300\ \text{mm}^2$$

总配筋率 $\rho = (1\,993.5 + 1\,993.5)/(300 \times 500) = 2.66\% > 0.6\%$，$0.6\% < 2.66\% < 5\%$

6.垂直弯矩平面方向的验算

$$l_0 / b = 3.5/0.3 = 11.7$$

取 $\varphi = 0.954$。

$$0.9\varphi[f_c A + f_y'(A_s' + A_s)] = 0.9 \times 0.954 \times [11.9 \times 300 \times 500 + 360(1993.5 + 1993.5)]$$
$$= 2\,764\,967\text{N} > 2\,000\,000\text{N}，所以安全。$$

例 6 – 13 已知钢筋混凝土矩形柱 $b \times h = 600\ \text{mm} \times 800\ \text{mm}$，混凝土采用 C30，纵筋采用 HRB335 钢筋，每侧配筋 6 Φ 25（$A_s = 2945\ \text{mm}^2$），$a_s = a_s' = 40\ \text{mm}$，$l_0 = 4\ \text{m}$，偏心距增大系数 $\eta = 1$，求 $e_0 = 400\ \text{mm}$ 时截面能承受的轴向压力设计值和弯矩设计值。

解 查表得 C30：$f_c = 14.3\ \text{N/mm}^2$，$f_t = 1.43\ \text{N/mm}^2$；HRB335 级钢筋：$f_y = 300\ \text{N/mm}^2$。

1.判别大小偏心

$$h_0 = 800 - 40 = 760\ \text{mm} \quad e_a = h/30 = 800/30 = 26.7\ \text{mm}$$

取 $e_a = 26.7\ \text{mm}$

$$e_i = e_0 + e_a = 400 + 26.7 = 426.7\ \text{mm}$$

$$\eta e_i = 1 \times 426.7 = 426.7\ \text{mm} > 0.3h_0 = 228\ \text{mm}$$

初步按大偏心受压计算

$$e = \eta e_i + h/2 - a_s = 426.7 + 800/2 - 40 = 786.7\ \text{mm}$$

2.按大偏心受压公式计算 ξ

由基本公式：$N = \alpha_1 f_c b \xi h_0$

$$Ne = \alpha_1 f_c b \xi h_0 (h_0 - \xi h_0/2) + f_y' A_s' (h_0 - a_s')$$

$$N = 1 \times 14.3 \times 600\xi \times 760$$

$$N \times 786.7 = 1 \times 14.3 \times 600\xi \times 760^2 (1 - \xi/2) + 300 \times 2\,945(760 - 40)$$

$$\xi^2 + 0.07\xi - 0.257 = 0 \quad \xi = 0.473 < \xi_b$$

确为大偏心受压。

3.计算截面能承受的轴向压力设计值和弯矩设计值

$$N_u = 1 \times 14.3 \times 600 \times 760 \times 0.473 = 3\,084.34\ \text{kN}$$

$$M_u = N_u \cdot e_0 = 3084.34 \times 0.4 = 1\,233.7\ \text{kN·m}$$

第八节 对称配筋 I 字形截面偏心受压构件正截面承载力计算

为了节省材料和减轻构件自重，对于较大的装配式偏心受压构件一般做成 I 字形截面。I 字形截面偏心受压构件的受力性能、破坏特征以及计算原则和矩形截面偏心受压构件基本相同，仅由于截面形状不同而使公式略有差别。

I 字形截面柱一般采用对称配筋，本教材只讲述对称配筋的计算。由于轴向压力和弯矩的组成情况不同，中和轴可能在翼缘内，即 $x \leqslant h_f'$，也可能在腹板内，即 $x > h_f'$。

一、大偏心受压构件的计算

(一)中和轴在翼缘内

如图 6 – 15(a)所示，这种情形相当于宽度为 b_f'，高度为 h 的矩形截面构件。基本公式

为

$$N = \alpha_1 f_c b_f' x \tag{6-25}$$

$$Ne = \alpha_1 f_c b_f' x(h_0 - x/2) + f_y' A_s'(h_0 - a_s') \tag{6-26}$$

式中符号同前。

(二)中和轴在腹板内

如图 6-15(b)所示,基本公式为

$$N = \alpha_1 f_c bx + \alpha_1 f_c(b_f' - b)h_f' \tag{6-27}$$

$$Ne = \alpha_1 f_c bx(h_0 - x/2) + f_y' A_s'(h_0 - a_s') + \alpha_1 f_c(b_f' - b)h_f'(h_0 - h_f'/2) \tag{6-28}$$

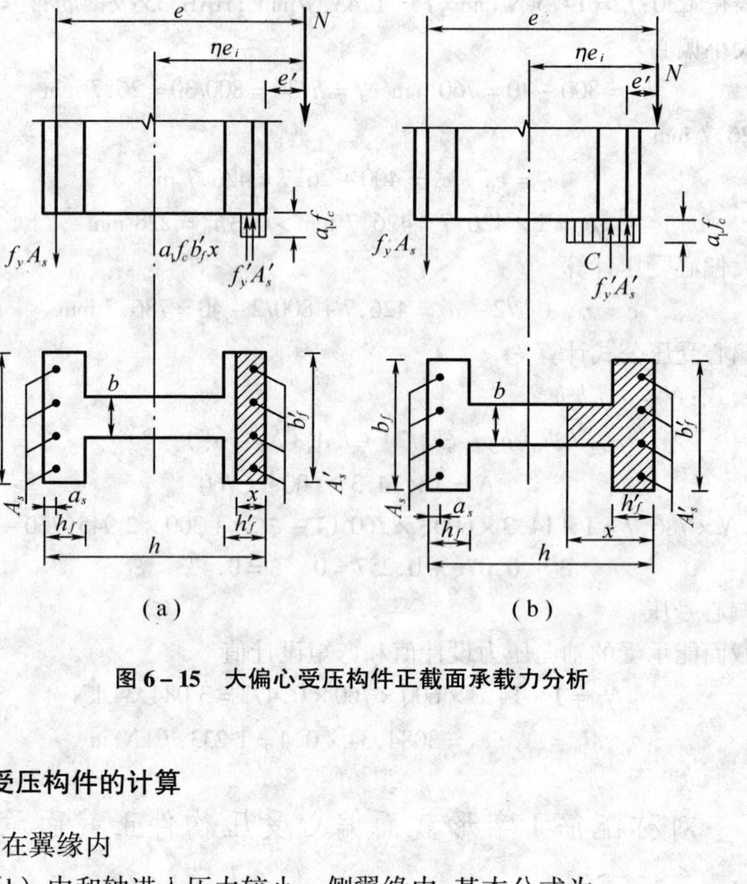

图 6-15 大偏心受压构件正截面承载力分析

二、小偏心受压构件的计算

(一)中和轴在翼缘内

如图 6-16(b),中和轴进入压力较小一侧翼缘内,基本公式为

$$N = \alpha_1 f_c bx + \alpha_1 f_c(b_f' - b)h_f' + f_y' A_s' - \sigma_s A_s + \alpha_1 f_c(b_f - b)(x - h + h_f) \tag{6-29}$$

$$Ne = \alpha_1 f_c bx(h_0 - x/2) + f_y' A_s'(h_0 - a_s') + \alpha_1 f_c(b_f' - b)h_f'(h_0 - h_f'/2) + \alpha_1 f_c(b_f - b)(x - h + h_f)[h_f - a_s - 1/2(x - h + h_f)] \tag{6-30}$$

$$\sigma_s = (\xi - 0.8)f_y/(\xi_b - 0.8) \tag{6-31}$$

实际设计中,可忽略进入受压较小一侧翼缘混凝土的压力对承载力的影响,结果是偏于安全的,因此,设计中可不区分中和轴是否进入受压较小一侧翼缘的情形,均按中和轴在腹板内的公式计算。

(二)中和轴在腹板内

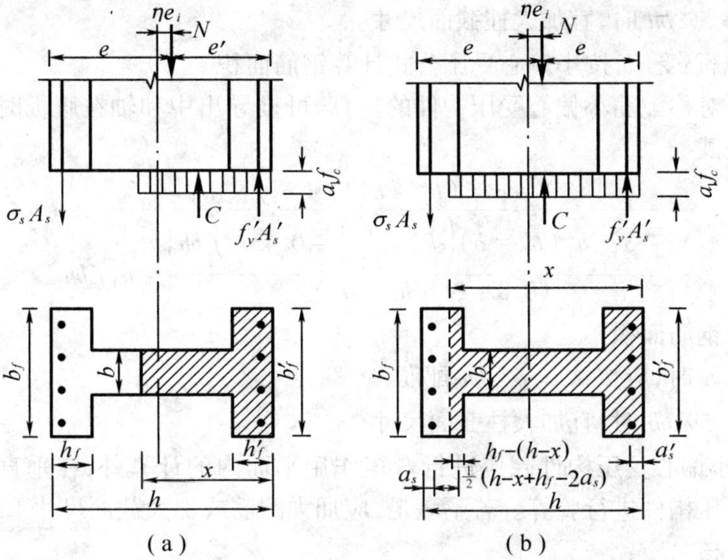

图 6－16　小偏心受压构件正截面承载力分析

如图 6－16(a)所示，基本公式为

$$N = \alpha_1 f_c bx + \alpha_1 f_c (b'_f - b) h'_f + f'_y A'_s - \sigma_s A_s \tag{6-32}$$

$$Ne = \alpha_1 f_c bx (h_0 - x/2) + f'_y A'_s (h_0 - a'_s) + \alpha_1 f_c (b'_f - b) h'_f (h_0 - h'_f/2) \tag{6-33}$$

三、计算类型及计算方法

(一)截面设计

1.已知：$b \times h, h'_f, b'_f, N, M, f_c, f_y, l_0, A_s = A'_s$，求 A_s、A'_s。

解：(1)判别大小偏心

先按大偏心受压中和轴在翼缘内时的基本公式计算受压区高度

$$x = N / \alpha_1 f_c b'_f$$

当 $x \leqslant h'_f$ 时，说明中和轴确实在翼缘内，为大偏心受压；

当 $x > h'_f$ 时，说明中和轴进入腹板，改按大偏心受压中和轴在腹板内时的基本公式重新计算 x

$$x = [N - \alpha_1 f_c (b'_f - b) h'_f] / \alpha_1 f_c b$$

当 $x \leqslant \xi_b h_0$，即 $\xi \leqslant \xi_b$ 时，为大偏心受压，当 $x > \xi_b h_0$，即 $\xi > \xi_b$ 时，为小偏心受压。

(2)若为大偏心受压，按大偏心受压公式计算钢筋面积

①若 $2a'_s \leqslant x \leqslant h'_f$，按中和轴在翼缘内时的公式计算钢筋面积。

②若 $x < 2a'_s$，取 $x = 2a'_s$，先按 $A_s = Ne'/f_y(h_0 - a'_s)$ 计算 A_s，再按 $A'_s = 0$ 代入中和轴在翼缘内时的公式计算 A_s，取其中较大者为所求的受拉筋面积。

③若 $x > h'_f$ 按中和轴在腹板内时的公式计算钢筋面积。

I 字形截面偏心受压构件钢筋配筋率应按构件的全截面面积计算

$$\rho = \rho' = A_s / [bh + (b_f - b) h_f + (b'_f - b) h'_f]; \rho = \rho' \geqslant \rho_{min}, \rho_{min} = 0.2\%$$

当 $A_s < \rho_{min} bh$ 时,应按 $A_s = \rho_{min} bh$ 配筋。

当 $A_s + A'_s > 5\% bh$ 时,宜加大柱截面尺寸。

(3)若为小偏心受压,按小偏心受压公式计算钢筋面积

同矩形截面对称配筋小偏心受压构件的计算,可推导出中和轴在腹板时的相对受压区高度 ξ 的简化公式

$$\xi = \frac{N - \alpha_1 f_c (b'_f - b) h'_f - \alpha_1 f_c b \xi_b h_0}{\dfrac{Ne - \alpha_1 f_c h'_f (b'_f - b)\left(h_0 - \dfrac{h'_f}{2}\right) - 0.43\alpha_1 f_c b h_0^2}{(0.8 - \xi_b)(h_0 - a'_s)} + \alpha_1 f_c b h_0} + \xi_b$$

进而可求出钢筋面积

当 $A_s < \rho_{min} bh$ 时,应按 $A_s = \rho_{min} bh$ 配筋。

当 $A_s + A'_s > 5\% bh$ 时,宜加大柱截面尺寸。

I字形截面小偏心受压构件除应进行弯矩作用平面内的计算外,在垂直于弯矩作用平面也应按轴心受压构件进行验算。若不满足,应加大配筋或加大截面尺寸重新计算。

(二)截面复核

1.已知:$b \times h, f_c, f_y, A'_s, A_s, N, M, l_0$,验算承载力是否满足要求。

2.已知:$b \times h, f_c, f_y, A'_s, A_s, e_0, l_0$,求 N_u, M_u。

解:与矩形截面对称配筋承载力校核方法相同。

例 6-14 一钢筋混凝土排架柱,截面尺寸如图 6-17 所示,该柱的控制截面承受轴向力设计值 $N = 750$ kN,弯矩设计值 $M = 380$ kN·m,混凝土采用 C30,纵筋采用 HRB400 钢筋,$a_s = a'_s = 40$ mm,若采用对称配筋,$\eta = 1$,试求纵向钢筋截面面积。

解 查表得 C30:$f_c = 14.3$ N/mm^2,$f_t = 1.43$ N/mm^2;HRB400 级钢筋:$f_y = 360$ N/mm^2

1.判别大小偏心

$$h_0 = 800 - 40 = 760 \text{ mm}$$

先按大偏心受压中和轴在翼缘内时的基本公式计算受压区高度

$$x = N/\alpha_1 f_c b'_f = 750\,000/1 \times 14.3 \times 400 = 131.1 \text{ mm} > h'_f = 100 \text{ mm}$$

说明中和轴进入腹板,改按大偏心受压中和轴在腹板内时的基本公式重新计算 x

$$\begin{aligned} x &= [N - \alpha_1 f_c (b'_f - b) h'_f]/\alpha_1 f_c b \\ &= [750\,000 - 1 \times 14.3 \times 100(400 - 100)]/(1 \times 14.3 \times 100) \\ &= 224.5 \text{ mm} < \xi_b h_0 = 0.518 \times 760 = 393.7 \text{ mm} \end{aligned}$$

按大偏心受压计算。

2.求偏心矩

$$e_0 = M/N = 380\,000\,000/750\,000 = 506.7 \text{ mm}$$

$$e_a = h/30 = 800/30 = 26.67 \text{ mm} > 20 \text{ mm}$$

取 $e_a = 26.67$ mm

$$e_i = e_o + e_a = 506.7 + 26.67 = 533.3 \text{ mm}$$

$$e = \eta e_i + h/2 - a_s = 1 \times 533.3 + 800/2 - 40 = 893.3 \text{ mm}$$

3.计算受压及受拉钢筋面积

$$A'_s = [Ne - \alpha_1 f_c bx(h_0 - x/2) - \alpha_1 f_c (b'_f - b) h'_f (h_0 - h'_f/2)]/f'_y (h_0 - a'_s)$$

$= [750\,000 \times 893.3 - 1 \times 11.9 \times 100 \times 224.5 \times (760 - 0.5 \times 224.5) - 1 \times 11.9 \times (400 - 100) \times 100 \times (760 - 0.5 \times 100)/[360 \times (760 - 40)]$

$= 939.3 \text{ mm}^2$

$$A_s = A_s' = 939.3 \text{ mm}^2$$

4.选钢筋

受压钢筋:4 ϕ 20($A_s' = 1256 \text{ mm}^2$);受拉钢筋:4 ϕ 20($A_s = 1\,256 \text{ mm}^2$)

5.验算配筋率

$$A_s' = A_s > A_{s\min} = 0.002[bh + (b_f - b)h_f + (b_f' - b)h_f']$$
$$= 0.002 \times [100 \times 800 + 2 \times (400 - 100) \times 100]$$
$$= 280 \text{ mm}^2$$

总配筋率 $\rho = (1256 + 1256)/[100 \times 800 + 2 \times (400 - 100) \times 100] = 1.79\%$

$0.6\% < 1.79\% < 5\%$

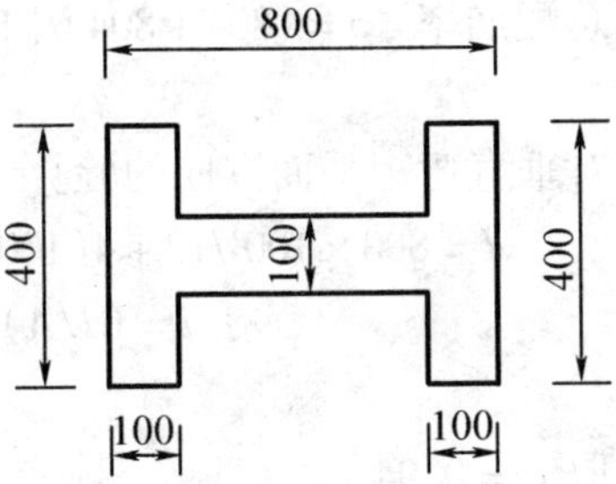

图 6-17 例 6-14 图

例 6-15 一钢筋混凝土排架柱,条件同上题,该柱的控制截面承受轴向力设计值 $N = 1\,480$ kN,弯矩设计值 $M = 320$ kN·m, $l_0 = 4$ m,若采用对称配筋,试求纵向钢筋截面。

解 1.判别大小偏心

$$h_0 = 800 - 40 = 760 \text{ mm}$$

先按大偏心受压中和轴在翼缘内时的基本公式计算受压区高度

$$x = N/\alpha_1 f_c b_f' = 1\,480\,000/1 \times 14.3 \times 400 = 258.7 \text{ mm} > h_f' = 100 \text{ mm}$$

说明中和轴进入腹板,改按大偏心受压中和轴在腹板内时的基本公式重新计算 x

$$x = [N - \alpha_1 f_c (b_f' - b)h_f']/\alpha_1 f_c b$$
$$= [1\,480\,000 - 1 \times 14.3 \times 100(400 - 100)]/(1 \times 14.3 \times 100)$$
$$= 735 \text{ mm} > \xi_b h_0 = 0.518 \times 760 = 393.7 \text{ mm}$$

按小偏心受压计算。

2.求偏心矩

$$e_o = M/N = 32\,0000\,000/1\,480\,000 = 216.2 \text{ mm}$$
$$e_a = h/30 = 800/30 = 26.67 \text{ mm} > 20 \text{ mm}$$

取 $e_a = 26.67$ mm

$$e_i = e_o + e_a = 216.2 + 26.67 = 242.9 \text{ mm}$$
$$e = \eta e_i + h/2 - a_s = 1 \times 242.9 + 800/2 - 40 = 602.9 \text{ mm}$$

3.计算相对受压区高度

$$\xi = \frac{N - \alpha_1 f_c (b_f' - b)h_f' - \alpha_1 f_c b \xi_b h_0}{\dfrac{Ne - \alpha_1 f_c (b_f' - b)h_f'(h_0 - h_f'/2) - 0.43\alpha_1 f_c b h_0^2}{(0.8 - \xi_b)(h_0 - a_s')} + \alpha_1 f_c b h_0} + \xi_b$$

$$= \frac{1480000 - 1 \times 14.3 \times (400 - 100) \times 100 - 1 \times 14.3 \times 100 \times 760 \times 0.518}{\dfrac{(1480000 \times 602.9 - 0.43 \times 1 \times 14.3 \times 100 \times 760^2 - 1 \times 14.3 \times 100 \times (400 - 100)(760 - 100/2)}{(0.8 - 0.518) \times (760 - 40) + 1 \times 14.3 \times 100 \times 760}} + 0.518$$

$= 0.737$

4.计算受压及受拉钢筋面积

$A'_s=[Ne-\alpha_1 f_c(b'_f-b)h'_f(h_0-h'_f/2)-\alpha_1 f_c b\xi h_0^2(1-\xi/2)]/[f'_y(h_0-a'_s)]$

$=[1\,480\,000\times602.9-1\times14.3\times(400-100)\times100\times(760-100/2)-1\times14.3\times 100\times0.737\times760^2\times(1-0.5\times0.737)/[360\times(760-40)]$

$=784.3\ \text{mm}^2$

$$A_s=A'_s=784.3\ \text{mm}^2$$

5.选钢筋

受压钢筋:4 Φ 16($A'_s=804\ \text{mm}^2$);受拉钢筋:4 Φ 16($A_s=804\ \text{mm}^2$)

6.验算配筋率

$$A'_s=A_s>A_{s\min}=0.002[bh+(b_f-b)h_f+(b'_f-b)h'_f]$$
$$=0.002\times[100\times800+2\times(400-100)\times100]$$
$$=280\ \text{mm}^2$$

总配筋率 $\rho=(804+804)/[100\times800+2\times(400-100)\times100]=1.15\%$,

$$0.6\%<1.15\%<5\%$$

7.垂直弯矩平面方向的验算

$$I=800\times100^3/12+4(100\times150^3/12+100\times150\times125^2)=111\,667\times10^4\ \text{mm}^4$$
$$i=(I/A)=(111\,667\times10^4/140\,000)=89.32$$
$$l_0/i=4\,000/89.32=44.8$$

取 $\varphi=0.94$

$0.9\varphi[f_cA+f'_y(A'_s+A_s)]=0.9\times0.94\times[14.3\times140\,000+360(804+804)]$

$=2\,183\,424.5\text{N}>1\,480\,000\text{N}$,所以安全。

第九节　偏心受压构件斜截面承载力计算

偏心受压构件一般情况下剪力较小,但对有较大水平力作用的框架柱等剪力影响相对较大。

试验表明,轴向压力能阻止斜裂缝的出现和开展,且使构件各点的主拉应力方向与构件轴线夹角增大,使临界斜裂缝与构件轴线夹角减小,增加了混凝土剪压区的高度,从而使剪压区混凝土的抗剪能力提高。因而轴向压力对构件抗剪是有利的,但其作用是有限的。在轴压比 N/f_cbh 较小时,构件的抗剪承载力随轴压比的增大而提高,当轴压比 $N/f_cbh=0.3\sim0.5$ 时,抗剪强度达到最大值,再增大轴压比,其抗剪承载力反而降低。《规范》以受弯构件抗剪承载力计算公式为模式,在受弯构件抗剪承载力计算公式中加一项附加承载力来考虑轴向压力对构件抗剪的有利影响。

矩形截面偏心受压构件的受剪承载力计算公式为

$$V\leqslant V_{cs}=1.75/(\lambda+1)f_tbh_0+f_{yv}A_{sv}h_0/S+0.07N \tag{6-34}$$

式中 N——与剪力设计值相应的轴向压力设计值,当 $N>0.3f_cA$ 时,取 $N=0.3f_cA$;

A——构件截面面积;

λ——偏心受压构件计算截面的剪跨比,框架柱:$\lambda=H_n/2h_0$,当 $\lambda<1$ 时,取 $\lambda=1$;当 $\lambda>3$ 时,取 $\lambda=3$,H_n 为柱净高。

其他偏心受压构件：当承受均布荷载时，取 $\lambda = 1.5$；当承受集中荷载时（包括有多种荷载作用时，集中荷载对支座或节点边缘产生的剪力占总剪力值75%以上的情况），$\lambda = a/h_0$，当 $\lambda < 1$ 时，取 $\lambda = 1$；当 $\lambda > 3$ 时，取 $\lambda = 3$，a 为集中荷载到支座或节点边缘的距离。

试验表明，配箍率过大，箍筋并不能充分发挥作用，构件会产生斜压破坏。因此，《规范》规定矩形截面偏心受压构件的截面必须满足下列条件：

当 $h_w/b \leqslant 4$ 时，$V \leqslant 0.25\beta_c f_c b h_0$；

当 $h_w/b \geqslant 6$ 时，$V \leqslant 0.2\beta_c f_c b h_0$；

当 $4 < h_w/b < 6$ 时，$V \leqslant 0.025(14 - h_w/b)\beta_c f_c b h_0$。

此外，当 $V \leqslant 1.75/(\lambda + 1) f_t b h_0 + 0.07N$ 时，可不进行斜截面抗剪承载力计算，仅需根据受压构件构造要求配置箍筋。

习　　题

一、填空题

6-1　钢筋混凝土柱中普通箍筋的作用是________、________、________。

6-2　偏心受压构件的破坏形态有________、________、________。

6-3　矩形截面柱的尺寸不宜小于________，常取 $l_0/b \leqslant$________。圆形截面柱 $l_0/d \leqslant$________。

6-4　轴心受压柱的截面形式常采用________、________、________。偏心受压柱的截面形式常采用________、________。

6-5　受压构件中的钢筋强度等级不能取得太高是因为，所以钢筋一般选用________和________。纵向受压钢筋的设计强度不应大于________。

6-6　受压构件中混凝土强度等级一般选用________。

6-7　矩形截面受压构件中纵向钢筋的根数至少为________；圆形截面受压构件中纵向钢筋的根数至少为________，宜≥________。

6-8　受压构件中纵向钢筋的净距应满足：垂直浇筑时________，水平浇筑时________。

6-9　受压构件中纵向钢筋的配筋率一般应满足________。

6-10　小偏心受压构件除应计算弯距作用平面的承载力外，还应按________构件验算垂直于弯距作用平面的承载力。

6-11　矩形截面单向偏心受压构件，应验算垂直于弯距作用平面的承载力，可能发生承载力不足的情况是________受压。

6-12　对称配筋的偏心受压构件，其大小偏心的判别条件是________

6-13　轴心受压构件的纵向弯曲系数随构件的长细比增大而________。

6-14　偏心受压构件通过________来考虑长柱受压时发生纵向弯曲而使承载力降低的这一影响。

6-15　对称配筋偏心受压构件的受压破坏与受拉破坏的界限条件是________。

6-16　轴心受压柱的破坏形式有材料破坏和失稳破坏两种，短柱和长柱的破坏属于

________,细长柱的破坏属于________。

6-17 轴心受压构件的稳定系数为________承载力与________承载力的比值。

二、判断题

6-1 在受压构件中,采用封闭式箍筋的原因是不计算斜截面承载力。 ( )。

6-2 对称配筋的偏心受压柱,若计算 $\xi \leqslant \xi_b$,则应按小偏心受压计算。 ( )。

6-3 轴心受压构件混凝土收缩时,钢筋压应力减小,混凝土压应力增大。 ( )。

6-4 对称配筋大小偏心受压构件当 $x \geqslant 2a_s'$ 时受压钢筋均能屈服。 ( )。

6-5 钢筋混凝土轴心受压构件应优先选用高强度钢筋和冷拉钢筋。 ( )。

6-6 钢筋混凝土构件中受压钢筋设计强度规定不应大于400 kN/mm^2,这是为了防止裂缝开展过大。 ( )。

6-7 钢筋混凝土轴心受压柱,如果采用螺旋箍筋,当 $l_0/d>12$ 时,其计算承载力与普通箍筋柱的承载力相同。 ( )。

6-8 配有螺旋箍筋的轴心受压构件,主要利用了混凝土三向受压的特征。 ( )。

6-9 小偏心破坏受拉钢筋增多时,其应力可能有受拉破坏转为受压破坏。 ( )。

6-10 大偏心构件随受拉钢筋增多,受弯承载力非线性增大。 ( )。

6-11 在轴心受压构件中,配筋率不允许超过5%是为了防止纵筋不屈服的问题。 ( )。

6-12 钢筋混凝土大小偏心受压构件界限破坏的条件是:受拉钢筋应力达到受拉屈服强度的同时,受压边缘的混凝土应变达到其极限压应变。 ( )。

6-13 钢筋混凝土大小偏心受压构件界限破坏的条件是:受拉混凝土拉应力达到受拉屈服强度的同时,受拉钢筋的拉应力立即达到其受拉屈服强度。 ( )。

6-14 在钢筋混凝土圆形截面的轴心受压短柱中,配置纵向受压钢筋和横向螺旋箍筋可以提高柱的纵向受压承载力。 ( )。

6-15 配有螺旋箍筋的轴心受压柱,要求 $l_0/d \leqslant 12$ 是为充分发挥螺旋箍筋的作用。 ( )。

6-16 轴心受压螺旋箍筋柱应用在长细比大时更有力。 ( )。

6-17 在小偏心受压构件中,随着轴向压力的增加,构件的抗弯能力随之提高。 ( )。

6-18 大偏心受压破坏的破坏特征与适筋的双筋截面受弯构件的破坏特征完全相同。 ( )。

6-19 在钢筋混凝土轴心受压构件中,若所加的荷载在较长的时间内维持不变,则受压钢筋的应力将随着时间的增加而加大。 ( )。

6-20 小偏心受压构件中受拉钢筋能屈服。大偏心受压构件中受拉钢筋不能屈服。 ( )。

6-21 轴心受压短柱的承载力高于同条件下长柱的承载力。 ( )。

6-22 在任何情况下,螺旋箍筋柱的承载力均高于同条件下普通箍筋柱的承载力。 ( )。

6-23 轴心受压柱的极限承载力在任何情况下都取决于柱的截面尺寸、钢筋截面面积和材料强度。 ( )。

6-24　轴心受压柱的纵向弯曲系数反应了长柱较短柱承载力的降低程度。（　　）。

6-25　对轴心受压长柱进行承载力计算时,应考虑纵向弯曲的影响,为了确保结构的安全,纵向弯曲系数应取小于1的数。（　　）。

6-26　偏心受压构件不可以采用有内折角的箍筋。（　　）。

6-27　钢筋混凝土轴心受压构件可能发生失稳破坏。（　　）。

6-28　偏压构件的受拉和受压钢筋的最小配筋率均按构件的全截面积计算。（　　）。

6-29　大小偏心受压破坏的根本区别在于截面破坏时受拉钢筋能否屈服。（　　）。

6-30　当截面进入小偏心受压状态后,混凝土受压较大一侧的边缘极限压应变将随偏心矩的减小而增大。（　　）。

6-31　在大小偏心受压的界限状态下,截面相对界限受压区高度与受弯构件的截面相对界限受压区高度的值不相同。（　　）。

6-32　柱内箍筋间距不应大于400 mm,亦不应大于构件短边尺寸。（　　）。

6-33　钢筋混凝土矩形截面柱当 $l_0/b \leqslant 8$ 时为短柱。（　　）。

6-34　偏心受压构件的轴向压力在一定限度内对构件斜截面的抗剪承载力起着有利的作用。（　　）。

6-35　在大偏心受压构件和双筋截面受弯构件中,其计算公式的适用条件 $x \geqslant 2a_s'$ 对这两种构件的意义是相同的。（　　）。

6-36　钢筋混凝土大偏心受压构件与受弯构件相比,由于其纵向压力的影响,其所需的纵向钢筋比相同条件下的受弯构件的受拉钢筋多。（　　）。

三、选择题

6-1　其他条件相同时,以下说法正确的是（　　）。

A.短柱的承载力高于长柱的承载力　　B. 短柱的承载力低于长柱的承载力

C.短柱的承载力等于长柱的承载力　　D.短柱的延性高于长柱的延性

6-2　对称配筋小偏心受压柱在达到承载力极限状态时,受力纵筋的应力状态是（　　）。

A. A_s 和 A_s' 均屈服　　B. A_s' 屈服而 A_s 不一定屈服

C. A_s' 屈服而 A_s 不屈服　　D. A_s' 不屈服而 A_s 屈服

6-3　钢筋混凝土偏心受压构件偏心矩增大系数是考虑了（　　）。

A.初始偏心矩的影响　　B.荷载长期作用的影响

C.构件弯曲的影响

6-4　钢筋混凝土大偏心受压构件破坏是（　　）。

A.受拉破坏　　B.受压破坏　　C.受剪破坏　　D.受扭破坏

6-5　钢筋混凝土轴心受压构件,两端约束越好,则稳定性系数（　　）。。

A.越大　　B.越小　　C.不变

6-6　在钢筋混凝土轴心受压构件中,在长期不变的荷载作用下,由于混凝土的徐变,其结果是构件中的（　　）。

A.钢筋应力减小,混凝土应力增加　　B.钢筋应力增加,混凝土应力减小

C.钢筋和混凝土应力都增加　　D.钢筋和混凝土应力都减小

6-7　钢筋混凝土螺旋箍筋柱中的螺旋箍筋主要作用是（　　）。

A.承受剪力　　B.承受压力　　C.承受拉力　　D.构造作用

6-8　矩形截面对称配筋,发生界限破坏时(　　)。

A.N_b 随配筋率的增大而减小　　B.N_b 随配筋率的减小而减小

C.N_b 与配筋率无关

6-9　钢筋混凝土小偏心受压构件的破坏特征表现为(　　)。

A.混凝土压坏,受压钢筋屈服　　B.受拉钢筋屈服,受压混凝土压坏

C.混凝土压坏时,受拉和受压钢筋全都屈服

6-10　轴向压力对构件抗剪承载力的影响是(　　)。

A.轴向压力对提高构件的抗剪承载力无多大影响

B.在一定条件下,轴向压力的作用可以提高构件抗剪承载力

C.构件截面上有轴向压力的作用,可以提高构件的抗剪承载力

6-11　何种情况下可直接用 x 判别大小偏心受压(　　)。

A.对称配筋时　　B.不对称配筋时　　C.对称与不对称配筋均可

6-12　钢筋混凝土大偏心受压构件的破坏特征是(　　)。

A.远离轴向力一侧的钢筋应力不定,而另一侧钢筋压屈,混凝土压碎

B.远离轴向力一侧的钢筋先受拉屈服,随后另一侧钢筋压屈,混凝土压碎

C.靠近轴向力侧的钢筋和混凝土应力不定,而另一侧钢筋受压屈服

D.靠近轴向力侧的钢筋和混凝土先屈服和压碎,而远离轴向力一侧的钢筋随后受拉屈服

6-13　受压构件中受压钢筋设计强度取值的控制条件是(　　)。

A.混凝土的极限压应变　　B.钢筋的极限压应变

C.钢筋的极限拉应变

6-14　螺旋箍筋柱较普通箍筋柱承载力提高的原因是(　　)。

A.螺旋箍筋的弹簧作用　　B.螺旋箍筋使纵筋难以被压屈

C.螺旋箍筋的存在增加了总的配筋率　　D.螺旋箍筋约束了混凝土的横向变形

6-15　矩形截面偏心受压构件,当截面混凝土受压区高度 $x > \xi_b h_0$ 时,构件的破坏类型是(　　)。

A.大偏心受压破坏　　B.小偏心受压破坏

C.局压破坏　　D.少筋破坏

6-16　在荷载作用下,偏心受压构件将产生纵向弯曲,对于长柱,《规范》采用一个偏心矩增大系数 η 来考虑纵向弯曲的影响,其 η 值应是(　　)。

A.$\eta \leqslant 1$　　B.$\eta \geqslant 1$　　C.$\eta \geqslant 2$

6-17　矩形截面偏心受压构件,离纵向力较远一侧的钢筋内力为 $\sigma_s A_s$,对大偏心受压构件,钢筋应力为(　　)。

A.$\sigma_s < f_y$　　B.$\sigma_s = f_y$　　C.$\sigma_s > -f'_y$　　D.$\sigma_s = -f'_y$

6-18　钢筋混凝土偏心受压构件,其大小偏心受压根本区别是(　　)。

A.截面破坏时,受拉钢筋是否屈服

B.截面破坏时,受压钢筋是否屈服

C.偏心矩的大小

D.受压一侧混凝土是否达到极限压应变值

6-19　在钢筋混凝土大偏心受压构件的正截面承载力计算中,要求受压区高度 $x \geqslant 2a_s'$ 是为了(　　)。

A.要求受压钢筋在构件破坏时达到其抗压强度设计值

B.防止受压钢筋屈服

C.避免保护层脱落

D.保证受压钢筋在构件破坏时能达到极限抗压强度

6-20　对于对称配筋的钢筋混凝土受压柱,大小偏心受压构件的判别条件是(　　)。

A.$\xi \leqslant \xi_b$ 时为大偏心受压构件

B.$\xi > \xi_b$ 时为大偏心受压构件

C.$\eta e_i \geqslant 0.3\ h_0$ 为大偏心受压构件

6-21　下列叙述中正确的是(　　)。

A.轴心受压构件随荷载增加,钢筋应力的增大快于混凝土,是由于混凝土的割线模量不断减小所致

B.轴心受压钢筋混凝土柱在长期荷载作用下发生徐变,使混凝土压应力增加,钢筋压应力减小

C.仅配筋率不同的两个轴心受力构件,配筋率大时徐变引起的混凝土应力重分布程度小

D. 当混凝土持续应力 $\sigma_c/f_c \leqslant 0.75$ 时,徐变为线性徐变

6-22　《规范》规定按螺旋箍筋柱计算的承载力不得超过普通箍筋柱的 50%,这是为(　　)。

A.保证构件的延性　　B.在正常使用阶段外层混凝土不致剥落

C.防止发生脆性破坏　　D.限制截面尺寸

6-23　下列表述正确的是(　　)。

A.混凝土收缩使钢筋混凝土轴心受力构件产生附加应力,配筋率越小,附加拉应力越大

B.轴心受拉构件从加载至开裂前,钢筋应力增加速度比混凝土慢

C.轴心受拉构件即将开裂时,配筋率越大,则钢筋应力越大

D.轴心受压构件控制最大配筋率是为避免活载突然卸去时在混凝土中产生过大拉应力

6-24　偏压构件的抗弯能力(　　)。

A.随轴向力的减小而增加　　B.随轴向力的增加而增加

C.大偏心受压时随轴向力的增加而增加

D.小偏心受压时随轴向力的增加而增加

6-25　仅配筋率不同的两个轴压构件,配筋率大时引起的混凝土应力重分布程度。(　　)。

A.大　　B.小　　C.不变　　D.不一定

6-26　钢筋混凝土轴心受压构件,稳定系数是考虑了(　　)。

A.初始偏心矩的影响　　B.荷载长期作用的影响

C.两端约束作用的影响　　D.附加弯矩的影响

6-27　螺旋箍筋柱可用于(　　)。

A.长细比较大的大偏心受压柱　　B.长细比较大的轴心受压柱

C.长细比较小的大偏心受压柱　　D.长细比较小的轴心受压柱

6-28　配筋适量的短柱内,一般(　　)。

A.钢筋先屈服　　B.混凝土先压碎

C.钢筋屈服与混凝土压碎同时发生

6-29　与界限相对受压区高有关的因素有(　　)。

A.钢筋强度等级

B.钢筋强度等级、混凝土强度等级及截面尺寸

C. 钢筋强度等级及混凝土强度等级

D.混凝土强度等级

6-30　偏心受压柱所采用的钢筋和混凝土的等级(　　)。

A.均应高些　　B.钢筋等级宜高些,混凝土宜低

C.钢筋等级宜低些,混凝土宜高些　　D.均应低些

6-31　矩形截面柱的尺寸不宜小于(　　)。

A.200×250 mm　　B.250×250 mm

C.250×300 mm　　D.300×300 mm

6-32　柱的长细比 l_0/b 中,l_0 为(　　)。

A.柱的总长度　　B.楼层中一层柱高

C.视两端约束情况而定的柱计算长度

6-33　其他条件相同的偏心受压柱,增大 l_0/h 时,则(　　)。

A.始终发生材料破坏　　B.由失稳破坏转为材料破坏

C.始终发失稳破坏　　D.由材料破坏转为失稳破坏

6-34　偏心受压构件始于受拉钢筋屈服的是(　　)。

A.受拉破坏　　B.受压破坏

C.小偏心受压破坏　　D.界限破坏

6-35　如果考虑箍筋约束混凝土横向变形的作用,轴心受压短柱的轴压承载力(　　)。

A.仍然不变　　B.有所提高　　C.有所下降

6-36　计算偏心矩增大系数时发现曲率修正系数及长细比影响系数均为1时则(　　)。

A.取 $\eta=1$　　B.当 $l_0/b\leqslant 8$ 时取 $\eta=1$

C.当 $l_0/h>15$ 时才计算 η　　D. 当 $l_0/b>8$ 时取 $\eta=1$

6-37　偏心受压构件不对称配筋时何种情况取 $\xi=\xi_b$ (　　)。

A. $A_s'A_s$ 均未知的大偏心　　B. A_s' A_s 均未知的小偏心

C. A_s'已知时的大偏心　　D. A_s'已知时的小偏心

6-38　偏心受压构件界限破坏时的特点是(　　)。

A.受拉钢筋屈服,受压钢筋不屈服

B.受拉钢筋屈服同时受压混凝土被压坏

C.受拉钢筋及受压钢筋均屈服

D.受拉钢筋不屈服受压区混凝土被压坏，

6-39 偏心受压构件不对称配筋时何种情况令 $A_s=\rho_{\min}bh_0$ (　　)。

A. A_s' A_s 均未知的大偏心　　B. A_s' A_s 均未知的小偏心

C. A_s' 已知时的大偏心　　D. A_s' 已知时的小偏心

6-40 试决定下面四组属于大偏心受压时最不利的一组内力组合为(　　)。

A. $N_{\max}$, $M_{\max}$　　B. $N_{\max}$, $M_{\min}$　　C. $N_{\min}$, $M_{\max}$　　D. $N_{\min}$, $M_{\min}$

6-41 试决定下面四组属于小偏心受压时最不利的一组内力组合为(　　)。

A. $N_{\max}$, $M_{\max}$　　B. $N_{\max}$, $M_{\min}$　　C. $N_{\min}$, $M_{\max}$　　D. $N_{\min}$, $M_{\min}$

6-42 原大偏心受压构件当受拉钢筋面积增加到一定值时可能发生(　　)。

A.保持受拉破坏　　B.受拉破坏变为受压破坏

C.受压破坏变为受拉破坏　　D.保持受压破坏

6-43 对于长细比大于12的柱不宜采用螺旋箍筋的原因是(　　)。

A.长细比大于12的柱承载力较高　　B. 长细比大于12的柱施工难度大

C.长细比大于12的柱抗震性能好

D.这种情况下强度将由于纵筋弯曲而降低，螺旋箍筋作用不能发挥

6-44.配有普通箍筋的钢筋混凝土轴心受压构件中，箍筋的作用主要是(　　)。

A.抵抗剪力　　B.约束核心混凝土

C.形成钢筋骨架，约束钢筋，防止钢筋压屈外凸

四、名词解释

6-1 材料破坏　失稳破坏

6-2 间接配筋

五、简答题

6-1 偏心受压构件的破坏形态有几种，其特点是什么？

6-2 试分析普通箍筋柱和螺旋式箍筋柱中，箍筋各起什么作用？布置原则有什么要求？

6-3 在轴心受压构件破坏时，受压钢筋在什么情况下会屈服，什么情况下不屈服？设计中如何考虑钢筋抗压强度取值，为什么？

6-4 螺旋式箍筋柱的适用条件是什么？为何限制这些条件？

6-5 在轴心受压构件中，配置纵向钢筋的作用是什么？为什么要控制纵向钢筋的最小配筋率？

6-6 矩形截面大小偏心受压构件有何本质区别？其判别条件是什么？

6-7 轴心受压短柱的破坏特征是什么？长柱和短柱的破坏特点有什么不同？计算中如何考虑长柱的影响？

6-8 截面采用对称配筋会多用钢筋，为什么实际工程中还大量采用这种配筋方式？

6-9 如何考虑偏压构件斜截面抗剪承载力的计算？与受弯构件抗剪承载力的计算有

何不同?

6-10 为什么设置螺旋箍筋时,柱的承载力能大大提高?

6-11 偏心受压长柱随 l_0/h 的变化可能发生哪几种破坏?

6-12 钢筋混凝土轴心受压短柱,在不变的压力长期作用下,随时间的增长,钢筋和混凝土中的应力有无变化?简述其原因。

6-13 为什么钢筋混凝土受压构件宜采用高强度混凝土,而不宜采用高强度钢筋?

6-14 在计算小偏心受压构件时,若 A_s' 和 A_s 均未知,为什么一般可取 A_s 等于最小配筋量?在什么情况下可能超过最小配筋量?

6-15 试说明配置普通箍筋和配置螺旋箍筋的轴压构件破坏形态有何区别?

6-16 矩形截面对称配筋偏心受压构件的 $N-M$ 相关曲线可以用来说明哪些问题?

6-17 在偏心受压构件的不对称截面配筋计算中,如果是小偏心受压,为什么需要首先确定距轴向力较远一侧的配筋面积 A_s,如何确定?确定 A_s 与 A_s' 和 ξ 是否有关,为什么?

6-18 在计算大偏心受压构件时,如果已知 A_s',而这时 $x<2a_s'$,如何求 A_s?

6-19 为什么要对小偏心受压构件进行垂直于弯距方向截面的承载力验算?

6-20 设计不对称配筋矩形截面大偏心受压构件,当 A_s' 及 A_s 均未知时,根据什么条件计算 A_s?如何计算 A_s',当 A_s' 及 A_s 可能出现小于最小配筋率或负值时怎样处理?

六、计算题

6-1 已知柱截面尺寸 $b\times h=350\ \text{mm}\times 350\ \text{mm}$,柱的计算长度 $l_0=5\ \text{m}$,轴向力设计值 $N=1\ 600\ \text{kN}$,混凝土采用 C30($f_c=14.3\ \text{N/mm}^2$),纵筋采用 HRB335 钢筋($f_y=f'_y=300\ \text{N/mm}^2$),结构安全等级为二级,试求该柱所需钢筋截面面积。

6-2 某钢筋混凝土柱,承受轴向压力设计值 $N=2\ 600\ \text{kN}$,若柱的计算长度为 5 m,混凝土采用 C25($f_c=11.9\ \text{N/mm}^2$),纵筋采用 HRB400 钢筋($f_y=f_y'=360\ \text{N/mm}^2$),截面尺寸 $b\times h=400\ \text{mm}\times 400\ \text{mm}$,试求该柱所需钢筋截面面积。

6-3 某大楼底层门厅现浇钢筋混凝土柱,以求得轴向力设计值 $N=3\ 500\ \text{kN}$,若柱的计算长度为 4.2 m,根据设计要求,柱为圆形截面,直径为 400 mm,混凝土采用 C30($f_c=14.3\ \text{N/mm}^2$),纵筋采用 HRB400 钢筋($f_y=f_y'=360\ \text{N/mm}^2$)螺旋箍筋采用 HPB235 钢筋($f_y=f_y'=210\ \text{N/mm}^2$),试设计该柱。

6-4 已知钢筋混凝土矩形柱 $b\times h=400\times 600\ \text{mm}$,承受的轴向力设计值 $N=1\ 000\ \text{kN}$,弯矩设计值 $M=450\ \text{kN·m}$,若柱的计算长度为 6 m,混凝土采用 C25($f_c=11.9\ \text{N/mm}^2$),纵筋采用 HRB400 钢筋($f_y=f_y'=360\ \text{N/mm}^2$),$a_s=a_s'=40\ \text{mm}$,若采用非对称配筋,试求纵向钢筋截面面积。

6-5 已知条件同上题,但已选定受压钢筋 3 Φ 25($A_s'=1473\ \text{mm}^2$),试求受拉钢筋的截面面积。

6-6 已知钢筋混凝土矩形柱 $b\times h=400\times 600\ \text{mm}$,承受的轴向力设计值 $N=2\ 500\ \text{kN}$,弯矩设计值 $M=250\ \text{kN·m}$,若柱的计算长度为 4.5 m,混凝土采用 C25($f_c=11.9\ \text{N/mm}^2$),纵筋采用 HRB400 钢筋($f_y=f_y'=360\ \text{N/mm}^2$),$a_s=a_s'=40\ \text{mm}$,若采用非对称配筋,试求纵向钢筋截面面积。

6-7 已知条件同第 4 题,仅采用对称配筋,试求纵向钢筋截面面积,并与第 4 题比较总用钢量。

6-8 已知条件同第6题，仅采用对称配筋，试求纵向钢筋截面面积，并与第6题比较总用钢量。

6-9 一钢筋混凝土排架柱，截面尺寸如图，该柱的控制截面承受轴向力设计值 $N=950$ kN，弯矩设计值 $M=398$ kN·m，若柱的计算长度为8 m，混凝土采用C30（$f_c=14.3$ N/mm^2），纵筋采用HRB400钢筋（$f_y=f'_y=360$ N/mm^2），$a_s=a'_s=40$ mm，若采用对称配筋，试求纵向钢筋截面积。

6-10 一钢筋混凝土排架柱，条件同上题，该柱的控制截面承受轴向力设计值 $N=1\ 480$ kN，弯矩设计值 $M=230$ kN·m，若采用对称配筋，试求纵向钢筋截面面积。

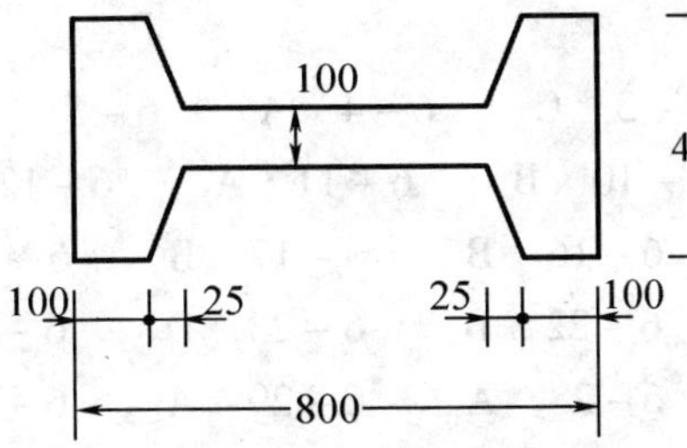

题 6-10 图

参考答案

一、填空题

6-1 固定纵筋的位置 防止纵筋受力后向外压屈 约束混凝土横向变形

6-2 大偏心受压 小偏心受压 界限破坏

6-3 250 mm×250 mm，≤30 ≤25

6-4 方形 圆形 多边形 矩形 工字形

6-5 高强钢筋不能发挥作用，HRB335 RRB400，400 N/mm^2

6-6 C20~C40或更高

6-7 4根 6根 8根

6-8 ≥50 mm 同梁

6-9 $0.6\% \leqslant \rho \leqslant 5\%$

6-10 轴心受压

6-11 小偏心受压

6-12 $\xi \leqslant \xi_b$ 大偏心 $\xi > \xi_b$ 小偏心

6-13 减小

6-14 偏心距增大系数

6-15 $\xi = \xi_b$

6-16 材料破坏 失稳破坏

6-17 短柱 长柱

二、判断题

6-1 ×	6-2 ×	6-3 ×	6-4 ✓	6-5 ×	6-6 ×
6-7 ✓	6-8 ✓	6-9 ✓	6-10 ✓	6-11 ×	6-12 ✓
6-13 ×	6-14 ✓	6-15 ✓	6-16 ×	6-17 ×	6-18 ✓
6-19 ✓	6-20 ×	6-21 ✓	6-22 ×	6-23 ×	6-24 ✓
6-25 ✓	6-26 ✓	6-27 ✓	6-28 ✓	6-29 ✓	6-30 ×
6-31 ×	6-32 ✓	6-33 ✓	6-34 ✓	6-35 ✓	6-36 ×

三、选择题

6-1 A	6-2 B	6-3 C	6-4 A	6-5 A	6-6 B	6-7 C
6-8 C	6-9 A	6-10 B	6-11 A	6-12 B	6-13 A	
6-14 D	6-15 B	6-16 B	6-17 B	6-18 A	6-19 A	
6-20 A	6-21 A	6-22 B	6-23 D	6-24 C	6-25 A	
6-26 C	6-27 D	6-28 A	6-29 A	6-30 C	6-31 B	
6-32 C	6-33 D	6-34 A	6-35 B	6-36 B	6-37 A	
6-38 B	6-39 B	6-40 C	6-41 A	6-42 B	6-43 D	
6-44 C						

四、名词解释

6-1 材料破坏:受压构件,当轴向压力达到最大值时截面发生破坏,亦即构件的破坏是由于临界截面上的材料达到起极限强度而引起的,这种破坏类型称为材料破坏 失稳破坏:受压构件,对于长细比较大的细长柱当轴向压力达到一定程度时,构件已不能保持稳定平衡而破坏,此时钢筋和混凝土的强度和应变未达到其极限强度值,这种在材料的强度和变形尚未耗尽之前产生的破坏称为失稳破坏。

6-2 配有纵筋和螺旋筋或焊接环筋的柱,可以使核心混凝土处于三向受压状态,提高了混凝土的抗压强度和变形能力,从而间接提高了轴心受压柱的受压承载力和变形能力,这种配筋方式称为间接配筋。

五、简答题

6-1 三种

(1)受拉破坏:(大偏心受压)当 $e=M/N$ 较大,A_{s1} 较小时,ξ 较小,受拉筋首先屈服,钢筋屈服后变形,垂直于纵轴裂缝不断发展,之后压区混被压碎,构件破坏,有预兆,—塑性破坏

(2)受压破坏:(小偏心受压)当 $e=M/N$ 较小或当 $e=M/N$ 较大,A_{s1} 较多时,ξ 较大,压区混凝土达极限压应变,破坏时,距纵向力较远侧可能受拉或受压,但其筋均未屈服,而距纵向力较近侧,纵向受力筋屈服,无预兆—脆性破坏

(3)界限破坏:在大小偏心受压构件破坏之间存在一种界限状态,这种状态下的破坏称

为界限破坏，破坏时纵向钢筋应力达屈服强度，同时，压区混达极限压应变，此时相对受压区高度称为界限相对受压区高度 ξ_b，当 $\xi \leqslant \xi_b$ 时为大偏心受压，当 $\xi \geqslant \xi_b$ 时为小偏心受压。

6-2　普通箍筋的作用：和纵筋形成骨架，防止纵筋受力后向外压屈，保证了纵筋与混凝土在破坏前共同工作。对核芯混起一定的约束作用，提高其极限变形。

螺旋箍筋的作用：除具有普通箍筋的作用外，由于其间距较小，对核芯部分的混凝土形成了套箍作用，限制了核芯混凝土的横向变形，使混凝土处于三向受压状态，从而提高了其抗压强度。

布置原则的要求如下。

普通箍筋：按构造要求配置

直径：热轧钢：$\geqslant d_{纵\max}/4$ 且 $\geqslant 6$ mm；冷拔低碳钢丝：$\geqslant d_{纵\max}/5$ 且 $\geqslant 5$ mm。

间距：$\leqslant (b \times h)_{\min}$ 且 $\leqslant 400$ mm，绑扎骨架 $\leqslant 15\ d_{纵\min}$；焊接骨架 $\leqslant 20 d_{纵\min}$。

形式：当 $\rho > 3\%$ 时，焊成封闭式，弯钩 $\geqslant 135°$；弯钩末端平直长度 $\geqslant 10d$ 箍；箍筋间距 $\leqslant 10 d_{纵\min} \leqslant 200$ mm。当 $b > 400$ mm 且各边纵筋 > 3 根或 $b \leqslant 400$ mm 且各边纵筋 > 4 根时设复合箍筋；截面复杂柱不可采用有内折角的箍筋。

螺旋箍筋：按计算要求配置

直径：热轧钢：$\geqslant d_{纵\max}/4$ 且 $\geqslant 6$ mm；冷拔低碳钢丝：$\geqslant d_{纵\max}/5$ 且 $\geqslant 5$ mm；螺旋箍筋换算面积：$A_{sso} \geqslant 25\% A_s$。

间距：40 mm $\leqslant s \leqslant$ 80 mm；且 $s \leqslant d_{cor}/5$。

6-3　当采用 HPB235、HRB335、HRB400 和 RRB400 钢筋时受压钢筋能屈服 当采用高强钢筋时受压钢筋不能屈服。当 $f_y \geqslant 400$ N/mm^2 时，取 $f'_y = 400$ N/mm^2，因为计算受压构件时，构件的压应变等于 0.002，此时混凝土达到轴心抗压强度，相应的纵向钢筋应力值为 $2 \times 105 \times 0.002 = 400$ N/mm^2，因此纵向钢筋应力值不可能大于 400 N/mm^2。

6-4　1. $l_0/d \leqslant 12$，否则柱失稳，螺旋箍筋不起作用。

2. 当 $A_{sso} \geqslant 25\% A_s$ $s \leqslant 80$ mm；$s \geqslant 40$ mm；$s \leqslant d_{cor}/5$，否则套箍约束作用不明显。

3. 按螺旋箍筋算得的构件承载力不应比按普通箍筋算得的构件承载力大 50%，否则保护层在使用荷载作用下不将剥落。

4. 按螺旋箍筋算得的承载力大于按普通箍筋算得的承载力，否则按普通箍筋计算承载力，此时核芯混凝土面积较小，外围混凝土较厚，按螺旋箍筋计算承载力（采用核芯混凝土面积）不准确。

6-5　1. 协助混凝土承压，减少构件尺寸。

2. 改善素混强度的离散性，防止构件突然脆性破坏，增强构件延性。

3. 减少混凝土徐变变形。

控制纵筋最小配筋率是为保证纵向受压钢筋很好发挥作用，提高受压构件截面承载力。

6-6　截面破坏时，受拉钢筋能否屈服。

不对称配筋：当 $\eta e_i > 0.3\ h_0$ 时，先按大偏心受压计算，求出 ξ 后再确定是那一类；

当 $\eta e_i \leqslant 0.3 h_0 (\xi > \xi_b)$ 时，按小偏心受压计算。

对称配筋：当 $\xi > \xi_b$ 为小偏心受压；

当 $\xi \leqslant \xi_b$ 为大偏心受压。

6-7　轴心受压短柱当达到极限荷载时在构件最薄弱区段的混凝土将出现由微裂缝发

展而成的纵向裂缝,随着荷载的增长,这些裂缝将相互贯通,在外层混凝土剥落后,核心部分的混凝土将在纵向裂缝之间被完全压碎,混凝土的外侧膨胀将向外推挤钢筋,使纵向钢筋向外受压屈服。破坏时,一般中等强度的钢筋均能达到其抗压屈服强度,混凝土能达到轴心抗压强度。

附加偏心对短柱承载力无明显影响,但在长柱中附加偏心将使构件产生侧向弯曲,构件从轴向受压转变为偏心受压,破坏时,受压抑侧产生较长的纵向裂缝,纵向钢筋在箍筋之间向外压屈,构件中部的混凝土被压碎,而另一侧混凝土则被拉裂,在构件高度中部产生干高条以一定间距分布的水平裂缝。计算中通过计算偏心距增大系数来考虑长柱的影响。

6-8 偏心受压构件在各种不同荷载组合作用下,在同一截面内可能分别承受变号弯矩,即截面在一种荷载组合下为受拉的部位,在另一种荷载组合下变为受压,则截面中原来受拉的钢筋则会由受拉而变为受压,因此,当其所产生的正负弯矩值相差不大时,或其正负弯矩相差较大,但按对称配筋计算时纵香港筋纵的用量相差不多时,为便于设计和施工,也宜采用对称配筋;对预制构件,为保证吊装时不出现差错,一般都采用对称配筋。

6-9 在轴向压力作用下的偏心受压构件受剪承载力,采用在无轴力受弯构件连续梁的受剪承载力公式的基础上增加一项附加受剪承载力的办法来考虑轴向力对构件受剪承载力的有利影响。与受弯构件抗剪承载力的计算公式略有不同,计算方法相同。

6-10 设置螺旋箍筋的柱,其核芯混凝土处于三向受压应力状态,混凝土的抗压能力大大提高,因此设置螺旋箍筋的柱承载力大大提高。

6-11 $l_0/h \leqslant 8$ 属于短柱,不考虑纵向弯曲的影响,将发生材料破坏。

$l_0/h = 8 \sim 30$ 属于长柱,考虑纵向弯曲的影响,将发生材料破坏。

$l_0/h > 30$ 属于细长柱,将发生失稳破坏。

6-12 有变化。由于混凝土在长期不变的压力作用下将产生徐变,使混凝土应力减小,钢筋应力增大,即发生应力重分布。

6-13 采用高强度混凝土可以提高混凝土的抗压能力,减小柱截面尺寸,所以应采用高强度混凝土。采用高强度钢筋若 $f_y \geqslant 400\ \text{N/mm}^2$,则会在构件破坏时钢筋应力达不到屈服强度,钢筋强度得不到充分利用,浪费钢筋,所以不宜采用高强度钢筋。

6-14 在非对称配筋情况下,未知量有四个 ξ、σ_s、A_s' 和 A_s 在只有三个公式的情况下,需要补充 个条件以 $A_s' + A_s$ 最省补充条件,小偏心受压时,由于远离纵向力一侧的纵向钢筋无论是受压还是受拉均未达到屈服强度,因此一般可取 A_s 按最小配筋率计算用量,这样得出的总用钢梁最少。

在偏心矩很小且轴向压力较大的小偏心受压截面中,离轴向力较远一侧的纵向钢筋有可能达到受压屈服强度,此时受压破坏发生在 A_s 一侧,需重新计算 A_s,此时 A_s 可能超过最小配筋量。

6-15 普通箍筋柱的破坏形态:当混凝土压应变达到 0.002 后,构件表面出现纵向裂缝,保护层混凝土开始剥落,达到极限承载力时箍筋之间的纵向钢筋压屈向外突出,中间部分混凝土压酥,随变形增大,承载力急剧下降。

螺旋箍筋的破坏形态:在混凝土压应力达到 $0.8f_c$ 以前,螺旋箍筋柱的受力性能与普通箍筋柱并无区别,当混凝土压应变达到 0.0033 时,纵筋已屈服,保护层混凝土已脱落,截面面积减小,荷载略有下降,但核芯部分混凝土由于受到横向约束,其抗压强度超过 f_c,补偿了保护层混凝土所负担的压力，荷载回升，直到螺旋筋达到屈服，不再约束核芯混凝土的横向变形，其抗压强度也不再提高，截面内混凝土被压碎。

6－16 $N-M$ 相关曲线可以说明：

1. $N-M$ 曲线上任一点的坐标代表了该给定截面到达承载力极限状态时的一种内力组合，任意位于 $N-M$ 曲线内侧的内力组合均是安全的，截面均未达到承载力极限状态；任意位于 $N-M$ 曲线外侧的内力组合均是不安全的，截面承载力不足。

2. 当给定轴向压力设计值时，有唯一对应的弯矩设计值使该截面达到承载力极限状态；当给定弯矩设计值时，使该截面达到承载力极限状态的轴向力设计值有两个 N_{min} 及 N_{max}、N_{min} 对应于偏心受压情况，N_{max} 对应于偏心受压情况。

6－17 在偏心受压构件的不对称截面配筋计算中，如果是小偏心受压，两个基本公式中由三个未知量 ξ、A_s 和 A_s'，不能求出唯一解，需假设一个，求出其余两个，应首先确定 A_s，因为距轴向力较远一侧的钢筋无论受压还是受拉均很小，为节省钢筋，其所需的钢筋面积应按最小配筋率确定，即 $A_s=\rho_{min}bh=0.002bh$ 。确定 A_s 与 A'_s 和 ξ 无关。因为当 $N\leqslant\alpha_1f_cbh_0$ 时，距轴向力较远一侧的钢筋无论受压还是受拉均很小，其所需的钢筋面积应按最小配筋率确定，当 $N>\alpha_1f_cbh_0$ 时，如果偏心矩较小可能全截面受压，应重新计算 A_s，此时对受压筋取矩求 A_s，计算公式仍与 A_s' 和 ξ 无关。

6－18 取 $x=2a_s'$ 或 $A_s'=0$ 分别求 A_s，取其较大者。

当 $A_s'=0$ 时，$A_{s1}=0$，$M_1=0$，$M_2=Ne$，$\alpha_{s2}=M_2/\alpha_1f_cbh_0^2$；查 γ_{s2}；$A_{s2}=M_2/\gamma_{s2}f_yh_0$，

$$A_s=\frac{M_2}{\gamma_{s2}f_yh_0}-\frac{N}{f_y} \tag{1}$$

当 $x=2a_s'$ 时，$Ne'=f_yA_s(h_0-a_s')$；$e'=\eta e_i-h/2+a_s$

$$A_s=Ne'/f_y(h_0-a_s'); \tag{2}$$

A_s 取(1)(2)较大者；

若 $A_s<0.002bh_0$ 或 $A_s<0$，取 $A_s=0.002bh_0$。

6－19 当轴向压力设计值 N 较大且弯距作用平面内的偏心矩较小时，若垂直与弯距作用平面的长细比较大或边长较小时，则有可能有垂直与弯距作用平面的轴心受压承载力起控制作用，因此《规范》规定：偏心受压构件除应计算弯距作用平面的受压承载力外，尚应按轴心受压构件验算垂置于弯距作用平面的受压承载力。此时可不考虑弯距作用，但应考虑纵向弯曲影响，在一般情况下，小偏心受压需进行验算，对于对称配筋大偏心受压构件当 $l_0/b\leqslant24$ 时可不进行验算。

6－20 当 A_s' A_s 均未知时，基本公式中有三个未知数，即 A_s、A_s' 和 ξ，需要补充一个条件，通常以 $A_s'+A_s$ 的总用量最少为补充条件，因此应充分发挥受压混凝土的作用并保证受拉钢筋屈服，取 $\xi=\xi_b$，则由公式即可求出 A_s'。当 A_s' 及 A_s 可能出现小于最小配筋率或负值时，应按最小配筋率确定 A_s' A_s。

第七章　受拉构件承载力计算

第一节　概　　述

钢筋混凝土受拉构件分为轴心受拉构件和偏心受拉构件。当轴向拉力作用线与构件截面重心轴重合时称为轴心受拉构件。如钢筋混凝土桁架中的拉杆、有内压力的圆管管壁、圆形水池的环形池壁等可按轴心受拉构件计算。

当轴向拉力作用线与构件截面重心轴不重合时或构件同时承受轴向拉力和弯矩时称为偏心受拉构件。如联肢剪力墙的某些墙肢、双肢柱的某些肢杆、屋架承担节点荷载的下弦杆及矩形水池的池壁等都属于偏心受拉构件。

混凝土的抗拉强度低,抗压强度高,用混凝土构件承受拉力,不能充分发挥混凝土抗压强度高的优点。实际工程中,有些承受较大拉力的构件被做成钢结构,但这又会给设计、施工和维护带来不便,因此,有些情况也设计为钢筋混凝土构件,拉力由纵向钢筋承担,外围混凝土对钢筋起防护作用。

钢筋混凝土轴心受拉构件一般采用正方形、矩形或其他对称截面,偏心受拉构件多采用矩形截面。矩形截面上距轴向力 N 较近一侧的纵向钢筋为受拉钢筋 A_s,较远一侧为受压钢筋 A'_s。

第二节　轴心受拉构件正截面承载力计算

钢筋混凝土轴心受拉构件开裂前,钢筋与混凝土共同承担拉力,开裂后,混凝土退出工作,全部拉力由钢筋承担,破坏时整个截面全部裂通,如图 7-1 所示。

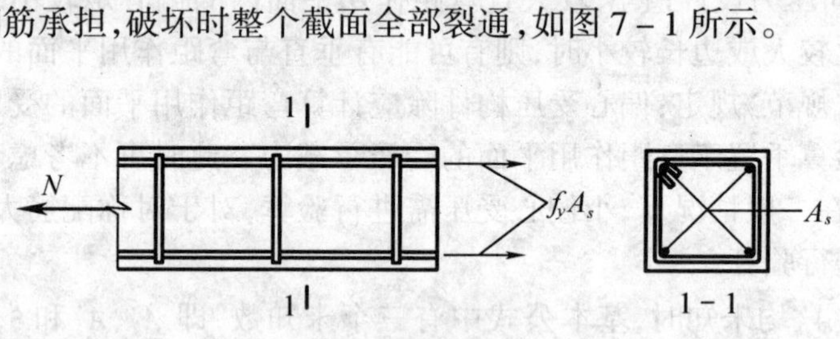

图 7-1　钢筋混凝土轴心受拉构件

轴心受拉构件的正截面承载力按下式计算

$$N = f_yA_s \tag{7-1}$$

按照承载力极限状态设计应满足

$$N \leqslant N_u \tag{7-2}$$

$$N_u = f_yA_s \tag{7-3}$$

式中　N_u——受拉构件正截面抗拉承载力设计值;

解:(1)判别大小偏心

当 $e_0 > h/2 - a_s$ 时为大偏心受拉;当 $e_0 < h/2 - a_s$ 时为小偏心受拉。

(2)若为大偏心,则利用大偏心基本公式计算

N——轴向拉力设计值；

f_y——钢筋抗拉强度设计值，为了控制受拉构件在使用荷载下的变形和裂缝开展，规定轴心受拉和小偏心受拉构件的 f_y 大于 300 N/mm^2 时，仍应按 300 N/mm^2 取用；

A_s——纵向受拉钢筋的截面面积。

为避免配筋过少引起脆性破坏，构件的配筋率不应小于 0.4% 和 $(90f_t/f_y)\%$ 的较大值。受拉钢筋沿截面周边均匀对称布置，并应优先选用直径较小的钢筋。

应该注意，轴心受拉构件的钢筋用量并不总是由承载力决定的，在多数情况下，会由裂缝宽度条件决定。

例 7－1 某钢筋混凝土屋架的下弦杆，按轴心受拉构件设计。其拉力设计值 $N=280$ kN，矩形截面尺寸为 $b\times h=200\text{ mm}\times 140\text{ mm}$，混凝土强度等级为 C20（$f_c=9.6$ N/mm^2，$f_t=1.1$ N/mm^2），纵筋采用 HRB335 钢筋（$f_y=300$ N/mm^2），试按正截面承载力要求计算所需纵向受力钢筋的面积。

解

$$A_s=N/f_y=280\ 000/300=933.3\text{ mm}^2$$

$$\rho_{\min}=90f_t/f_y(90\times 1.1/300)\%=0.33\%<0.4\%\text{，则 }\rho_{\min}=0.4\%$$

$$A_s>\rho_{\min}bh=0.4\%\times 200\times 140=112\text{ mm}^2$$

选钢筋 4 Φ 18（$A_s=1017$ mm^2）。

第三节　偏心受拉构件正截面承载力计算

偏心受拉破坏按照轴向力作用在截面上的位置不同可分为大偏心受拉和小偏心受拉。当轴力 N 作用于 A_s 与 A'_s 之间时，属于小偏心受拉，破坏时截面全部裂通，A_s 和 A'_s 一般都受拉屈服，拉力全由钢筋承担，如图 7－2(a)所示。

当轴力 N 作用于 A_s 与 A'_s 以外时，属于大偏心受拉，破坏时截面部分受压、部分受拉，截面不会裂通。当 A_s 适量时，破坏特征与大偏心受压破坏相同；当 A_s 过多时，破坏特征类似于小偏心受压，如图 7－2(b)所示。

受拉构件承载力计算时不考虑纵向弯曲的影响，也不用考虑附加偏心的影响。

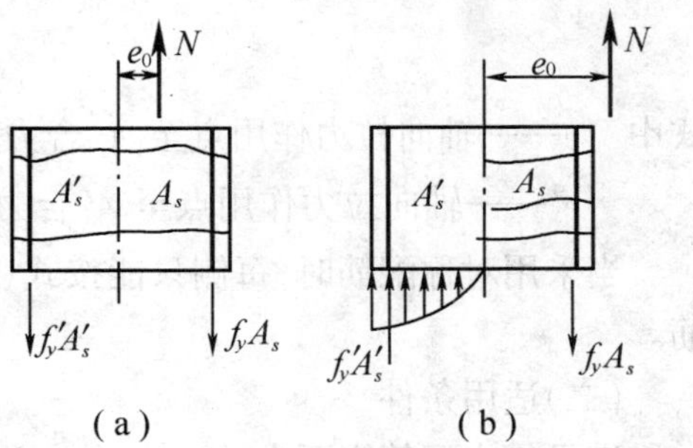

图 7－2　两种偏心受拉构件

(a)小偏心受拉；(b)大偏心受拉

一、大偏心受拉构件

(一)基本公式

由于其破坏特征与大偏心受压相同，因此，大偏心受拉构件受力情况如图 7－3 所示，由平衡条件可得大偏心受拉承载力计算公式为

$$N=f_yA_s-f'_yA'_s-\alpha_1f_cbx \tag{7-4}$$

$$Ne=\alpha_1f_cbx(h_0-x/2)+f'_yA'_s(h_0-a'_s)\text{；}e=e_o-(h/2-a_s) \tag{7-5}$$

按照承载力极限状态设计应满足

$$N\leqslant N_u\text{，}M\leqslant M_u \tag{7-6}$$

$$N_u = f_y A_s - f'_y A'_s - \alpha_1 f_c bx \tag{7-7}$$

$$M_u = N_u e_0 \tag{7-8}$$

式中 e——轴向拉力作用点至 A_s 合力点的距离，$e = e_0 - (h/2 - a_s)$。

(二)适用条件

1.为保证受拉筋屈服，应满足

$$x \leqslant \xi_b h_0 \tag{7-9}$$

2.为保证受压筋屈服，应满足

$$x \geqslant 2a'_s \tag{7-10}$$

当 $x < 2a'_s$ 时，取 $x = 2a'_s$，对受压钢筋取矩重新求 A_s 得

$$A_s = Ne'/f_y(h_0 - a'_s) \tag{7-11}$$

3.满足最小配筋率要求

$$A_s \geqslant \rho_{\min} bh, A'_s \geqslant \rho_{\min} bh \tag{7-12}$$

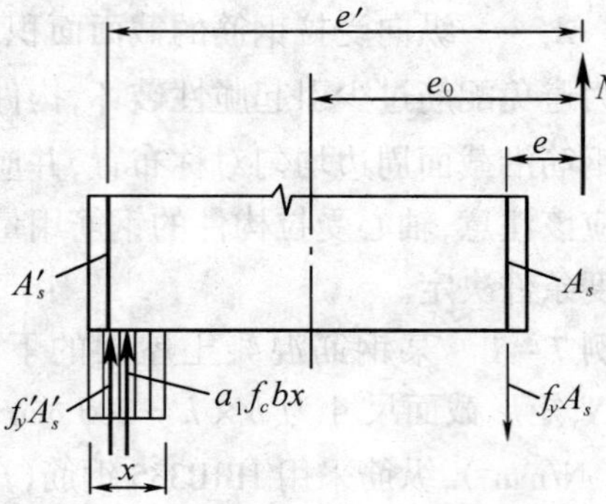

图 7-3　大偏心受拉构件截面受力情况

二、小偏心受拉构件

(一)基本公式

根据小偏心受拉构件的破坏特征可知其受力情况如图 7-4，由平衡条件可得小偏心受拉承载力计算公式

$$N = f_y A_s + f_y A'_s \tag{7-13}$$

$$Ne' = f_y A_s (h_0 - a'_s) \tag{7-14}$$

或

$$Ne = f_y A'_s (h_0 - a'_s)] \tag{7-15}$$

按照承载力极限状态设计应满足

$$N \leqslant N_u, M \leqslant M_u \tag{7-16}$$

$$N_u = f_y A_s + f_y A'_s \tag{7-17}$$

$$M_u = N_u e_o \tag{7-18}$$

式中 e——轴向拉力作用点至 A_s 合力点的距离，$e = (h/2 - a'_s) - e_0$；

e'——轴向拉力作用点至 A'_s 合力点的距离，$e' = e_0 + (h/2 - a'_s)$。

当采用对称配筋时，每侧只能按式(7-14)、式(7-15)算得的钢筋截面面积较大者配筋。

(二)适用条件

满足最小配筋率要求 $A_s \geqslant \rho_{\min} bh$。

三、计算类型及计算方法

(一)截面设计

1.已知：$b \times h, f_c, f_y, f'_y, e_0, N$，求 A_s, A'_s。

解：(1)判别大小偏心

当 $e_0 > h/2 - a_s$ 时为大偏心受拉；当 $e_0 < h/2 - a_s$ 时为小偏心受拉。

(2)若为大偏心，则利用大偏心基本公式计算

为使钢筋用量最少,取 $x = \xi_b h_0$

$A_s' = [Ne - \alpha_1 f_c b \xi_b h_o^2 (1 - \xi_b/2)]/[fy'(h_0 - a_s')]$

$A_s = (\alpha_1 f_c b \xi_b h_0 + f_y' A_s' + N)/f_y$

当 $A_s' < 0.002 b\, h_0$,取 $A_s' = 0.002 b\, h_0$

由 $Ne = \alpha_1 f_c bx(h_0 - x/2) + f_y' A_s'(h_0 - a_s')$求 x

代入 $N = f_y A_s - \alpha_1 f_c bx - f_y' A_s'$ 求 A_s。

(3)若为小偏心,受拉则利用小偏心受拉基本公式计算

两个方程两个未知数,可直接求解

$A_s = Ne'/f_y(h_0 - a_s')$, $A_s' = Ne/f_y(h_0 - a_s')$

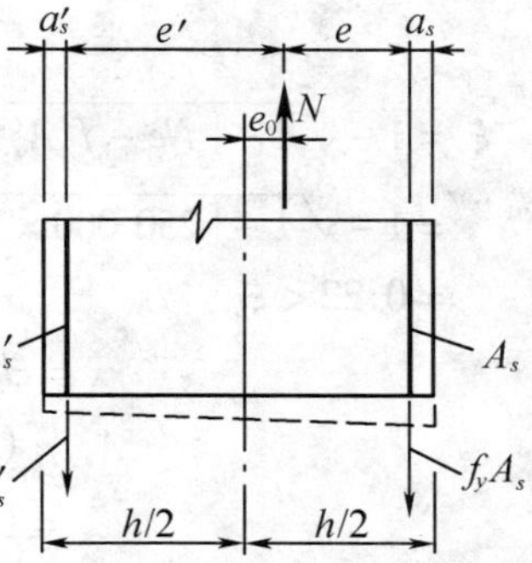

图 7-4 小偏心受拉构件截面受力情况

(二)截面复核

1.已知:$b \times h, f_c, f_y, f_y', e_0, A_s, A_s'$ N,验算承载力是否满足要求。

2.已知:$b \times h, f_c, f_y, f_y', e_0, A_s, A_s'$,求 N_u。

解:(1)判别大小偏心

当 $e_0 > h/2 - a_s$ 时为大偏心受拉;当 $e_0 < h/2 - a_s$ 时为小偏心受拉。

(2)若为大偏心,则利用大偏心基本公式计算

两个方程两个未知数,可先求 x,若 $x \leqslant \xi_b h_0$,则直接代入公式求 N_u。

若 $x > \xi_b h_0$,说明 A_s 配置过多,不能屈服,应按受压构件计算 σ_s,重新计算 x,再求 N_u。当 $N \leqslant N_u$ 时,承载力满足要求;当 $N > N_u$ 时,承载力不满足要求。

(3)若为小偏心,则利用小偏心基本公式计算

两个方程,分别求 N_u,取较小值。

例 7-2 偏心受拉构件的截面尺寸为 $b \times h = 300$ mm × 450 mm,构件承受的轴向拉力设计值 $N = 250$ kN,弯矩设计值 $M = 180$ kN·m,混凝土强度强度等级为 C20,纵筋采用 HRB335 钢筋,$a_s' = a_s = 35$ mm,试计算所需纵向受力钢筋的面积。

解 查表得:C20:$f_c = 9.6$ N/mm^2,$f_t = 1.1$ N/mm^2;HRB335 级钢筋:$f_y = 300$ N/mm^2

1.判断大小偏心

$$h_0 = 450 - 35 = 415 \text{ mm}$$

$e_0 = 180000000/250000 = 720$ mm $> h/2 - a_s = 450/2 - 35 = 190$ mm 为大偏心受拉

2.求 $A_s A_s'$

$e' = e_0 + h/2 - a_s' = 720 + 450/2 - 35 = 910$ mm, $e = e_0 - h/2 + a_s = 720 - 450/2 + 35 = 530$ mm

为使总配筋量最小,取 $\xi = \xi_b = 0.55$

$A_s' = [Ne - \alpha_1 f_c bx(h_0 - x/2)]/[f_y'(ho - a_s')$

$= [250\,000 \times 530 - 1 \times 9.6 \times 300 \times 0.55 \times 415^2(1 - 0.5 \times 0.55)]/300 \times (415 - 35)$

$= -572.7$ mm$^2 < 0$

$\rho'_{\min} = \rho_{\min} = 45\ f_t/f_y\% = 45 \times 1.1/300\% = 0.165\% < 0.2\%$ 取 $\rho_{\min} = \rho'_{\min} = 0.2\%$

取 $A_s' = \rho'_{\min} bh = 0.002bh = 0.002 \times 300 \times 450 = 270$ mm^2

选受压筋 2 Φ 14($A_s' = 308$ mm^2)

A_s'为已知,求 A_s

$$Ne = \alpha_1 f_c bx(h_0 - x/2) + f'_y A'_s(h_0 - a'_s)$$

$$x = \xi h_0$$

$\xi = 1 - \sqrt{1 - [Ne - f'_y A'_s(h_0 - a'_s)]/0.5\alpha_1 f_c bh_o^2}$

$= 1 - \sqrt{1 - [250\,000 \times 530 - 300 \times 308 \times (415 - 35)]/0.5 \times 1 \times 9.6 \times 300 \times 415^2}$

$= 0.22 < \xi_b$

$$x = \xi h_0 = 0.22 \times 415 = 91.3 \text{ mm} > 2a'_s = 70 \text{ mm}$$

$$A_s = (\alpha_1 f_c b\xi h_0 + f'_y A'_s + N)/f_y$$

$$= (1 \times 9.6 \times 300 \times 0.22 \times 415 + 300 \times 308 + 250\,000)/300$$

$$= 2\,017.8 \text{ mm}^2$$

3.验算最小配筋率:

$$\rho = A_s/bh_0 = 2\,017.8/300 \times 415 = 1.62\% \quad \rho > \rho_{\min}$$

选受拉筋5 Φ 25($A_s = 2\,454 \text{ mm}^2$)

例7-3 偏心受拉构件的截面尺寸为 $b \times h = 300 \text{ mm} \times 450 \text{ mm}$,构件承受的轴向拉力设计值 $N = 760$ KN,弯矩设计值 $M = 120$ KN·m,混凝土强度强度等级为C20,纵筋采用HRB335钢筋,$a'_s = a_s = 35$ mm,试计算所需纵向受力钢筋的面积。

解 查表得C20:$f_c = 9.6 \text{ N/mm}^2$,$f_t = 1.1 \text{ N/mm}^2$;HRB335级钢筋:$f_y = 300 \text{ N/mm}^2$

1.判断大小偏心

$$h_0 = 450 - 35 = 415 \text{ mm}$$

$e_0 = 120\,000\,000/760\,000 = 157.9 \text{ mm} < h/2 - a_s = 450/2 - 35 = 190$ mm 为小偏心受拉

2.求 A_s,A'_s

$e = h/2 - e_0 - a_s = 450/2 - 157.9 - 35 = 32.1$ mm

$e' = h/2 + e_0 - a_s = 450/2 + 157.9 - 35 = 347.9$ mm

$A'_s = Ne/f'_y(ho - a'_s) = 760\,000 \times 32.1/300 \times (415 - 35) = 214 \text{ mm}^2$

$A_s = Ne'/f_y(h_0 - a'_s) = 760\,000 \times 347.9/300 \times (415 - 35) = 2\,319.3 \text{ mm}^2$

3.验算最小配筋率:

$\rho'_{\min} = \rho_{\min} = 45 f_t/f_y\% = 45 \times 1.1/300\% = 0.165\% < 0.2\%$,取 $\rho_{\min} = \rho'_{\min} = 0.2\%$

$\rho' = A'_s/bh = 214/300 \times 450 = 0.158\%$ $\rho' < \rho'_{\min}$ 取 $\rho' = \rho'_{\min}$

$A_s = 0.002 \times 300 \times 450 = 270 \text{ mm}^2$

$\rho = A_s/bh = 2\,319.3/300 \times 450 = 1.72\%$,$\rho > \rho_{\min}$

选受压筋2 Φ 14($A'_s = 308 \text{ mm}^2$),受拉筋5 Φ 25($A_s = 2\,454 \text{ mm}^2$)

第四节 偏心受拉构件斜截面承载力计算

试验表明,轴向拉力使构件的抗剪能力明显降低,但它对箍筋的抗剪能力几乎没有影响,因此,《规范》给出矩形截面偏心受拉构件的受剪承载力计算公式为

$$V \leqslant V_{cs} = 1.75/(\lambda + 1) f_t bh_0 + f_{yv} A_{sv} h_0/S - 0.2N \quad (7-19)$$

$$V_{cs} = 1.75/(\lambda + 1) f_t bh_0 + f_{yv} A_{sv} h_0/S - 0.2N \geqslant f_{yv} A_{sv} h_0/S \quad (7-20)$$

且

$$\rho_{sv} = A_{sv}/bS \geqslant 0.36 f_t/f_{yv} \quad (7-21)$$

式中　N——与剪力设计值相应的轴向拉力设计值；

λ——偏心受拉构件计算截面的剪跨比，取值同偏心受压构件。

偏心受拉构件的箍筋一般宜满足受弯构件对箍筋的构造要求。对矩形截面偏心受拉构件截面尺寸的要求同受弯构件。

习　题

一、填空题

7－1　矩形截面大小偏心受拉构件的界限是________。当偏心受拉构件的偏心矩 $e_0 > h/2 - a_s$ 时为________，当 $e_0 < h/2 - a_s$ 时为________。

7－2　钢筋混凝土偏心受拉构件，靠近偏心拉力的钢筋称为________，离偏心拉力较远的钢筋称为________。

7－3　偏心受拉构件斜截面承载力随轴向拉力的增加而________。

7－4　大偏心受拉时________受压区，小偏心受拉时________受压区，对称配筋大偏心受拉时受压钢筋________，小偏心受拉时受压钢筋________。

7－5　计算小偏心受拉构件正截面承载力时，在一般情况下，对受压及受拉钢筋设计强度值取________，而大偏心受拉构件正截面承载力时，对受压及受拉钢筋设计强度值应分别取 ________。

二、判断题

7－1　无论是受拉构件还是受弯构件，在裂缝出现前后，裂缝截面处的钢筋应力会发生突变。（　）

7－2　轴心受拉构件的正截面承载力由混凝土和钢筋共同承受。（　）

7－3　轴心受拉构件，当承载力计算不满足要求时，最有效的办法是加大钢筋的面积。（　）

7－4　偏心受拉构件正截面承载力计算时与偏心受压构件一样应考虑纵向弯曲的影响。（　）

7－5　偏心受拉构件区分大小偏心是根据偏心拉力的作用位置来确定的。（　）

7－6　偏心受拉构件大小偏心的区别与偏心受压构件相同。（　）

7－7　一般情况下，大偏心受拉构件中的受拉钢筋和受压钢筋的最小配筋率是相同的。（　）

三、选择题

7－1　偏心受拉构件的抗弯承载力（　　）。

A. 随轴向力的减少而增加　　B. 随轴向力的增加而增加

C. 大偏拉时轴向力的增加而增加　　D. 小偏拉时轴向力的增加而增加

7－2　满足（　　）条件的偏心受拉构件，称为大偏心受拉构件。

A. $e_0 > h/2 - a_s$　B. $e_0 < h/2 - a_s$　C. $\xi \leqslant \xi_b$　D. $\xi > \xi_b$

7－3　矩形截面不对称配筋大偏心受拉构件（　　）。

A. 有受压区,但 A'_s 一般不屈服　　B. 没有受压区,A'_s 不屈服

C. 有受压区,且 A'_s 屈服　　D. 没有受压区,A'_s 屈服

7-4　矩形截面对称配筋大偏心受拉构件(　　)。

A. A'_s 受压不屈服　　B. A'_s 受拉不屈服

C. A'_s 受压屈服　　D. A'_s 受拉屈服

7-5　矩形截面不对称配筋小偏心受拉构件(　　)。

A. 有受压区,但 A'_s 不屈服　　B. 没有受压区,A'_s 不屈服

C. 有受压区,且 A'_s 屈服　　D. 没有受压区,A'_s 屈服

7-6　矩形截面对称配筋小偏心受拉构件(　　)。

A. A'_s 受压不屈服　　B. A'_s 受拉不屈服

C. A'_s 受压屈服　　D. A'_s 受拉屈服

7-7　计算大偏心受拉构件的正截面承载力时,若求得的 $x < 2a'_s$,说明受压钢筋的应力(　　)。

A. $\sigma'_s < f'_y$　　B. $\sigma'_s = f'_y$　　C. $\sigma'_s > f'_y$

7-8　在轴心受拉构件正截面承载力计算中,截面上的拉应力(　　)。

A. 全部由纵向钢筋承担　　B. 全部由纵向钢筋和混凝土共同承担

C. 全部由混凝土承担　　D. 由部分纵向钢筋和混凝土共同承担

7-9. 大偏心受拉构件的受拉筋和受压筋均为未知,设计时应先求出受压筋面积,此时应取(　　)。

A. $\xi < \xi_b$　　B. $\xi = \xi_b$　　C. $e_0 = 0.3h_0$　　D. $\xi = 2a'_s/h_0$

7-10　已知受压筋截面积 $> 0.002bh_0$ 的大偏心受拉构件,在一般情况下,ξ 应是(　　)。

A. $\xi > \xi_b$　　B. $\xi = \xi_b$　　C. $\xi < \xi_b$

四、简答题

7-1　偏心受拉构件大小偏心是怎样判别的?其正截面承载力应如何计算?

7-2　试说明为什么大、小偏心受拉构件的区分只与轴向力的作用位置有关,与配筋率无关?

7-3　试比较双筋梁、非对称配筋的大偏心受压和大偏心受拉构件三者正截面承载力计算的异同。如果其他条件相同,只有钢筋数量的变化,试说明那种构件需要的受拉钢筋多。

五、计算题

7-1　某钢筋混凝土屋架的下弦杆,按轴心受拉构件设计。其拉力设计值 $N = 260$ KN,若截面为 $b \times h = 200\ \text{mm} \times 140\ \text{mm}$,混凝土强度强度等级为 C20($f_c = 9.6\ \text{N/mm}^2$,$f_t = 1.1\ \text{N/mm}^2$),纵筋采用 HRB335 钢筋($f_y = 300\ \text{N/mm}^2$),试按正截面承载力要求计算所需纵向受力钢筋的面积。

7-2　偏心受拉构件的截面尺寸为 $b \times h = 300\ \text{mm} \times 450\ \text{mm}$,构件承受的轴向拉力设计值 $N = 760$ kN,弯矩设计值 $M = 76\ \text{kN·m}$,混凝土强度强度等级为 C25,($f_c = 11.9\ \text{N/mm}^2$,$f_t =$

1.127 N/mm^2)，纵筋采用 HRB335 钢筋($f_y = 300\ N/mm^2$)，$a'_s = a_s = 35$ mm，试计算所需纵向受力钢筋的面积。

7-3 偏心受拉构件的截面尺寸为 $b \times h = 250\ mm \times 400\ mm$，构件承受的轴向拉力设计值 $N = 180$ kN，弯矩设计值 $M = 90$ kN·m，混凝土强度等级为 C25，($f_c = 11.9\ N/mm^2$，$f_t = 1.27\ N/mm^2$)，纵筋采用 HRB335 钢筋($f_y = 300\ N/mm^2$)，$a'_s = a_s = 35$ mm，试计算所需纵向受力钢筋的面积。

7-4 偏心受拉构件的截面尺寸为 $b \times h = 250\ mm \times 400\ mm$，构件承受的轴向拉力设计值 $N = 230$ kN，弯矩设计值 $M = 40$ kN·m，混凝土强度等级为 C25，($f_c = 11.9\ N/mm^2$，$f_t = 1.27\ N/mm^2$)，纵筋采用 HRB335 钢筋($f_y = 300\ N/mm^2$)，$a'_s = a_s = 35$ mm，采用对称配筋，试计算所需纵向受力钢筋的面积。

参考答案

一、填空题

7-1 $e_0 = h/2 - a_s$ 大偏心受压 小偏心受压

7-2 受拉钢筋 受压钢筋

7-3 减小

7-4 有 无 屈服 不屈服

7-5 f_y f_y 及 f'_y

二、判断题

7-1 ✓ 7-2 × 7-3 ✓ 7-4 × 7-5 ✓ 7-6 ×

7-7 ×

三、选择题

7-1 A 7-2 A 7-3 C 7-4 A 7-5 D 7-6 B

7-7 A 7-8 A 7-9 B 7-10 C

四、简答题

7-1 $e_0 > h/2 - a_s$，大偏心；$e_0 < h/2 - a_s$，小偏心。小偏心受拉因为破坏时裂缝已全部贯通，截面承载力计算时不考虑混凝土承担拉，拉力全部由钢筋承受，且钢筋均达到屈服，根据平衡条件，即可求得钢筋截面面积。大偏心受拉和大偏心受压计算方法类似，步骤相同，只是不考虑纵向弯曲影响，且轴向力为拉力。

7-2 大小偏心受拉构件的区分与偏心受压构件不同，它是以达到正截面承载力极限状态时截面上是否存在有受压区来划分的。当轴向力作用于受拉筋和受压筋之间时，拉区混凝土开裂后，拉力由纵向受拉钢筋负担，而纵向受拉钢筋位于纵向力的外侧，根据力矩平衡，纵向受压筋只能受拉，截面上将不可能存在受压区，因此只要拉力作用在受拉筋和受压筋之间，大小偏心即与偏心矩和配筋率无关，均为全截面受拉的小偏心受拉构件。当拉力作用在受拉筋与受压筋之外时，部分截面受拉，部分受压，拉区混凝土开裂后，由平衡条件可知，大小偏心与配筋率无关，截面必须保留有受压区，受压钢筋处于受压状态，为大偏心受拉构件。

7-3 承载力计算：相同点：截面上应力图形相同；计算方法和步骤大体相同。不同点：双筋梁截面上只有弯矩，大偏心受压截面上有弯矩和轴向压力，大偏心受拉截面上有弯矩和轴向拉力，若只考虑钢筋数量的变化，大偏心受拉构件所需的受拉钢筋面积要大些。

第八章 钢筋混凝土构件的裂缝和变形验算

第一节 概 述

如前所述,结构构件除应满足承载力极限状态要求以保证其安全性外,还应满足正常使用极限状态的要求,以保证其适用性和耐久性。正常使用极限状态的验算包括裂缝验算和变形验算。

由于结构构件不满足正常使用极限状态比不满足承载力极限状态对生命财产的危害性小,因此,正常使用极限状态的目标可靠指标可以小些。《规范》规定:结构构件承载力计算应采用荷载设计值,构件裂缝验算和变形验算应分别采用荷载的标准组合、准永久组合,其值大致相当于破坏时荷载效应值的 50% ~ 70%。荷载效应的标准组合是指按永久荷载及可变荷载的标准值计算的荷载效应,也称为荷载短期效应;荷载效应的准永久组合是指按永久荷载的标准值及可变荷载的准永久值计算的荷载效应,也称为荷载长期效应。

钢筋混凝土结构构件产生裂缝会使构件刚度降低,变形增大;当构件处于有侵蚀性介质或高湿环境中时,裂缝过宽将加速钢筋锈蚀,影响构件的耐久性。对于钢筋混凝土梁板构件,变形过大将影响精密仪器的使用、吊车的正常运行及天棚、门窗等构件的使用。同时,当裂缝宽度和挠度达到一定限值后会影响结构的美观,会给人不安全的感觉,也会影响对结构质量的评价。

裂缝产生主要有两个原因,一是荷载因素,二是非荷载因素,如材料收缩、温度变化、混凝土碳化及地基不均匀沉降。很多裂缝往往是几种因素共同作用的结果。据调查,工程中有 80% 的裂缝主要是由非荷载因素引起的,只有 20% 的裂缝主要是由荷载因素引起的。在实际工程中,应从计算、构造、施工及材料等方面采取措施来控制。产生变形的原因主要是荷载,应通过变形验算来控制。

第二节 裂缝宽度验算

由于混凝土是一种非匀质材料,其抗拉强度离散性较大,因此构件裂缝的出现和开展也具有随机性,这就使裂缝宽度计算问题变得比较复杂。通过试验研究提出了不同的计算方法,可归纳为两类:一是试验统计法,即通过大量试验获得实测数据,经回归分析得出各种参数对裂缝宽度的影响,再由数理统计建立包含主要参数的计算公式;二是半理论半经验法,即根据裂缝出现和开展的机理,在若干假定的基础上建立理论公式,然后根据试验资料确定公式的参数,从而得到裂缝宽度的计算公式。我国《规范》采用的是后一种方法。

一、裂缝的出现与分布规律

以轴心受拉构件为例,当轴向拉力很小时,构件处于弹性阶段,拉力由钢筋和混凝土共同承担,沿构件的纵向各截面受力均相同,构件未开裂。随着轴向拉力的逐渐增加,混凝土进入弹塑性阶段,理论上当各截面混凝土轴向拉应力达到混凝土抗拉强度时,各截面均将出现裂缝。但实际上,由于混凝土的非均质性,仅在混凝土最薄弱处首先出现第一条裂缝,各截面原均匀分布的应力状态立即发生变化,裂缝截面混凝土退出抗拉工作,全部拉力由钢筋承受,而离开裂缝的截面,由于混凝土与钢筋共同工作,通过它们之间的粘结应力,突增的钢筋应力又逐渐传给混凝土,使混凝土的应力逐渐恢复,钢筋应力逐渐降低。当轴向拉力稍增加时,在离开裂缝截面一定距离的部位混凝土的拉应力超过该处混凝土抗拉强度时,将出现第二条裂缝。如上所述,此时构件各截面应力又发生变化,钢筋和混凝土的应力是随着裂缝位置而变化的,呈波浪形起伏,裂缝截面处钢筋应力最大,混凝土应力为零,两裂缝中间截面处混凝土应力最大,钢筋应力最小,如图 8-1。当裂缝间距小到一定程度后,离开裂缝的各截面混凝土的拉应力已经不能通过粘结力再增大到混凝土的抗拉强度,即使轴向力增加,混凝土也不会出现新的裂缝,当然,实际上构件难免还会出现一些新的微小裂缝,但一般不会形成主要裂缝,因此,可以认为裂缝已基本稳定。

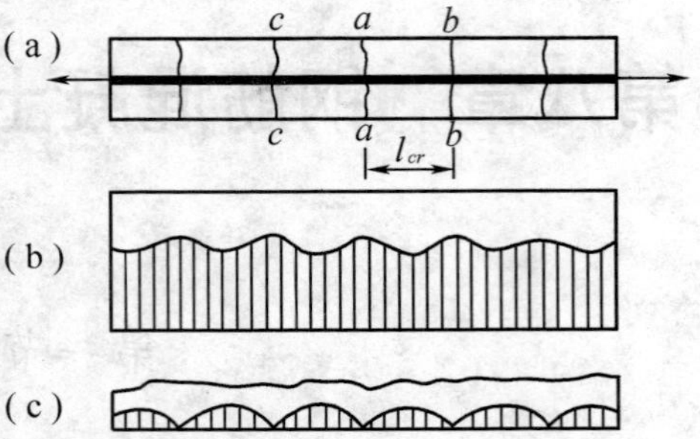

图 8-1 有多条裂缝时构件中的应力

(a)裂缝位置;(b)钢筋应力;(c)混凝土应力

二、平均裂缝间距

理论分析和试验表明,裂缝间距取决于有效配筋率、钢筋直径及表面形状、混凝土保护层厚度。平均裂缝间距可按下列半理论半经验公式计算:

$$l_{cr} = \beta(1.9c + 0.08 d_{eq}/\rho_{te}) \tag{8-1}$$

式中 β——系数,轴心受拉构件取 $\beta = 1.1$,受弯、偏心受压、偏心受拉构件取 $\beta = 1$;

ρ_{te}——纵筋有效配筋率,$\rho_{te} = A_s/A_{te}$,当 $\rho_{te} < 0.01$ 时,取 $\rho_{te} = 0.01$;

A_{te}——有效受拉混凝土截面面积,轴心受拉构件:$A_{te} = bh + (b'_f - b)h'_f + (b_f - b)h_f$;受弯、偏心受压、偏心受拉构件 $A_{te} = 0.5bh + (b_f - b)h_f$;

d_{eq}——受拉钢筋的等效直径,$d_{eq} = \sum n_i d_i^2 / \sum n_i v_i d_i$;

n_i——第 i 种纵向钢筋的根数;

v_i——第 i 种纵向钢筋的相对粘接特征系数,带肋钢筋取 $v_i = 1$,光面钢筋取 $v_i = 0.7$;

d_i——第 i 种纵向钢筋的直径;

c——最外排纵向受拉钢筋混凝土净保护层;当 $c < 20$ 时,取 $c = 20$;当 $c > 65$ mm 时,取 $c = 65$ mm。

三、平均裂缝宽度

试验表明,裂缝宽度的离散程度比裂缝间距更大些。因此,平均裂缝宽度的确定,必须以平均裂缝间距为基础。

对矩形、T形、倒T形和I字形截面的钢筋混凝土轴心受拉、受弯、偏心受压、偏心受拉构件,平均裂缝宽度可近似按下式计算:

$$\omega_m = 0.85\varphi\sigma_{sk}l_{cr}/E_s \tag{8-2}$$

式中 E_s——纵向钢筋弹性模量；

σ_{sk}——在荷载短期效应组合下，裂缝截面处纵筋拉应力。

各构件在使用阶段的截面应力如图 8-2 所示。

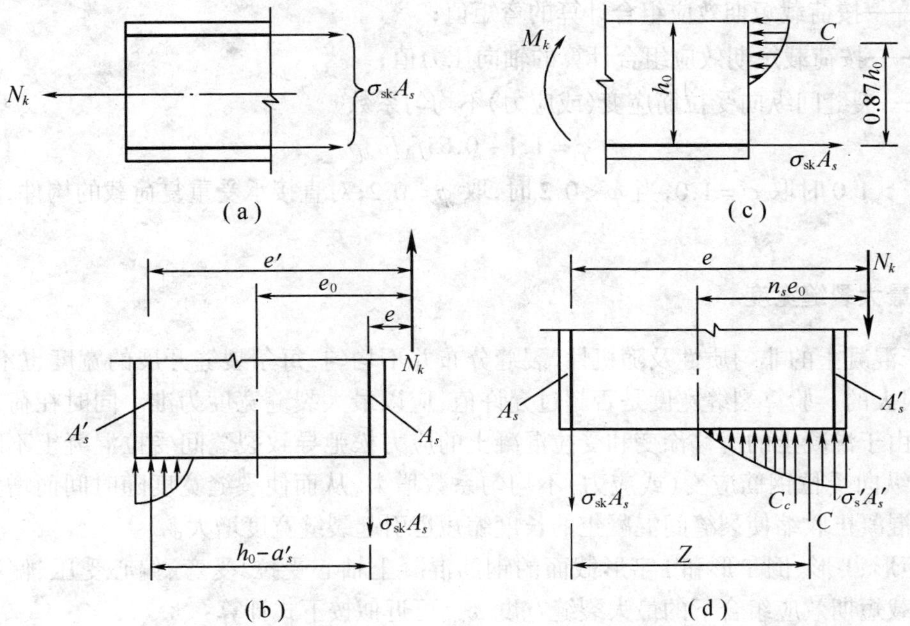

图 8-2 构件使用阶段的截面应力状态

(a)轴心受拉；(b)偏心受拉；(c)受弯；(d)偏心受压

轴拉构件：

$$\sigma_{sk} = N_k/A_s \tag{8-3}$$

偏心受拉构件：

$$\sigma_{sk} = N_k e'/A_s(h_0 - a'_s) \tag{8-4}$$

受弯构件：

$$\sigma_{sk} = M_k/0.87A_sh_0 \tag{8-5}$$

偏心受压构件：

$$\sigma_{sk} = N_k(e - z)/A_sz \tag{8-6}$$

z——纵向受拉钢筋合力作用点至受压区合力点的距离；

$$z = [0.87 - 0.12(1 - r'_f)(h_0/e)^2]\ h_0 \leqslant 0.87h_0 \tag{8-7}$$

r'_f——受压翼缘面积与腹板有效面积的比值；

$$r'_f = (b'_f - b)h'_f/bh_0 \tag{8-8}$$

当 $h'_f > 0.2h_0$ 时，取 $h'_f = 0.2h_0$

A_s——纵向受拉钢筋截面面积；

η_s——偏心距增大系数，近似取

$$\eta_s = 1 + (l_0/h)^2/4\,000(e_0/h_0) \tag{8-9}$$

y_s——截面重心至纵向受拉钢筋合力点的距离,对矩形截面 $y_s = h/2 - a_s$;

e——轴向压力至受拉钢筋合力点的距离,偏心受压构件:当 $l_0/h > 14$ 时,$e = \eta_s e_0 + y_s = \eta_s e_0 + h/2 - a_s'$;当 $l_0/h \leqslant 14$ 时 $\eta_s = 1, e = e_0 + y_s = e_0 + h/2 - a_s'$;

e'——轴向拉力至受压钢筋合力点的距离,$e' = e_0 + \frac{h}{2} - a_s'$;

M_k——按荷载短期效应组合计算的弯矩值;

N_k——按荷载短期效应组合计算的轴向压力值;

φ——裂缝间纵向受拉筋应变(或应力)不均匀系数

$$\varphi = 1.1 - 0.65 f_{tk} / \sigma_{sk} \rho_{te} \tag{8-10}$$

当 $\varphi > 1.0$ 时取 $\varphi = 1.0$;当 $\varphi < 0.2$ 时,取 $\varphi = 0.2$;对直接承受重复荷载的构件,取 $\varphi = 1.0$。

四、最大裂缝宽度

由于混凝土的非匀质性及随机性,裂缝分布并不均匀,每条裂缝开展的宽度也不同,离散性是很大的。验算裂缝宽度是否超过允许值,应以最大裂缝宽度为准。同时在荷载长期作用下,由于混凝土的滑移徐变和受拉混凝土的应力松弛导致裂缝间受拉混凝土不断退出工作,使纵向受拉钢筋应变(或应力)不均匀系数增大,从而使裂缝宽度随时间而增大。此外,由于混凝土收缩使裂缝间混凝土的长度缩短也引起裂缝宽度增大。

对矩形、T 形、倒 T 形和 I 字形截面的钢筋混凝土轴心受拉、受弯、偏心受压、偏心受拉构件,荷载短期效应组合下的最大裂缝宽度 $\omega_{\max}$ 可近似按下式计算:

$$\omega_{\max} = \alpha_{cr} \varphi \sigma_{sk} (1.9c + 0.08 d_{eq} / \rho_{te}) / E_s \tag{8-11}$$

式中 α_{cr}——构件受力特征系数。

轴心受拉取 $\alpha_{cr} = 2.7$;受弯、偏心受压取 $\alpha_{cr} = 2.1$;偏心受拉取 $\alpha_{cr} = 2.4$。

对直接承受吊车的构件,由于这类构件主要承受短期荷载,卸荷后裂缝可部分闭合,同时用车满载的情况较小,而且是按 $\varphi = 1.0$ 计算的,因此,可将计算求得的最大裂缝宽度乘以系数 0.85。

对 $e_0/h_0 \leqslant 0.55$ 的偏心受压构件,可不验算裂缝宽度。

按公式计算的最大裂缝宽度是指受拉钢筋截面重心水平处构件侧表面的裂缝宽度。而在结构试验或质量检验时,通常只能观察构件外表面的裂缝宽度,其值比计算值约大 k_b 倍,k_b 可按下式估算:$k_b = 1 + 1.5 a_s / h_0$。

五、裂缝宽度验算

《规范》对混凝土构件规定的最大裂缝宽度限值见附表 10,结构构件的最大裂缝宽度严格控制不准超过最大裂缝宽度限值,即

$$\omega_{\max} \leqslant [\omega_{\max}] \tag{8-12}$$

从最大裂缝宽度计算公式可以看出,最大裂缝宽度的大小与构件截面尺寸、混凝土强度等级、钢筋直径、钢筋表面形状及混凝土保护层厚度有关,其中构件截面尺寸及混凝土强度对最大裂缝宽度的影响较小。

当裂缝宽度验算结果不满足要求时,可采取选用较细直径的变形钢筋或增加钢筋截面

面积等措施。如果还不能满足要求，也可增大截面尺寸、提高混凝土强度等级。

例 8-1 某实验楼的一根钢筋混凝土简支梁，截面尺寸 $b\times h=250\ mm\times 700\ mm$，计算跨度为 6 m，混凝土采用 C25，按正截面承载力计算已配置了 4 ϕ 20HRB400 纵向钢筋，梁所承受的永久荷载标准值(包括梁自重) $g_k=22\ kN/m$，可变荷载标准值 $q_k=14\ kN/m$，保护层厚度为 25 mm，试验算其裂缝宽度是否满足要求。

解 查表得 C25：$E_c=2.8\times 10^4\ N/mm^2$，$f_{tk}=1.78\ N/mm^2$；HRB400：$E_s=2\times 10^5\ N/mm^2$，$A_s=1\ 256\ mm^2$

1.按荷载的短期效应组合计算弯矩

$$M_k=(g_k+q_k)l_0{}^2/8=(22+14)\times 6^2/8=162\ kN\cdot m$$

2.计算纵向受拉钢筋的应力

$$\sigma_{sk}=M_k/0.87A_sh_0=162\times 10^6/0.87\times 1\ 256\times 665=222.9\ N/mm^2$$

3.计算有效配筋率

$$A_{te}=0.5bh=0.5\times 250\times 700=87\ 500\ mm^2$$

$$\rho_{te}=A_s/A_{te}=1\ 256/87\ 500=0.014\ 4>0.01，取\ \rho_{te}=0.014\ 4$$

4. 计算受拉钢筋应变的不均匀系数

$$\varphi=1.1-0.65f_{tk}/\sigma_{sk}\rho_{te}=1.1-0.65\times 1.78/222.9\times 0.0144=0.74,$$

$0.2<\varphi<1$，取 $\varphi=0.74$

5. 计算最大裂缝宽度

$$\omega_{max}=2.1\varphi\sigma_{sk}(1.9c+0.08d_{eq}/\rho_{te})/E_s$$
$$=2.1\times 0.74\times 222.9\times(1.9\times 25+0.08\times 20/0.014\ 4)/2\times 10^5=0.275\ mm$$

6.比较裂缝宽度

根据《规范》查得 $[\omega_{max}]=0.3\ mm$

$\omega_{max}=0.275<[\omega_{max}]=0.3\ mm$，裂缝宽度满足要求。

第三节 受弯构件变形验算

一、受弯构件变形验算

受弯构件变形大小可用挠度来表示。对匀质弹性材料，其跨中挠度计算公式为：

$$f=CM_k\,l_0{}^2/EI=CM_k\,l_0{}^2/B \tag{8-13}$$

式中 l_0——计算跨度；

C——与荷载形式、支承条件有关的系数。对均布荷载作用下的简支梁，取 $C=5/48$；

B—梁截面抗弯刚度。

对于材料力学中研究的梁，截面抗弯刚度 EI 是一个常数，当梁的材料、截面和跨度一定时，挠度与弯矩之间成线性关系。如图 8-3(a)中的虚线。对钢筋混凝土受弯构件，混凝土是非匀质材料，其截面抗弯刚度 B 不是一个常数，而是随弯矩增加而减小，如图 8-3(b)，而且随荷载持续作用时间的增长而减小，因此挠度与弯矩之间是非线性关系，如图 8-3(a)中的实线。

钢筋混凝土受弯构件在荷载作用下，在各截面的弯矩是不相等的，因此各截面抗弯刚度也不相等，如图8-4。在实用计算中，对等截面构件，在同一符号弯矩范围内，取弯矩最大截面处的刚度作为各截面的刚度进行计算，该刚度为最小刚度，这一计算原则称为最小刚度原则。利用最小刚度原则会使计算过程大为简化，而计算结果也能满足工程设计要求。

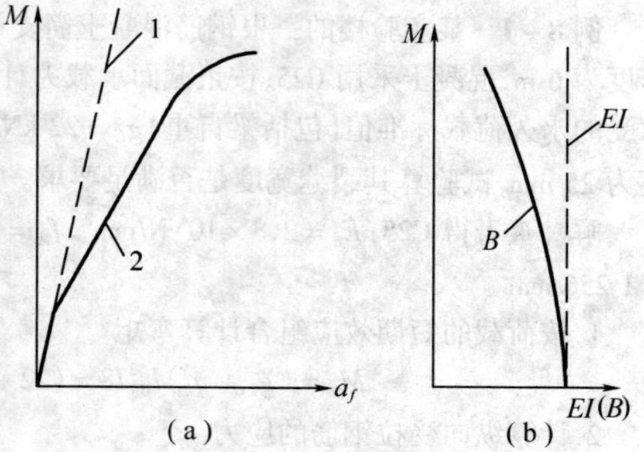

图8-3 M-f与M-EI(B)的关系曲线

(a)M-f关系曲线；(b)M-EI(B)关系曲线

1—均匀弹性材料梁；2—钢筋混凝土适筋梁

考虑到荷载作用时间的影响，而将截面抗弯刚度分为短期刚度和长期刚度。通常用 B_s 表示钢筋混凝土梁在荷载效应标准组合作用下的截面抗弯刚度，简称短期刚度；而用 B 表示在荷载效应标准组合并考虑荷载长期作用影响的截面抗弯刚度，简称长期刚度。

钢筋混凝土受弯构件挠度计算可以直接引用材料力学中的计算公式，只是计算中截面抗弯刚度按最小长期刚度计算，弯矩按相应最大弯矩计算。

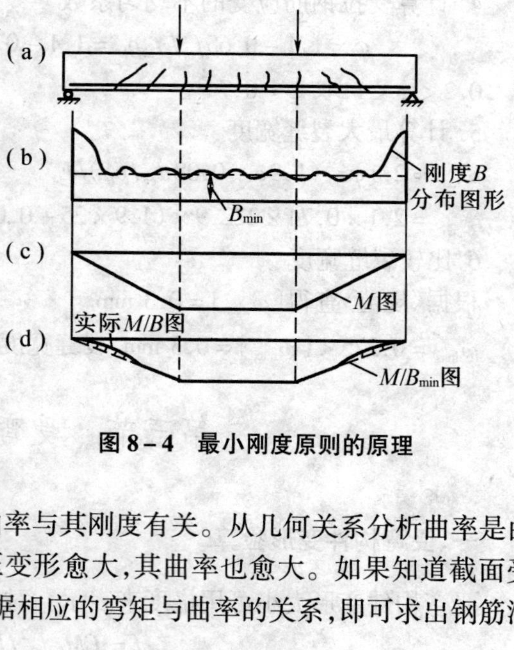

图8-4 最小刚度原则的原理

受弯构件变形验算就是保证构件的最大挠度不准超过最大挠度限值，即 $f \leqslant [f]$。可见，钢筋混凝土受弯构件的变形计算重点是确定其抗弯刚度。

二、短期刚度 B_s 的计算

受弯构件的抗弯刚度反映其抵抗弯曲变形的能力。在受弯构件的纯弯段，当弯矩一定时，截面抗弯刚度大，其弯曲变形就小，反之，弯曲变形就大。因此，弯矩作用下的截面曲率与其刚度有关。从几何关系分析曲率是由构件截面受拉伸长、受压缩短形成的，截面拉压变形愈大，其曲率也愈大。如果知道截面受拉区和受压区的应变值则能求得其曲率，再根据相应的弯矩与曲率的关系，即可求出钢筋混凝土受弯构件的截面刚度。

经理论及试验结果分析，《规范》给出适用于矩形、T形、倒T形、I字形截面的受弯构件在荷载短期效应组合下的计算公式为：

$$B_s = E_sA_sh_0^2/[1.15\varphi + 0.2 + 6\alpha_E\rho/(1 + 3.5r f')] \quad (8-14)$$

式中 α_E 为钢筋与混凝土弹性模量的比值，$\alpha_E = E_s/E_c$；其它符号同前。

三、长期刚度 B 的计算

试验表明，在长期荷载作用下，受压混凝土将发生徐变，使变形随时间增长；裂缝间受拉混凝土的应力松弛及钢筋的滑移使受拉混凝土不断退出工作，从而使受拉钢筋在裂缝间的应变不断增长；受拉区与受压区混凝土收缩不一致使梁发生翘曲。这些因素都会导致构件

挠度增长，刚度降低。加载初期，挠度增长较大，而后增长减慢，持续数年之久。

《规范》要求，变形验算时刚度应按荷载效应标准组合并考虑荷载长期作用影响的长期刚度 B 进行计算，并用荷载准永久组合对挠度增大的影响系数来考虑荷载长期效应对刚度的影响。《规范》给出适用于矩形、T 形、倒 T 形、I 字形截面的受弯构件的刚度计算公式为：

$$B = M_k B_s / [M_q(\theta - 1) + M_k] \quad (8-15)$$

式中 M_k——按荷载标准组合计算的弯矩值；

M_q——按荷载准永久组合计算的弯矩值；

θ——荷载准永久组合对挠度增大的影响系数。

$$\theta = 2 - 0.4\rho'/\rho \quad (8-16)$$

由于受压钢筋能阻碍受压区混凝土的徐变，因而可以减小长期挠度，上式 ρ'/ρ 项就反映了这一有利影响。当 $\rho' = 0$ 时，$\theta = 2$；当 $\rho' = \rho$ 时，$\theta = 1.6$；期间内插。对翼缘位于受拉区的 T 形截面，θ 应增加 20%。

例 8-2 已知条件同例 1，可变荷载准永久值系数 $\psi_q = 0.5$，允许挠度 $[f]$ 为 $l_0/200$，验算该梁挠度是否满足要求。

解 由例 1 得 $M_k = 162\ \text{kN·m}$，$\sigma_{sk} = 222.9\ \text{N/mm}^2$，$\rho_{te} = 0.014$，$\Phi = 0.74$

1. 计算荷载准永久组合下的弯矩值

$$M_q = (g_k + \psi_q q_k) l_0^2/8 = (22 + 0.5 \times 14) \times 6^2/8 = 130.5\ \text{kN·m}$$

2. 计算构件的短期刚度

$$\alpha_E = E_s/E_c = 2 \times 10^5/2.8 \times 10^4 = 7.14$$

$$\rho = A_s/bh_0 = 1256/250 \times 665 = 0.007\,6$$

$$B_s = E_s A_s h_0^2/[1.15\varphi + 0.2 + 6\alpha_E\rho/(1 + 3.5\gamma f')]$$
$$= 2 \times 10^5 \times 1\,256 \times 665^2/[1.15 \times 0.74 + 0.2 + 6 \times 7.14 \times 0.007\,6/(1 + 0)]$$
$$= 8.07 \times 10^{13}\ \text{N·mm}^2$$

3. 计算构件的长期刚度

没有配置受压筋 $\rho' = 0$，$\theta = 2 - 0.4\rho'/\rho = 2 - 0 = 2$

$$B = M_k B_s/[M_q(\theta - 1) + M_k] = 162 \times 8.07 \times 10^{13}/[130.5(2-1) + 162] = 4.47 \times 10^{13}\ \text{N·mm}^2$$

4. 计算构件挠度

$$f = CM_k l_0^2/B = 5 \times 162 \times 10^6 \times 6\,000^2/48 \times 4.47 \times 10^{13} = 13.6\ \text{mm}$$

5. 比较挠度

$[f] = l_0/200 = 6\,000/200 = 30\ \text{mm}$，$f = 13.6\ \text{mm} < [f]$ 构件挠度满足要求。

习 题

一、填空题

8-1 计算梁的最大裂缝宽度和挠度时，荷载采用________值，材料强度采用________值。

8-2 混凝土结构或构件除了要满足承载力的要求外，还要满足________和________的要求。

8-3　对受弯构件除了必须进行________和________计算外,有时还要进行________和________计算。

8-4　钢筋混凝土受弯构件的裂缝宽度和挠度计算是以________的应力状态为计算依据的。

8-5　在其他条件不变的情况下,采用较小直径的钢筋可使构件的裂缝宽度________。

8-6　减小裂缝宽度的最有效措施是________。

8-7　轴心受拉构件,若其他条件不变,钢筋直径越细,则平均裂缝间距________,平均裂缝宽度________。

8-8　裂缝间受拉钢筋应变不均匀系数随荷载增大而________,当该系数接近于1时,说明裂缝间混凝土将________。

8-9　平均裂缝宽度位置取________。

8-10　裂缝间受拉钢筋应变不均匀系数随裂缝截面钢筋应力的增大而________。

8-11　裂缝间受拉钢筋应变不均匀系数越大,受弯构件的抗弯刚度越________,而混凝土参与受拉工作的程度越________。

8-12　钢筋混凝土梁截面抗弯刚度随弯矩增大而________。

8-13　长期荷载作用下的钢筋混凝土梁,其挠度随时间的增加而________,刚度随时间的增加而________。

8-14　当荷载、支承条件确定后,混凝土受弯构件的挠度取决于________。

8-15　弹性匀质材料,当梁的材料和截面尺寸确定后,截面弯曲刚度是________。钢筋混凝土梁开裂后,其刚度是________,随着弯矩的增大而________。

8-16　在荷载长期作用下,构件截面弯曲刚度将会________,致使构件挠度________,因此计算挠度时必须采用________,可通过引入________来考虑荷载长期效应组合的影响。

8-17　变形和裂缝宽度控制属于________极限状态,应在构件的________得到保证的前提下再验算 。

二、判断题

8-1　钢筋混凝土构件中,在一般情况下,受拉混凝土开裂是正常的。　(　　)

8-2　一般来说,裂缝间距越大,其裂缝开展宽度越小。　(　　)

8-3　最大裂缝宽度与钢筋表面形状无关。　(　　)

8-4　若其他条件不变,钢筋直径越大,裂缝宽度越小。　(　　)

8-5　在钢筋混凝土结构中,提高抗裂度的有效方法是提高钢筋强度。　(　　)

8-6　一般钢筋混凝土结构在正常使用荷载作用下,构件常常是带裂缝工作。　(　　)

8-7　钢筋混凝土梁在长期荷载作用下的挠度比短期荷载作用下的挠度大。　(　　)

8-8　钢筋混凝土梁的挠度与刚度成反比。　(　　)

8-9　当截面尺寸和所受的弯矩一定时,减小受拉钢筋数量会增大裂缝宽度。　(　　)

8-10　钢筋混凝土构件在开裂时受拉钢筋的应力约为20~30 N/mm^2,在达到允许最大裂缝宽度时,受拉钢筋的应力约为150~300 N/mm^2。　(　　)

8-11　钢筋混凝土梁抗裂弯矩的大小主要与受拉钢筋配筋率的大小有关。　(　　)

8-12　当梁的受压区配有受压钢筋时,可以提高梁的长期刚度。　(　　)

8-13　受弯构件裂缝出现后,裂缝处的钢筋应力会发生突变。　(　　)

8-14 钢筋保护层越厚,裂缝宽度越小。 ( )

三、选择题

8-1 当配筋率和材料给定时( )对截面抗弯刚度的提高作用最显著。

A. 增加截面的有效高度 B. 增加截面宽度

C. 提高混凝土强度等级 D. 提高钢筋级别

8-2 减小钢筋混凝土构件裂缝宽度的最有效方法是( )。

A. 增加截面高度 B. 增加截面宽度

C. 使用高强度钢筋 D. 配置直径较细的钢筋

8-3 下列哪一项不能减小裂缝宽度( )。

A. 增加钢筋用量 B. 采用直径较细的钢筋

C. 增大裂缝间距 D. 增大截面尺寸

8-4 下列哪项措施对减小裂缝宽度作用不大( )。

A. 提高混凝土强度 B. 增加钢筋用量

C. 减小混凝土保护层厚度 D. 配置高强钢筋

8-5 一般情况下,钢筋混凝土受弯构件是( )。

A. 不带裂缝工作的

B. 带裂缝工作的

C. 带裂缝工作,但裂缝宽度应受到限制

8-6 其他条件相同时,钢筋的保护层厚度与平均裂缝间距的关系是( )。

A. 保护层越厚,平均裂缝间距越大

B. 保护层越厚,平均裂缝间距越小

C. 保护层厚度对平均裂缝间距没有影响

8-7 其他条件相同时,钢筋的保护层厚度与裂缝宽度的关系是( )。

A. 保护层越厚,裂缝宽度越大

B. 保护层越厚,裂缝宽度越小

C. 保护层厚度与裂缝宽度无关

8-8 在钢筋混凝土构件中,变形钢筋表面处的裂缝宽度比构件表面处的裂缝宽度( )。

A. 大 B. 小 C. 相同

8-9 钢筋混凝土矩形截面简支梁,原设计用 4ϕ14 的 HRB335 钢筋,根据等强度原则改用 2 ϕ 20 + 1 ϕ 18HPB235 钢筋。原设计满足裂缝、挠度要求,钢筋代换后( )。

A. 仅需验算裂缝宽度而不需验算挠度 B. 不必验算裂缝宽度而必须验算挠度

C. 二者都必须验算 D. 二者都不必验算

8-10《规范》验算的裂缝宽度是指( )。

A. 受拉区纵筋合力的水平处,构件底面混凝土表面的裂缝宽度

B. 受拉区纵筋合力的水平处,构件侧面混凝土表面的裂缝宽度

C. 构件表面处的裂缝宽度

D. 裂缝宽度最大处

8-11 为减小构件裂缝宽度,其他条件不变,宜采用( )。

A. 光面钢筋　　B. 变形钢筋　　C. 大直径钢筋

8-12　减小梁裂缝宽度的有效办法是(　　)。

A. 配置较粗的钢筋　　B. 使用高强度受拉钢筋

C. 增加截面高度　　D. 减小箍筋间距

8-13　钢筋混凝土梁截面的抗弯刚度随荷载的增加及荷载持续时间的增加而(　　)。

A. 逐渐增加　　B. 逐渐减小　　C. 保持不变　　D. 开始增加,随后减小

8-14　在钢筋混凝土挠度计算时其刚度应取(　　)。

A. 在同号弯矩区段内取弯矩最大截面的刚度

B. 在同号弯矩区段内取最大刚度

C. 在同号弯矩区段内取弯矩最小截面的刚度

D. 在同号弯矩区段内取平均刚度

8-15　受弯构件的短期刚度与下列哪个因素无关

A. 弯矩 M_s　　B. 受拉钢筋的配筋率　　C. 混凝土抗压强度

8-16　钢筋混凝土受弯构件在长期荷载作用下,变形和刚度的变化是(　　)。

A. 变形和刚度均随时间增长

B. 变形随时间增长,刚度随时间降低

C. 变形和刚度均随时间减小

D. 变形随时间减小,刚度随时间增大

8-17　在下列减小受弯构件挠度的措施中错误的是(　　)。

A. 提高混凝土强度B. 增大钢筋用量　C. 增大构件跨度　D. 增大截面高度

8-18　在下列提高受弯构件刚度的措施中错误的是(　　)。

A. 加大截面尺寸

B. 提高混凝土强度

C. 增加受压区的翼缘形成T形梁

D. 在受压区施加预应力,减小受压区的裂缝开展

四、简答题

8-1　减小钢筋混凝土构件裂缝宽度的有效措施有哪些?

8-2　什么是截面抗弯刚度?钢筋混凝土梁与匀质弹性材料梁抗弯刚度有何异同?

8-3　什么是最小刚度原则?

8-4　提高受弯构件刚度的有效措施有哪些?

8-5　在结构设计时,为什么要对裂缝和变形进行控制?

8-6　进行裂缝和变形验算时,荷载和材料强度取设计值还是标准值,为什么?

8-7　什么是短期刚度和长期刚度?计算挠度时为什么采用长期刚度?

8-8　在长期荷载作用下,构件刚度降低的原因有哪些?对此《规范》是如何规定的?

8-9　在确定最大裂缝宽度时主要考虑了哪些因素?

8-10　如果裂缝超过规定的限值时,应采取哪些措施?

8-11　纵筋配筋率对受弯构件正截面承载力、挠度和裂缝宽度各有何影响?

五、计算题

8－1 某教学楼的一根钢筋混凝土简支梁，截面尺寸 $b \times h = 250\ \text{mm} \times 600\ \text{mm}$，计算跨度为 6 m，混凝土采用 C25（$E_c = 2.8 \times 10^4\ \text{N/mm}^2$，$f_{tk} = 1.78\ \text{N/mm}^2$），按正截面承载力计算已配置了 4 Φ 20HRB400 纵筋（$E_s = 2 \times 10^5\ \text{N/mm}^2$，$A_s = 1\,256\ \text{mm}^2$），梁所承受的永久荷载标准值（包括梁自重）$g_k = 20\ \text{kN/m}$，可变荷载标准值 $q_k = 14\ \text{kN/m}$，保护层厚度为 25 mm，试验算其裂缝宽度。

8－2 已知条件同上题，可变荷载准永久值系数 $\psi_q = 0.8$，允许挠度［f］为 $l_0/200$，验算该梁挠度是否满足要求。

参考答案

一、填空题

8－1 标准值 标准值
8－2 裂缝 变形
8－3 正截面抗弯承载力 斜截面抗剪承载力 裂缝宽度 变形
8－4 第Ⅱ阶段
8－5 减小
8－6 采用较细直径的变形钢筋
8－7 小 小
8－8 增大 完全脱离工作
8－9 受拉区纵筋合力的水平处，构件侧面混凝土表面的裂缝宽度
8－10 增大
8－11 小 低
8－12 减小
8－13 增大 减小
8－14 截面的弯曲刚度
8－15 定值 不定值 减小
8－16 减小 增大 长期刚度 挠度增大的影响系数
8－17 正常使用 承载力

二、判断题

8－1 √ 8－2 × 8－3 × 8－4 × 8－5 × 8－6 √
8－7 √ 8－8 √ 8－9 √ 8－10 √ 8－11 × 8－12 √
8－13 √ 8－14 ×

三、选择题

8－1 A 8－2 D 8－3 C 8－4 D 8－5 B 8－6 A
8－7 A 8－8 B 8－9 A 8－10 B 8－11 B 8－12 C

8-13 B　8-14 A　8-15 C　8-16.B　8-17 C　8-18 D

四、简答题

8-1 减小钢筋混凝土构件裂缝宽度的有效措施是增加钢筋用量和采用直径较细的钢筋。

8-2 材料的弹性模量 E 乘以截面的惯性矩 I 称为截面的抗弯刚度,钢筋混凝土受弯构件通常是带裂缝工作的,即混凝土是非弹性材料,受力后产生塑性变形,其刚度随的荷载的增大和作用时间的增加而降低,这与匀质弹性材料梁的抗弯刚度为常数有很大的不同

8-3 钢筋混凝土梁各截面的刚度是不一定相等的,其大小随弯矩和截面尺寸而变化,弯矩大、截面小的截面刚度小。假定等截面构件同号弯矩的每一区段各截面的刚度是相等的,并按该区段内的最大弯矩处的刚度计算(即为最小刚度),称为最小刚度原则。

8-4 提高受弯构件的刚度的有效措施是增加截面高度,提高混凝土强度等级,增加配筋率,在受压区内配置受压钢筋,增加受压翼缘使矩形梁变成 T 形截面梁等。其中最有效的措施是增加截面高度。

8-5 钢筋混凝土构件可能因承载力不足而破坏,也可能因裂缝宽度和变形超过规定要求而不能正常使用,所以构件的设计应同时满足承载力极限状态要求和正常使用极限状态要求,即构件除应进行承载力计算外,还应进行裂缝宽度和变形验算,把构件在荷载标准值作用下产生的变形及裂缝宽度控制在允许范围内。

8-6 进行裂缝和变形验算时,荷载和材料强度取标准值,因为考虑到结构构件不满足正常使用极限状态的后果不如不满足承载力极限状态的后果严重,即对生命财产的危害性相对较小,故设计时其可靠性指标可取的小一些。《规范》规定,结构构件承载力设计时荷载和材料强度采用设计值,裂缝和变形验算时荷载和材料强度采用标准值。

8-7 在荷载短期效应组合下,混凝土受弯构件的截面刚度称为短期刚度。考虑部分荷载长期作用影响后截面的抗弯刚度称为长期刚度。构件在长期荷载作用下,其截面抗弯刚度将降低,使构件的挠度增大,由于实际工程中总是有部分荷载长期作用在构件上的,因此计算挠度时必须采用长期刚度。

8-8 在长期荷载作用下,构件刚度降低的原因有三个,(1)受压区混凝土的需变使混凝土压应变增大,使构件刚度降低。(2)裂缝间受拉混凝土的应力松弛以及钢筋的滑移,使受拉混凝土不断退出工作,导致钢筋拉应变增大,使构件刚度降低。(3)受拉区与受压区混凝土的收缩变形不一致,使梁发生翘曲,使构件刚度降低。《规范》规定,对于受弯构件要求按荷载短期效应组合并考虑荷载长期效应组合影响的长期刚度进行计算,并用荷载长期效应组合挠度增大系数来考虑荷载长期效应对刚度的影响

8-9 在确定最大裂缝宽度时主要考虑了短期荷载作用下裂缝分布和开展的不均匀性;长期荷载作用下由于混凝土的滑移、徐变和应力松弛,使受拉混凝土不断退出工作,使裂缝开展宽度加大。

8-10 增加钢筋用量;增大构件截面尺寸;提高混凝土强度等级;采用较细直径的钢筋;采用变形钢筋,其中采用较细直径的变形钢筋对减小裂缝宽度更有利。

8-11 当梁的截面尺寸和材料性能给定时。其正截面承载力几乎与配筋率呈线性关系增长,但刚度随配筋率的增加增长速度缓慢,最终导致挠度随配筋率增大而增大。当配筋率超过一定数值后,满足了正截面承载力要求,就不满足挠度要求。增加钢筋用量,可减小裂缝宽度。

第九章 预应力混凝土构件设计计算

第一节 预应力混凝土的基本知识

一、预应力混凝土的概念

普通钢筋混凝土构件,在各种荷载作用下,混凝土一般都存在受拉区。由于混凝土的抗拉强度很低,使得构件很容易开裂。当混凝土构件即将开裂时,受拉钢筋的应力仅为20~30 N/mm^2,当混凝土构件达到《规范》规定的裂缝宽度(一般为0.2~0.3 mm)时,受拉钢筋的应力也只能在250 N/mm^2 左右。所以,如果采用高强度钢筋,在使用阶段钢筋达到屈服时,其拉应变很大,裂缝宽度将很大,无法满足使用要求。因而在普通钢筋混凝土结构中采用高强度钢筋是不能充分发挥作用的。同样,在普通钢筋混凝土构件中采用高强度的混凝土,由于其抗拉强度提高得很小,对提高构件的抗裂性和刚度效果也不明显。由于无法充分利用高强度钢筋和高强度混凝土,普通钢筋混凝土结构构件的截面尺寸通常都比较大,导致结构自重增大,对大跨度等结构采用普通钢筋混凝土结构是不可能实现或很不经济的。对一般的结构构件也常常是带裂缝工作的,结构的刚度较小,变形较大,使用性能不好。

为了解决混凝土抗拉强度低所带来的一系列问题,人们设想在混凝土构件承受外荷载前,预先对其受拉区施加压应力,当构件承受由外荷载产生的拉应力时,必须先抵消混凝土的预压应力,然后才能随着荷载的增加使混凝土受拉(也可能受压),使构件在正常使用情况下不裂或裂的较晚,同时减少裂逢宽度,如图9-1所示,这种在受外荷作用前混凝土受拉区预先被施加压应力的结构称为预应力混凝土结构。

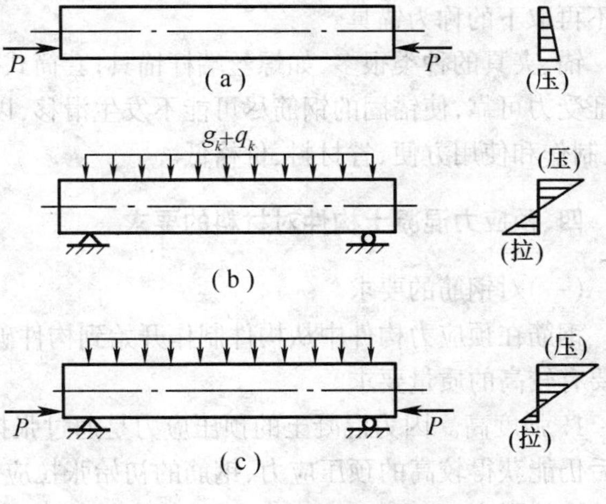

图9-1 预应力混凝土构件受力分析

随着混凝土强度等级的不断提高,高强度钢筋的进一步使用,预应力混凝土目前已广泛应用于大跨度建筑、高层建筑、桥梁、铁路、水利等工程中。

二、预应力混凝土构件的优缺点

与普通钢筋混凝土构件相比,预应力混凝土构件具有下列优点。

1. 可提高构件的抗裂能力,控制裂缝产生和裂缝宽度,提高构件的耐久性。由于在构件可能开裂的部位施加了预压应力,且预应力的大小可根据需要人为的控制,因而可避免构件在正常使用情况下出现裂缝或裂缝过宽的现象。由于预应力可使构件在使用荷载作用下不开裂,避免了钢筋受外界有害因素的侵蚀,从而大大提高了构件的耐久性。

2. 可减少构件的变形,提高刚度。钢筋混凝土构件开裂后,刚度迅速降低,变形显著增大。预应力构件由于在使用阶段可避免裂缝,因而刚度不发生突变,变形也不会明显增大。同时,预应力还将使受弯构件产生一定的反拱。所以在使用荷载作用下,预应力混凝土梁、板构件的挠度,往往只有相同情况下钢筋混凝土梁、板构件的几分之一。

3. 可充分利用高强材料,减轻自重。预应力混凝土构件中钢筋强度的发挥也不再受混凝土抗拉强度的限制,而且由于对混凝土施加预应力是通过张拉钢筋实现的,钢筋的张拉控制应力很高,因此必须采用高强钢筋;而混凝土受到的预压应力也是很大的,所以也必须采用高强混凝土。材料的强度等级较高时,其耗用量降低,使构件截面减小,故结构自重一般可减轻20% ~30%,工程造价相应也将降低。

4. 可提高构件抗疲劳性能。在承受多次重复荷载作用的构件中,混凝土和钢筋会因疲劳而降低强度,引起构件发生疲劳破坏。在预应力混凝土构件中,由于受力钢筋事先已张拉,在重复荷载作用下,钢筋应力的变化幅度一般在10%左右,不会引起钢筋疲劳,因而提高了构件的抗疲劳性能。

当然,预应力混凝土构件也存在一些缺点,制作需要较高的机械设备与技术条件,施工工序较多,设计与施工复杂,材料质量要求严格,施工费用高,周期较长。

三、施加预应力的工具

制作预应力混凝土构件所用的张拉和锚固预应力钢筋的工具有锚具和夹具。在构件制作完成后能够取下重复使用的称为夹具;永远锚固在构件端部与构件连成一个整体共同受力不再取下的称为锚具。

锚、夹具的种类很多,如螺丝端杆锚具;套筒式锚具;JM12锚具;镦头锚具等。对锚具应保证受力可靠,使锚固的钢筋尽可能不发生滑移,以减少预应力损失。锚具应尽可能构造简单、制作和使用方便、省材料、价格低。

四、预应力混凝土构件对材料的要求

(一)对钢筋的要求

钢筋在预应力构件中从构件制作开始到构件破坏为止,始终处于高应力状态,因此对钢筋要有较高的质量要求。

1. 强度高。因为混凝土的预压应力是通过张拉钢筋得到的,为了使混凝土在预应力损失后仍能获得较高的预压应力,钢筋的初始张拉应力就必须较高,因此预应力钢筋应具有较高的抗拉强度。

2. 与混凝土之间有足够的粘结强度。由于在先张法构件中,预应力是依靠钢筋和混凝土之间的粘结力来传递的,因此必须保证其间的粘结,通常采用变形钢筋。

3. 良好的可焊性、可镦性。由于结构中的钢筋常常需要接长使用,也常需要经过镦粗加以锚固,因此,要求钢筋的这些加工性能要好。

4. 足够的塑性。为了避免构件发生脆性破坏,要求预应力钢筋在拉断时应具有一定的延伸率,尤其当构件处于低温环境和冲击荷载条件下及在抗震结构中,更应保证钢筋的塑性。

目前国内常用的预应力钢筋有高强度光面钢丝、刻痕钢丝、钢铰线和热处理钢筋。在中小型构件中也可采用冷拔中等强度钢丝和冷拔低碳钢丝。

(二)对混凝土的要求

预应力混凝土构件对混凝土的要求有:

1. 强度高。预应力混凝土必须具有较高的抗压强度,才能承受很高的预压应力,有效地减小构件截面尺寸,减轻构件自重。一般混凝土强度等级应不低于 C30,当采用光面钢丝、钢铰线和热处理钢作为预应力筋时混凝土强度等级应不低于 C40。

2. 收缩、徐变小。尽可能采用干硬性混凝土,并加强振捣与养护,以减小混凝土的收缩与徐变,从而减少预应力损失。

3. 快硬、早强。混凝土快硬、早强,能尽早施加预应力,加快施工进度。

4. 不得掺加对钢筋有侵蚀作用的添加剂,如氯化钠、氯化钙等。

五、预应力的建立方法

预应力的建立方法有多种。通常是通过张拉钢筋来达到对构件施加预应力的目的。按照张拉钢筋与浇筑混凝土的先后次序,可将预应力的建立方法分为两种,即先张法和后张法。

(一)先张法

先张法是指在浇筑混凝土之前张拉预应力钢筋的方法。先张法施工就是首先在台座上张拉预应力钢筋,并将它临时锚固在台座上,然后架设模板,绑扎普通钢筋骨架,再浇筑混凝土,待混凝土达到 75% 设计强度后,切断或放松预应力钢筋,钢筋产生的弹性回缩力通过钢筋与混凝土间的粘结力传递给混凝土,使混凝土获得预压应力,如图 9-2 所示。

先张法的生产工序少,工艺简单,质量容易保证。同时先张法主要是靠粘结力锚固,不需要专门的锚具,生产成本较低,台座越长,一条长线上生产的构件数量越多,所以适用于成批生产中、小型预应力构件。但是,先张法生产预应力构件所用的台座及张拉设备一次性投资费用较大,而且台座一般只能固定在一处,不够灵活。

(二)后张法

后张法是指先浇筑混凝土,待混凝土结硬后再张拉预应力钢筋的方法。后张法施工是在制作构件时,预先在构件中留出孔道,待构件混凝土达到 75% 设计强度后,将预应力钢筋穿入孔道内,再将千斤顶支撑于混凝土构件端部,张拉钢筋,使构件也同时受到压缩。待张拉到一定拉力后,用锚具将钢筋锚固在构件上,使混凝土获得并保持压应力。最后,在预留孔道内压注水泥浆,以保护钢筋不致锈蚀,使钢筋与混凝土粘成整体,如图 9-3 所示。

后张法直接在构件上进行张拉,不需要台座,因而比较灵活,构件在现场施工制作时,张拉工作可以在工地进行。但是,后张法构件只能单一逐个的施加预应力,工序较多,操作麻烦。同时,后张法构件的锚具耗钢量大,锚具加工要求的精度较高,成本较高,所以,后张法适用于运输不便的大、中型构件。

建立预应力的方法还有后张自锚法、电热法等,但应用较少。

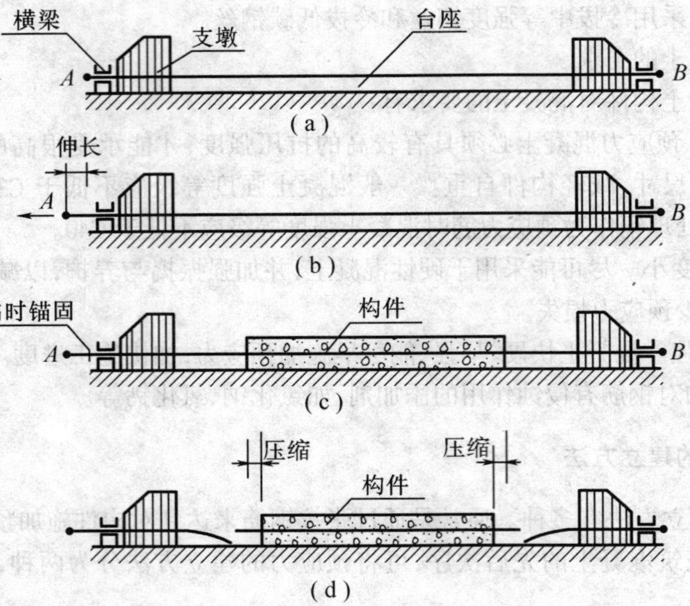

图 9-2　先张法施工工序示意图

(a)钢筋就位;(b)张拉钢筋;(c)浇筑混凝土;(d)切断钢筋,混凝土受预压

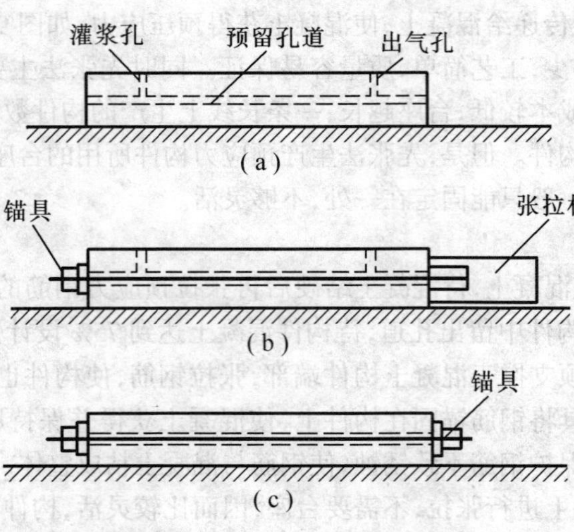

图 9-3　后张法主要工序示意图

(a)制作混凝土构件;(b)张拉钢筋;(c)张拉端锚固并对孔道灌浆

第二节 预应力混凝土构件设计的一般规定

一、张拉控制应力

张拉控制应力是指张拉钢筋时，张拉设备上的测力计所指示的总张拉力除以预应力钢筋截面面积得出的应力值，用 σ_{con} 表示。由于摩擦阻力等因素的影响，有时张拉控制应力不一定等于预应力钢筋在张拉时所受到的拉应力。

张拉控制应力的数值根据预应力钢筋的种类及张拉方法来确定。由于张拉控制应力越高，混凝土受到的预压应力越大，构件的抗裂性能就越好，因此，张拉控制应力应较高，但不能过高，否则张拉过程中可能发生将钢筋拉断的现象。另外造成构件抗裂能力过高。使开裂荷载接近破坏荷载，构件发生破坏前会缺乏预兆。张拉控制应力的允许值见表 9－1。预应力钢筋的张拉控制应力值不应小于 $0.4f_{ptk}$，但在下列情况下，表中数值允许提高 5%：

表 9－1 张拉控制应力允许值

钢种	张拉方法	
	先张法	后张法
消除应力钢丝、钢绞线	$0.75f_{ptk}$	0.75_{ptk}
热处理钢筋、冷轧带肋钢筋、冷拔低碳钢丝	$0.70f_{ptk}$	$0.65f_{ptk}$

1. 为了提高构件制作、运输及吊装阶段的抗裂度而在使用阶段受压区内设置的预应力钢筋；

2. 为了部分抵消由于应力松弛、摩擦、钢筋分批张拉以及预应力钢筋与台座之间的温差等因素产生的预应力损失。

为了减少后张法构件中的某些预应力损失，有时采用超张拉工艺。超张拉时，先采用高于 σ_{con} 的应力张拉（不同情况下的具体数值可按规范确定），并保持这一状态 2 min，然后将预应力钢筋稍放松，使张拉应力减小到 $0.85\sigma_{con}$，最后再张拉使预应力筋的应力达到 σ_{con}。超张拉只是暂时提高了预应力筋的张拉应力，最终的钢筋张拉应力仍然是张拉控制应力 σ_{con}。其施工程序可归纳为：

$$0 \rightarrow (1.03 \sim 1.05)\sigma_{con} \xrightarrow{\text{持续 2 分钟}} 0.85\sigma_{con} \rightarrow \sigma_{con}$$

二、预应力损失

预应力钢筋在张拉、锚固、运输、安装、使用过程中，预应力会逐渐降低，这种预应力降低的现象称为预应力损失。

引起预应力损失的因素主要有以下六项：

（一）张拉端锚具变形和钢筋内缩引起的预应力损失 σ_{l1}

预应力钢筋当张拉到控制应力后锚固在台座上或构件上时，由于锚具、垫板与构件之间的缝隙被挤紧，或由于钢筋和螺帽在锚具内的滑移，会使预应力钢筋回缩，张拉程度降低，应力减小，从而引起预应力损失。

预应力直线钢筋由于锚具变形和钢筋内缩引起的预应力损失 σ_{l1} 可按下式计算：

$$\sigma_{l1} = aE_s/l \tag{9-1}$$

式中 a——张拉端锚具变形和钢筋内缩值，按表9-2取用；

E_s——预应力筋的弹性模量；

l——张拉端至锚固端之间的距离。

当预应力直线筋一端张拉时，锚具损失只需考虑张拉端，因为锚固端的锚具变形在张拉过程中已经完成，故不考虑其引起的预应力损失。

表9-2 锚具变形和钢筋内缩值 a (mm)

锚具类别		a
支承式锚具(钢丝束镦头锚具等)	螺帽缝隙	1
	每块后加垫板的缝隙	1
锥塞式锚具(钢丝束的钢质锥形锚具等)		5
夹片式锚具	有顶压时	5
	无顶压时	6~8

注：1.表中的锚具变形和钢筋内缩值也可根据实测数据确定。

2.其他类型的锚具变形和钢筋内缩值应根据实测数据确定。

后张法构件预应力曲线钢筋或折线钢筋由于锚具变形和钢筋内缩引起的预应力损失 σ_{l1}，应根据预应力曲线钢筋或折线钢筋与孔道壁之间反向摩擦影响长度 l_f 范围内的预应力钢筋变形值等于锚具变形和钢筋内缩值的条件确定，抛物线形预应力钢筋可近似按圆弧形曲线考虑。当其对应的圆心角 $\theta \leqslant 30°$时，如图9-4所示，其预应力损失值可按下式计算：

$$\sigma_{l1} = 2\sigma_{con} l_f(\mu/\gamma_c + k)(1 - x/l_f) \tag{9-2}$$

反向摩擦影响长度 l_f 按下式计算：

$$l_f = \{aE_s/[1\,000\sigma_{con}(\mu/\gamma_c + k)]\}^{1/2} \tag{9-3}$$

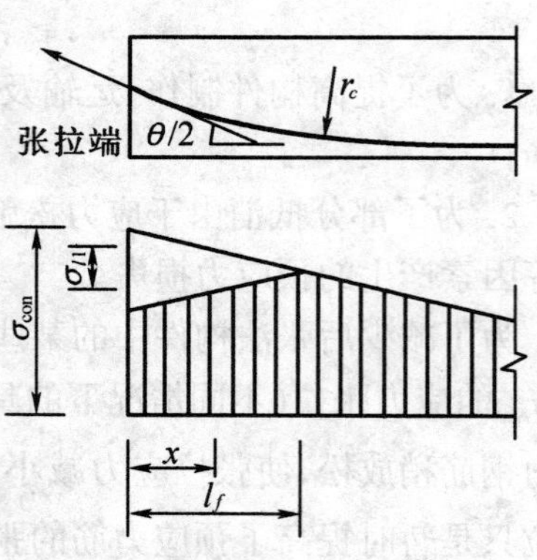

图9-4 圆弧形曲线预应力钢筋的预应力损失

式中 μ——预应力钢筋与孔道壁之间的摩擦系数，按表9-3取用；

γ_c——圆弧形预应力钢筋的曲率半径；

k——考虑孔道每米长度局部偏差的摩擦系数，按表9-3取用；

x——张拉端至计算截面的距离，且应符合 $x \leqslant l_f$。

当预应力钢筋为其它形状时，σ_{l1} 按规范有关规定计算。

锚具损失在后张法构件中影响很大，在先张法构件中影响很小。

减少此项损失的措施如下。

(1)尽量减少垫板的数量，因为在锚具处每增加一块垫板就增加一道逢，a 值则增加1 mm。

(2)尽量选择锚具变形小或使预应力钢筋内缩值小的锚具。

(3)先张法施工时宜增加台座长度。

表 9-3 摩擦系数

孔道成型方式	κ	μ
预埋金属波纹管	0.001 5	0.25
预埋钢管	0.001 0	0.30
橡胶和或钢管抽芯成型	0.001 4	0.55

注:1.表中系数也可根据实测数据确定。

2.当采用钢丝束的钢质锥形锚具及类似形式锚具时,尚应考虑锚环口处的附加摩擦损失,其值可根据实测数据确定。

(二)预应力钢筋与孔道壁之间摩擦引起的预应力损失 σ_{l2}

后张法张拉预应力钢筋时,由于制作时孔道偏差、粗糙等原因,预应力筋与孔道壁之间会产生摩擦,当孔道为曲线时,摩擦阻力更大。从而使构件各个截面上钢筋的实际预拉应力都比张拉端小,且离张拉端越远,钢筋的预应力损失越多,如图 9-5 所示。

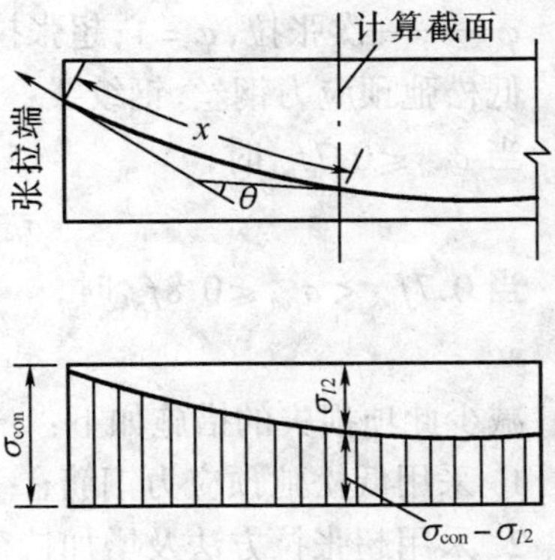

图 9-5 摩擦引起的预应力损失

(a)曲线形预应力钢筋示意;(b)σ_{l2}分布

预应力钢筋与孔道壁之间摩擦引起的预应力损失 σ_{l2}可按下式计算:

$$\sigma_{l2}=\sigma_{con}(1-1/e^{kx+\mu\theta}) \quad (9-4)$$

当 $kx+\mu\theta\leqslant 0.2$ 时,可按以下近似公式计算:

$$\sigma_{l2}=\sigma_{con}(kx+\mu\theta) \quad (9-5)$$

式中 x——张拉端至计算截面的孔道长度,可近似取孔道在纵轴上的投影长度;

θ——张拉端至计算截面曲线孔道部分切线夹角。

减少此项损失的措施如下。

1. 对于较长的构件可采用两端张拉,可减少一半损失。

2. 采用超张拉,施工程序为:$0\to(1.03\sim1.05)\sigma_{con}\xrightarrow{\text{持荷 2 分钟}}\sigma_{con}$,它比一次张抗到 σ_{con} 的预应力更均匀。

(三)混凝土加热养护时受张拉的钢筋与承受拉力的设备之间温差引起的预应力损失 σ_{l3}

为了缩短先张法构件的生产周期,常采用蒸汽养护混凝土。升温时,混凝土尚未结硬。钢筋受热膨胀,但是两端的台座是固定不变的,钢筋的拉紧程度较前变松,降温时,混凝土与钢筋粘结成整体,钢筋的应力不能恢复到原来的张拉值,则产生了预应力损失。温差引起的预应力损失 σ_{l3}可按下式计算

$$\sigma_{l3}=\alpha\Delta tE_s=0.000\ 01\times2\times10^5\Delta t=2\Delta t \quad (9-6)$$

式中 α——预应力钢筋的线膨胀系数;

Δt——预应力钢筋和承受拉力的设备之间的温差。

减少此项损失的措施有:采用"两阶段升温养护体制",即先常温养护,待混凝土达 C7.5 ~ C10 时,钢筋混凝土形成整体再升温至养护温度。

(四)钢筋的应力松弛引起的预应力损失 σ_{l4}

钢筋在高应力作用下,随时间增长钢筋中将产生塑性变形(徐变),在预应力混凝土构件中,钢筋长度基本不变,其中拉应力会随时间增长而降低,此现象称为钢筋的松弛。影响预应力钢筋应力松弛的因素有:张拉控制应力 σ_{con}、钢筋种类、时间。

《规范》规定:预应力钢筋的应力松弛引起的预应力损失 σ_{l4} 可按下列公式计算:

热处理钢筋:一次张拉时,取

$$\sigma_{l4} = 0.05\sigma_{con} \tag{9-7}$$

超张拉时

$$\sigma_{l4} = 0.035\sigma_{con} \tag{9-8}$$

普通松弛预应力钢丝、钢绞线:

$$\sigma_{l4} = 0.4\varphi(\sigma_{con}/f_{ptk} - 0.5)\sigma_{con} \tag{9-9}$$

φ——一次张拉,$\varphi = 1$;超张拉 $\varphi = 0.9$

低松弛预应力钢丝、钢绞线:

当 $\sigma_{con} \leqslant 0.7f_{ptk}$ 时,

$$\sigma_{l4} = 0.125(\sigma_{con}/f_{ptk} - 0.5)\sigma_{con} \tag{9-10}$$

当 $0.7f_{ptk} < \sigma_{con} \leqslant 0.8f_{ptk}$ 时,

$$\sigma_{l4} = 0.2(\sigma_{con}/f_{ptk} - 0.575)\sigma_{con} \tag{9-11}$$

减少此项损失的措施如下:

1. 采用低松弛预应力钢筋;

2. 采用超张拉方法及增加持荷时间。

(五)混凝土收缩、徐变引起的预应力损失 σ_{l5}

混凝土在正常湿度条件下产生的收缩及在预压力下产生的徐变,都将导致构件缩短,预应力钢筋回缩,从而产生预应力损失。混凝土收缩和徐变同时发生且相互影响,为简化计算而将二者合并考虑。

影响混凝土收缩、徐变引起的预应力损失的因素有:纵向钢筋配筋率、放张时混凝土的预应力值、混凝土强度等级及环境条件等。

由混凝土收缩、徐变引起的受拉区和受压区预应力钢筋的预应力损失 σ_{l5}、σ'_{l5} 可按下列公式计算:

先张法构件:

$$\sigma_{l5} = (45 + 280\sigma_{pc}/f'_{cu})/(1 + 15\rho) \tag{9-12}$$

$$\sigma'_{l5} = (45 + 280\sigma'_{pc}/f'_{cu})/(1 + 15\rho') \tag{9-13}$$

后张法构件:

$$\sigma_{l5} = (35 + 280\sigma_{pc}/f'_{cu})/(1 + 15\rho) \tag{9-14}$$

$$\sigma'_{l5} = (35 + 280\sigma'_{pc}/f'_{cu})/(1 + 15\rho') \tag{9-15}$$

式中 $\sigma'_{pc}\sigma_{pc}$——受压区、受拉区预应力筋在各自合力点处混凝土的法向压应力;计算 σ_{pc} 时,仅考虑预应力第一批损失值;且 $\sigma_{pc} \leqslant 0.5f'_{cu}$。当 σ'_{pc} 为拉应力时,取 $\sigma'_{pc} = 0$;

f'_{cu}—施加预应力时的混凝土立方体强度；

$\rho'\rho$——受压区、受拉区预应力钢筋与非预应力钢筋的配筋率。

先张法构件：

$$\rho' = (A'_p + A'_s)/A_0 \tag{9-16}$$

$$\rho = (A_p + A_s)/A_0 \tag{9-17}$$

后张法构件：

$$\rho' = (A'_p + A'_s)/A_n \tag{9-18}$$

$$\rho = (A_p + A_s)/A_n \tag{9-19}$$

式中 A_o、A_n—混凝土总换算截面面积、净截面面积，计算方法见下一节。

当结构处于平均相对湿度低于 40% 的环境下，$\sigma'_{l5}\sigma_{l5}$应增加 30%。

对重要的结构构件，当需要考虑与时间相关的混凝土收缩、徐变及钢筋应力松弛预应力损失值时，可按《规范》规定计算。

当采用泵送混凝土时，宜根据实际情况考虑混凝土收缩、徐变引起预应力损失值的增大。

混凝土收缩、徐变引起的预应力损失，在总损失中占的比重是很大的，在曲线配筋构件中占 30% 左右，在直线配筋件中可占 60% 左右。

减少此项损失的措施如下：

1. 采用高等级水泥，减少水泥用量，降低水灰比，以减少混凝土收缩、徐变值；

2. 混凝土浇筑密实，养护条件要好。

（六）环形构件采用螺旋式预应力筋时，混凝土局部挤压引起的预应力损失 σ_{l6}

水池、油罐等环形构件，可配置环状或螺旋式预应力钢筋，采用后张法直接在混凝土上进行张拉。这时，预应力钢筋将对混凝土产生径向压力，由于混凝土局部承压强度不足而使预应力筋嵌入混凝土内，使预应力筋环的直径减小，预应力筋的拉应力降低，从而引起预应力钢筋的预应力损失，如图 9－6 所示。

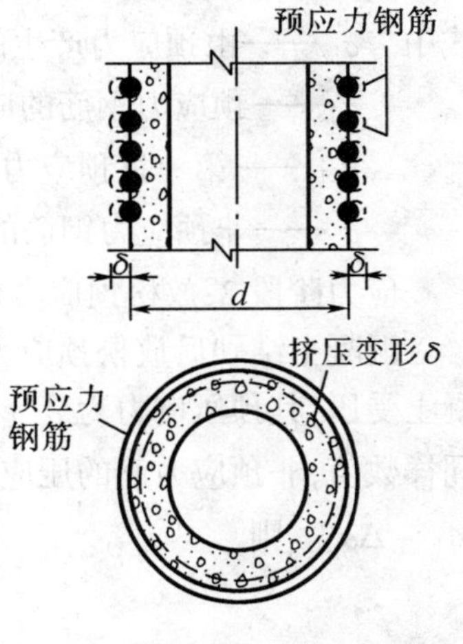

图 9－6 施加预应力的环形结构

混凝土局部挤压引起的预应力损失与螺旋形预应力筋的张拉应力成正比，与环形构件直径成反比，《规范》规定：

当环形构件的直径 $d \leqslant 3$ m 时，考虑此项损失，并认为与 σ_{con} 和 d 无关，取 $\sigma_{l6} = 30$ N/mm^2；当环形构件的直径 $d > 3$ m时，不考虑此项损失，取 $\sigma_{l6} = 0$。

三、预应力损失的组合

上述各项预应力损失对先张法和后张法构件是各不相同的，其出现的先后也有差别。为了分析和计算方便，把这些损失的出现按先张法和后张法构件分别以预压结束为界划分为两个阶段。预应力构件在各阶段的预应力损失值按表 9－4 的规定进行组合。

考虑到预应力损失的计算值与实际值之间可能有一定误差，并且为了保证预应力构件的抗裂性，《规范》规定了总预应力损失的最小值。对先张法构件，总损失 $\sigma_l \geqslant 100$ N/mm^2；后张法构件,总损失 $\sigma_l \geqslant 80\ N/mm^2$。

表 9-4 各阶段预应力损失值的组合

预应力损失值的组合	先张法构件	后张法构件
第一批损失	$\sigma_{l1}+\sigma_{l2}+\sigma_{l4}$	$\sigma_{l1}+\sigma_{l2}$
第二批损失	σ_{l5}	$\sigma_{l4}+\sigma_{l5}+\sigma_{l6}$

第三节 预应力混凝土轴心受拉构件各阶段的应力分析

预应力混凝土构件从制作到破坏可分为两个大的阶段:施工阶段和使用阶段。施工阶段是指构件承受外荷载之前的受力阶段;使用阶段是指构件承受外荷载之后的受力阶段。了解预应力轴心受拉构件在各个受力阶段中混凝土和钢筋的应力状态,有助于了解计算公式。

一、先张法构件

1. 施工阶段

应力阶段 1:放松预应力钢筋之前。

张拉预应力钢筋时,钢筋拉力 $\sigma_p=\sigma_{con}$,张拉完毕后,锚固钢筋,浇筑并养护混凝土,预应力钢筋应力出现第一批损失,预应力钢筋的拉应力为 $\sigma_p=\sigma_{con}-\sigma_{l\,\mathrm{I}}$。此时混凝土尚未受力,$\sigma_{pc}=0$,非预应力钢筋尚未受力,$\sigma_s=0$。

式中 σ_{pc}——由预应力产生的混凝土法向应力;

σ_p——预应力钢筋的应力;

$\sigma_{l\,\mathrm{I}}$——第一批预应力损失;

σ_s——非预应力钢筋的应力。

应力阶段 2:放松预应力钢筋时。

混凝土结硬后放松预应力钢筋,钢筋和混凝土粘成整体,钢筋回缩时通过粘结力,使混凝土受压,其预压应力为 $\sigma_{pc\,\mathrm{I}}$,构件的长度缩短,预应力钢筋和非预应力钢筋随混凝土缩短同样数值,非预应力筋的压应力为 σ_{sl},预应力筋应力降低 $\Delta\sigma_p$,其应力变为 $\sigma_p=\sigma_{p\,\mathrm{I}}=\sigma_{con}-\sigma_{l\,\mathrm{I}}-\Delta\sigma_p$。则

$$\sigma_{pc\,\mathrm{I}}/E_c=\Delta\sigma_p/E_p=\sigma_{sl}/E_s \tag{9-20}$$

$$\sigma_{sl}=E_s\sigma_{pc\,\mathrm{I}}/E_c=\alpha_{Es}\sigma_{pc\,\mathrm{I}} \tag{9-21}$$

$$\Delta\sigma_p=E_p\sigma_{pc\,\mathrm{I}}/E_c=\alpha_E\sigma_{pc\,\mathrm{I}} \tag{9-22}$$

式中 α_{Es},α_E——非预应力钢筋、预应力钢筋弹性模量与混凝土弹性模量的比值

$$\alpha_{Es}=E_s/E_c,\ \alpha_E=E_p/E_c$$

$\sigma_{pc\,\mathrm{I}}$——完成第一批损失后,混凝土受到的预压应力。

根据截面内力平衡条件有:

$$(\sigma_{con}-\sigma_{l\,\mathrm{I}}-\alpha_E\sigma_{pc\,\mathrm{I}})A_p=\sigma_{pc\,\mathrm{I}}A_c+\alpha_{Es}\sigma_{pc\,\mathrm{I}}A_s \tag{9-23}$$

整理得:

$$\sigma_{pc\,\mathrm{I}}=(\sigma_{con}-\sigma_{l\,\mathrm{I}})A_p/A_0=N_{p\,\mathrm{I}}/A_0 \tag{9-24}$$

$$N_{p\text{I}} = (\sigma_{con} - \sigma_{l\text{I}})A_p \tag{9-25}$$

式中 A_0——混凝土的总换算截面面积，$A_0 = A_c + \alpha_{Es}A_s + \alpha_E A_p$；

A_c——扣除孔道、凹槽及钢筋截面面积后的混凝土净截面面积；

$N_{p\text{I}}$——第一批损失出现后预应力钢筋的总拉力。

应力阶段3：全部损失出现后。

当混凝土的收缩、徐变出现后，产生第二批预应力损失，预应力钢筋总损失为 $\sigma_l = \sigma_{l1} + \sigma_{l2}$。混凝土的预压应力降低为 $\sigma_{pc\text{II}}$，预应力钢筋中的拉应力降低为 $\sigma_p = \sigma_{p\text{II}} = \sigma_{con} - \sigma_l - \alpha_E\sigma_{pc\text{II}}$，非预应力钢筋的压应力 $\sigma_{s\text{II}} = \alpha_{Es}\sigma_{pc\text{II}} + \sigma_{l5}$。

根据截面内力平衡条件有：

$$(\sigma_{con} - \sigma_l - \alpha_E\sigma_{pc\text{II}})A_p = \sigma_{pc\text{II}}A_c + (\alpha_{Es}\sigma_{pc\text{II}} + \sigma_{l5})A_s \tag{9-26}$$

整理得：

$$\sigma_{pc\text{II}} = [(\sigma_{con} - \sigma_l)A_p - \sigma_{l5}A_s]/A_o = (N_{p\text{II}} - \sigma_{l5}A_s]/A_o \tag{9-27}$$

$$N_{p\text{II}} = (\sigma_{con} - \sigma_l)A_p \tag{9-28}$$

式中 $N_{p\text{II}}$—全部损失出现后预应力钢筋总拉力。

2. 使用阶段

应力阶段4：加荷至混凝土应力为零。

构件受到轴向拉力作用后，预应力钢筋的应力逐渐增加，非预应力钢筋的压应力逐渐减少，混凝土的预压应力逐渐减少。当轴向拉力 N 与预应力钢筋和非预应力钢筋的合力相等时，混凝土的应力由 $\sigma_{pc\text{II}}$ 变为零，预应力钢筋中拉应力升为 $\sigma_p = \sigma_{po} = \sigma_{con} - \sigma_l - \alpha_E\sigma_{pc\text{II}} + \alpha_E\sigma_{pc\text{II}} = \sigma_{con} - \sigma_l$，非预应力钢筋的压应力 $\sigma_{s0} = \sigma_{l5}$。

混凝土应力为零时的状态，称为消压状态。

根据截面内力平衡条件有：

$$N = N_{po} = \sigma_{po}A_p - \sigma_{s0}A_s = (\sigma_{con} - \sigma_l)A_p - \sigma_{l5}A_s = N_{p\text{II}} - \sigma_{l5}A_s = \sigma_{pc\text{II}}A_o \tag{9-29}$$

式中 N_{po}——混凝土法向应力为零时预应力钢筋和非预应力钢筋的合力。

应力阶段5：加荷至裂缝即将出现。

当轴向拉力 $N > N_{po}$ 时，混凝土开始受拉；当轴向拉力 $N = N_{cr}$ 时，混凝土的拉应力达到混凝土轴心抗拉强度标准值，即 $\sigma_{pc} = f_{tk}$，裂缝即将出现，这时，预应力钢筋的拉应力为 $\sigma_p = \sigma_{con} - \sigma_l + \alpha_E f_{tk}$，非预应力钢筋的拉应力为 $\sigma_s = \alpha_E f_{tk} - \sigma_{l5}$。

根据截面内力平衡条件有：

$$\begin{aligned} N_{cr} &= (\sigma_{con} - \sigma_l + \alpha_E f_{tk})A_p + (\alpha_E f_{tk} - \sigma_{l5})A_s + f_{tk}A_c \\ &= (\sigma_{con} - \sigma_l)A_p + f_{tk}A_0 - \sigma_{l5}A_s \\ &= N_{p\text{II}} - \sigma_{l5}A_s + f_{tk}A_0 \\ &= \sigma_{pc\text{II}}A_0 + f_{tk}A_0 = (\sigma_{pc\text{II}} + f_{tk})A_0 \end{aligned} \tag{9-30}$$

因为 $\sigma_{pc\text{II}} \gg f_{tk}$，所以预应力混凝土轴心受拉构件抗裂轴向拉力较普通混凝土轴心受拉构件大很多，这就是预应力构件抗裂度提高的原因。

应力阶段6：加荷至构件破坏。

当轴向拉力 $N > N_{cr}$ 时，混凝土开裂，裂缝截面处混凝土退出工作，全部外荷载由预应力钢筋和非预应力钢筋承受，当预应力钢筋和非预应力钢筋分别达到 f_{py} 和 f_y 时，构件达到承载力极限状态而破坏。

根据截面内力平衡条件有:

$$N = f_{py}A_p + f_yA_s \tag{9-31}$$

按照承载力极限状态设计应满足 $N \leqslant N_u$ (9-32)

$$N_u = f_{py}A_p + f_yA_s \tag{9-33}$$

式中 N_u—预应力混凝土轴心受拉构件极限承载力。

可见,当材料强度和截面尺寸及配筋相同时,预应力混凝土构件的承载力与普通混凝土构件的承载力相同,与钢筋是否施加预应力无关。

二、后张法构件

1. 施工阶段

应力阶段1:预应力钢筋锚固后。

张拉并锚固预应力钢筋时,预应力筋出现第一批损失 $\sigma_{l\mathrm{I}}$,同时混凝土受预压,其预压应力为 $\sigma_{pc\mathrm{I}}$,预应力钢筋应力为 $\sigma_p = \sigma_{p\mathrm{I}} = \sigma_{con} - \sigma_{l\mathrm{I}}$,非预应力钢筋的压应力

$$\sigma_{sI} = \alpha_{Es}\sigma_{pc\mathrm{I}} \tag{9-34}$$

根据截面内力平衡条件有:

$$\sigma_{pc\mathrm{I}}A_c + \alpha_{Es}\sigma_{pc\mathrm{I}}A_s = (\sigma_{con} - \sigma_{l\mathrm{I}})A_p \tag{9-35}$$

整理得:

$$\sigma_{pc\mathrm{I}} = (\sigma_{con} - \sigma_{l\mathrm{I}})A_p/A_n = N_{p\mathrm{I}}/A_n \tag{9-36}$$

式中 A_n——构件净截面积,$A_n = A_o - \alpha_E A_p = A_c + \alpha_{Es}A_s$。

应力阶段2:预应力损失全部出现。

混凝土的预压应力降低为 $\sigma_{pc\mathrm{II}}$,预应力钢筋中的拉应力降低为 $\sigma_p = \sigma_{p\mathrm{II}} = \sigma_{con} - \sigma_l$,非预应力钢筋的压应力 $\sigma_{s\mathrm{II}} = \alpha_{Es}\sigma_{pc\mathrm{II}} + \sigma_{l5}$。

根据截面内力平衡条件有:

$$(\sigma_{con} - \sigma_l)A_p = \sigma_{pc\mathrm{II}}A_c + (\alpha_{Es}\sigma_{pc\mathrm{II}} + \sigma_{l5})A_s \tag{9-37}$$

整理得:

$$\sigma_{pc\mathrm{II}} = [(\sigma_{con} - \sigma_l)A_p - \sigma_{l5}A_s]/A_n = (N_{p\mathrm{II}} - \sigma_{l5}A_s]/A_n \tag{9-38}$$

$$N_{p\mathrm{II}} = (\sigma_{con} - \sigma_l)A_p \tag{9-39}$$

2. 使用阶段

应力阶段3:加荷至混凝土应力为零。

当混凝土的应力为零时,预应力钢筋中拉应力升为 $\sigma_p = \sigma_{po} = \sigma_{con} - \sigma_l + \alpha_E\sigma_{pc\mathrm{II}}$,非预应力钢筋的压应力为 $\sigma_{s0} = \sigma_{l5}$

根据截面内力平衡条件有:

$$\begin{aligned} N &= N_{po} = \sigma_{po}A_p - \sigma_{s0}A_s = (\sigma_{con} - \sigma_l + \alpha_E\sigma_{pc\mathrm{II}})A_p - \sigma_{l5}A_s \\ &= N_{p\mathrm{II}} - \sigma_{l5}A_s + \alpha_E\sigma_{pc\mathrm{II}}A_p = \sigma_{pc\mathrm{II}}A_n + \alpha_E\sigma_{pc\mathrm{II}}A_p \\ &= \sigma_{pc\mathrm{II}}A_o \end{aligned} \tag{9-40}$$

应力阶段4:加荷至裂缝即将出现。

混凝土的拉应力 $\sigma_{pc} = f_{tk}$,预应力钢筋的拉应力为 $\sigma_p = \sigma_{con} - \sigma_l + \alpha_E\sigma_{pc\mathrm{II}} + \alpha_E f_{tk}$,非预应力钢筋的拉应力为 $\sigma_s = \alpha_E f_{tk} - \sigma_{l5}$。

根据截面内力平衡条件有

$$
\begin{aligned}
N_{cr} &= (\sigma_{con} - \sigma_l + \alpha_E\sigma_{pc\,\mathrm{II}} + \alpha_E f_{tk}]A_p + (\alpha_E f_{tk} - \sigma_{l5})A_s + f_{tk}A_c \\
&= (\sigma_{con} - \sigma_l)A_p + f_{tk}A_0 - \sigma_{l5}A_s + \alpha_E\sigma_{pc\,\mathrm{II}}A_p \\
&= N_{p\,\mathrm{II}} - \sigma_{l5}A_s + f_{tk}A_o + \alpha_E\sigma_{pc\,\mathrm{II}}A_p \\
&= \sigma_{pc\,\mathrm{II}}A_n + \alpha_E\sigma_{pc\,\mathrm{II}}A_p + f_{tk}A_o \\
&= \sigma_{pc\,\mathrm{II}}A_o + f_{tk}A_o \\
&= (\sigma_{pc\,\mathrm{II}} + f_{tk})A_o
\end{aligned} \tag{9-41}
$$

应力阶段5:加荷至构件破坏。

全部外荷载由预应力钢筋和非预应力钢筋承受,当预应力钢筋和非预应力钢筋分别达到 f_{py} 和 f_y 时,构件达到承载力极限状态而破坏。

根据截面内力平衡条件有:

$$N = f_{py}A_p + f_yA_s \tag{9-42}$$

按照承载力极限状态设计应满足 $N \leqslant N_u$ (9-43)

$$N_u = f_{py}A_p + f_yA_s \tag{9-44}$$

比较先张法和后张法构件的相应公式:

1. 施工阶段两种构件的混凝土预压应力 $\sigma_{pc\,\mathrm{II}}$ 计算公式类似,不同的是先张法采用 A_o,后张法采用 A_n,因 $A_o > A_n$,故同等条件下,后张法建立的预压应力大;

2. 使用阶段两种构件的 N_{po}、N_{cr} 的计算公式完全相同;

3. 开裂前,预应力钢筋的应力,先张法构件总比后张法构件少 $\alpha_E\sigma_{pc\,\mathrm{II}}$;

4. 两种构件的承载力 N_u 的计算公式完全一样。

第四节 预应力混凝土轴心受拉构件的计算

预应力混凝土轴心受拉构件的设计计算包括使用阶段正截面承载力计算、使用阶段裂缝验算、施工阶段混凝土预压应力计算、后张法施工阶段锚固区局部承压计算。

一、使用阶段正截面受拉承载力计算

在预应力混凝土轴心受拉构件破坏时,预应力钢筋和非预应力钢筋都能达到设计强度,如图9-7所示,故可按下式进行承载力计算:

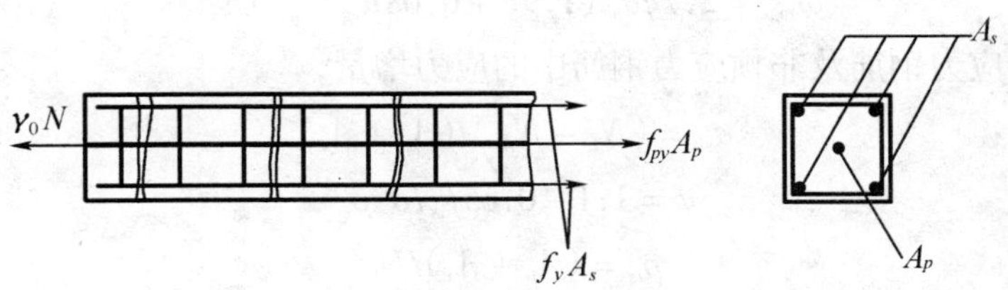

图9-7 轴心受拉构件承载力计算简图

$$\gamma_o N = f_yA_s + f_{yp}A_p \tag{9-45}$$

按照承载力极限状态设计应满足 $\gamma_o N \leqslant N_u$

$$N_u = f_y A_s + f_{yp} A_p \tag{9-46}$$

式中 N——轴向拉力设计值；

f_{yp}、f_y——预应力钢筋与非预应力钢筋的抗拉强度设计值；

A_p、A_s——预应力钢筋与非预应力钢筋截面面积。

二、使用阶段裂缝控制验算

预应力混凝土构件的裂缝控制等级分为三级：

一级：严格要求不出现裂缝的构件。

该等级要求在荷载效应标准组合下，混凝土中不允许出现拉应力，即：

$$\sigma_t = \sigma_{ck} - \sigma_{pc} \leqslant 0 \tag{9-47}$$

式中 σ_t——预应力构件的截面拉应力；

σ_{ck}——荷载效应的标准组合下混凝土的法向应力；

$$\sigma_{ck} = N_k / A_o \tag{9-48}$$

N_k——按荷载效应标准组合计算的轴向力。

二级：一般要求不出现裂缝的构件。

该等级要求在荷载效应标准组合下，混凝土中允许出现拉应力，但拉应力不超过混凝土抗拉强度标准值；同时要求荷载效应准永久组合下，不出现拉应力，即：

$$\sigma_t = \sigma_{ck} - \sigma_{pc} \leqslant f_{tk} \tag{9-49}$$

$$\sigma_t = \sigma_{cq} - \sigma_{pc} \leqslant 0 \tag{9-50}$$

式中 σ_{cq}——荷载准永久组合下混凝土的法向应力；

$$\sigma_{cq} = N_q / A_o \tag{9-51}$$

N_q——按荷载的准永久值组合计算的轴向力值。

三级：允许出现裂缝的构件。

该等级要求在荷载效应标准组合下并考虑长期作用效应影响计算的最大裂缝宽度不超过允许值，即：

$$\omega_{max} \leqslant [\omega] \tag{9-52}$$

式中 ω_{max}——预应力混凝土构件最大裂缝宽度，其计算方法同普通钢筋混凝土构件，轴心受拉构件：

$$\omega_{max} = 2.7\varphi\sigma_{sk}(1.9c + 0.08 d_{eg} / \rho_{te}) / E_s \tag{9-53}$$

σ_{sk}——预应力钢筋及非预应力钢筋中的应力增量，

$$\sigma_{sk} = (N_k - N_{po}) / (A_p + A_s) \tag{9-54}$$

$$\varphi = 1.1 - 0.65 f_{tk} / \sigma_{sk}\rho_{te} \tag{9-55}$$

$$\rho_{te} = (A_p + A_s) / bh \tag{9-56}$$

N_{po}——消压状态时预应力钢筋及非预应力钢筋的合力。

三、施工阶段的计算

预应力混凝土构件在制作、运输和吊装等施工阶段的受力状态，与使用阶段的受力状态不完全相同，因此，除了应对预应力混凝土构件进行使用阶段的计算外，还应对其在施工阶段的受力情况进行验算。

对于先张法预应力混凝土轴心受拉构件，一般只需对放松预应力筋时混凝土预压应力进行验算；对于后张法预应力混凝土轴心受拉构件，除了应对张拉预应力筋时混凝土预压应力进行验算外，还应对预应力钢筋端部锚固区混凝土局部受压承载力进行计算。

1. 放松或张拉预应力筋时混凝土预压应力的计算

$$\sigma_{cc} \leqslant 0.8 f'_{ck} \quad (9-57)$$

式中σ_{cc}为放松或张拉预应力筋时混凝土预压应力。

对先张法构件：$$\sigma_{cc} = (\sigma_{con} - \sigma_{l\text{I}}) A_p / A_o \quad (9-58)$$

对后张法构件：$$\sigma_{cc} = \sigma_{con} A_p / A_n \quad (9-59)$$

f'_{ck}—放松或张拉预应力筋时混凝土的抗压强度标准值。

2. 后张法构件端部锚固区局部受压承载力验算

后张法构件中，预应力钢筋中的预应力是通过锚具传递给垫板，再由垫板传递给混凝土的。预压应力在构件的端面上是集中于垫板下一定的范围之内，然后在构件内逐步扩散，经过一定的扩散长度后才均匀地分布到构件的全截面上，一般扩散长度等于构件的截面宽度。如果预压力很大，垫板面积又很小，离开构件端部一定距离的截面虽然不会破坏，但垫板下的混凝土有可能发生局部挤压破坏。因此应对构件端部锚固区的混凝土进行局部承压验算。

(1)局部受压区截面尺寸验算

为了防止构件端部局部受压面积太小而在使用阶段出现裂缝，混凝土局部受压区的截面尺寸应满足下列要求：

$$F_l \leqslant 1.35 \beta_c \beta_l f_c A_{ln} \quad (9-60)$$

式中 F_l——局部混凝土的预压力，取

$$F_l = 1.2 \sigma_{con} A_p \quad (9-61)$$

β_c——混凝土强度提高系数，当 $f_{cuk} \leqslant 50$ N/mm² 时，$\beta_c = 1$；当 $f_{cuk} = 80$ N/mm² 时，$\beta_c = 0.8$，期间内插；

β_l——混凝土局部承压时的强度提高系数，

$$\beta_l = \sqrt{A_b / A_l} \quad (9-62)$$

A_l——混凝土局部受压面积；

A_b——局部承压时计算底面积，可根据与 A_l 同形心、且对称的原则，按图 9-8 取用。沿 A_l 各边向外扩大的有效距离不超过承压板窄边尺寸(对圆形承压板，可沿周边扩大一倍 d)。计算时不扣除孔道面积。

f_c——混凝土轴心抗压强度设计值；

A_{ln}—混凝土局部承压面净面积，当有垫板时可考虑预压力沿锚具垫圈边缘在垫扳中按 45°扩散后传至混凝土的承压面积。

计算时扣除孔道面积，$A_{ln} = A_l -$ 孔道面积。

(2)局部受压承载力计算

为了防止构件端部局部受压破坏，通常在该区段内配置方格网式或螺旋式间接钢筋。当配置上述钢筋且其核芯面积 $A_{cor} \geqslant A_l$ 时，局部受压承载力按下列公式计算

$$F_l \leqslant 0.9(\beta_c \beta_l f_c + 2\alpha \rho_v \beta_{cor} f_y) A_{ln} \quad (9-63)$$

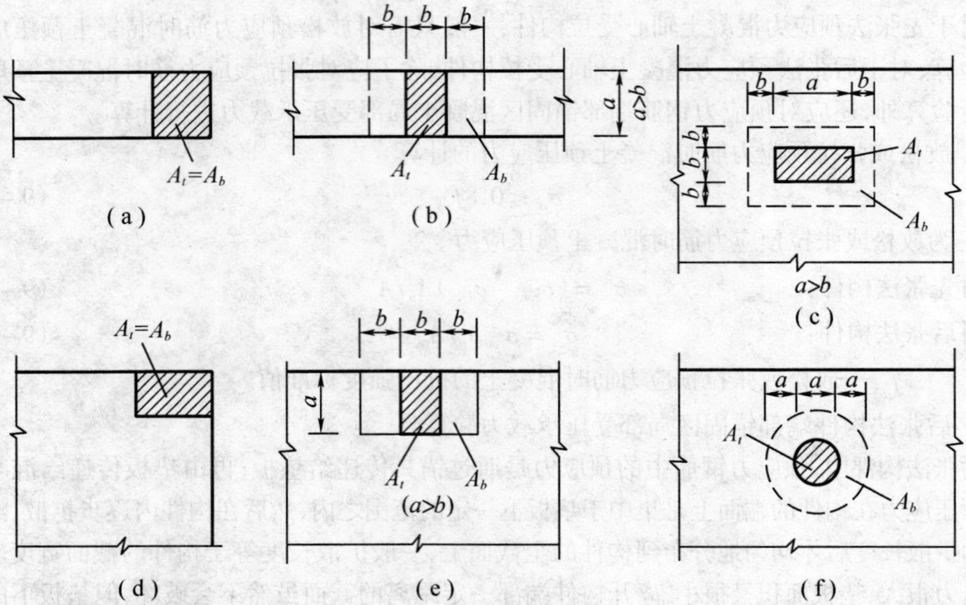

图9-8 确定局部受压计算底面积 A_b

式中 ρ_v——间接钢筋体积配筋率。

螺旋配筋时： $\rho_v = 4A_{ss1}/d_{cor}s$ (9-64)

方格网配筋时： $\rho_v = (n_1 A_{s1} l_1 + n_2 A_{s2} l_2)/A_{cor}s$ (9-65)

要求在两个方向上钢筋网单位长度的钢筋面积相差不应大于1.5倍。

n_1、n_2、A_{s1}、A_{s2}——钢筋网沿 l_1 l_2 方向的钢筋根数及单根截面积；

A_{ss1}——螺旋式配筋的截面积；

d_{cor}——螺旋式配筋以内混凝土截面直径；

s——钢筋网或螺旋式钢筋的间距；

β_{cor}—配间接钢筋后的局部承压强度提高系数，

$$\beta_{cor} = \sqrt{A_{cor}/A_l} \quad (9-66)$$

A_{cor}——钢筋网或螺旋配筋内核芯混凝土面积，且与 A_l 具有相同的重心，计算时不扣除孔道面积；

f_y——钢筋抗拉强度设计值；

α——间接钢筋对混凝土约束的折减系数，当 $f_{cuk} \leqslant 50$ N/mm² 时，$\alpha=1$；当 $f_{cuk}=80$ N/mm² 时，$\alpha=0.85$，期间内插。

锚固区配置间接钢筋时，可采用方格网或螺旋式钢筋。间接钢筋应配置在如图9-9规定的范围，对方格网钢筋应在 $h \geqslant l_1$ 范围内，配置不少于4片，对螺旋式钢筋应在 $h \geqslant d_{cor}$ 范围内，配置不少于4圈。

当计算不满足局压要求时，对方格网钢筋，可增设钢筋根数或增大钢筋直径或减小钢筋网间距；对螺旋钢筋，应加大直径，减小螺距。

例9-1 设计24 m 跨度折线形预应力混凝土屋架下弦杆。

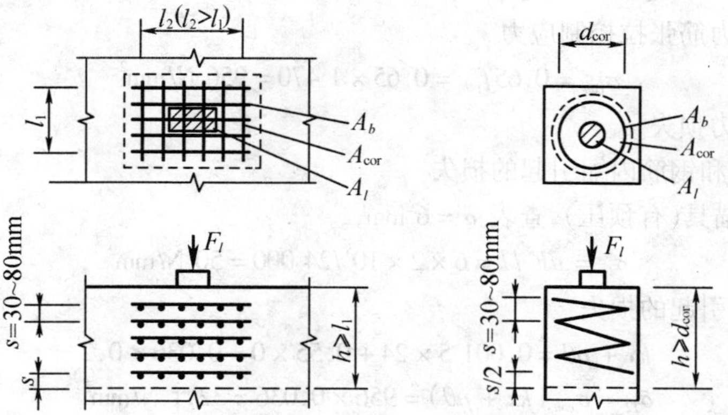

图 9-9 方格网钢筋及螺旋钢筋的配置

一、设计条件

1. 构件端部尺寸：$b\times h=250\ \mathrm{mm}\times 160\ \mathrm{mm}$

2. 材料：

混凝土：C40：$f_{ck}=26.8\ \mathrm{N/mm^2}$，$f_{tk}=2.39\ \mathrm{N/mm^2}$，$E_c=3.25\times 10^4\ \mathrm{N/mm^2}$，$f_c=19.1\ \mathrm{N/mm^2}$

预应力筋：热处理钢筋：$f_{ptk}=1\ 470\ \mathrm{N/mm^2}$，$f_{py}=1\ 040\ \mathrm{N/mm^2}$，$E_s=2\times 10^5\ \mathrm{N/mm^2}$

非预应力筋：HRB335：$f_y=300\ \mathrm{N/mm^2}$，$E_s=2\times 10^5\ \mathrm{N/mm^2}$

3. 内力：轴向拉力设计值：$N=830$ kN；荷载标准组合的轴向拉力：$N_k=660$ kN；荷载准永久组合的轴向拉力：$N_q=550$ kN

4. 施工方法：采用后张法生产，预留两个孔道，预应力筋孔道采用充压橡皮抽芯成型，孔道直径 $d=50$ mm，采用夹片式锚具（锚杯外径 100 mm），超张拉工艺（$1.05\sigma_{con}$），混凝土强度达 100% 设计强度时张拉预应力筋，一端张拉。

5. 裂缝控制等级为二级，结构安全等级为一级。

二、设计要求

1. 确定钢筋数量

2. 验算使用阶段正截面抗裂度

3. 验算施工阶段混凝土抗压承载力

4. 验算施工阶段锚固区局部承压力

解 1. 确定非预应力筋

根据构造要求设 4 Φ 12，$A_s=452\ \mathrm{mm^2}$，布置在截面四角。

2. 计算预应力钢筋截面积

$$\gamma_o N\geqslant f_y A_s+f_{yp}A_p$$

$$A_p\geqslant(\gamma_o N-f_y A_s)/f_{yp}=(1.1\times 830\times 10^3-300\times 452)/1\ 040=748\ \mathrm{mm^2}$$

选用 2 束 $5\phi^{HT}10$：$A_p=785\ \mathrm{mm^2}$

3. 截面几何特征

$$\alpha_{Es}=E_s/E_c=20/3.25=6.15,\ \alpha_{Ep}=E_p/E_c=20/3.25=6.15$$

$$A_n=A_c+\alpha_{Es}A_s=250\times 160-2\times 3.14\times 50^2/4+(6.15-1)\times 452=38\ 403\ \mathrm{mm^2}$$

$$A_0 = A_n + \alpha_E A_p = 38\ 403 + 6.15 \times 785 = 43\ 231\text{mm}^2$$

4. 确定预应力筋张拉控制应力

$$\sigma_{con} = 0.65 f_{ptk} = 0.65 \times 1\ 470 = 956\ \text{N/mm}^2$$

5. 计算预应力损失

(1)锚具变形和钢筋内缩引起的损失

采用夹片式锚具(有预压),查表 $a = 6$ mm,

$$\sigma_{l1} = aE_s / l = 6 \times 2 \times 10^5 / 24\ 000 = 50\ \text{N/mm}^2$$

(2)孔道摩擦引起的损失

$$kx + \mu\theta = 0.001\ 5 \times 24 + 0.55 \times 0 = 0.036 < 0.2$$

$$\sigma_{l2} = \sigma_{con}(kx + \mu\theta) = 956 \times 0.036 = 32.1\ \text{N/mm}^2$$

第一批预应力损失为 $\sigma_{l\,\text{I}} = \sigma_{l1} + \sigma_{l2} = 50 + 32.1 = 82.1\ \text{N/mm}^2$

(3)预应力钢筋应力松弛引起的损失(一端超张拉)

$$\sigma_{l4} = 0.35\sigma_{con} = 0.35 \times 956 = 33.5\ \text{N/mm}^2$$

(4)混凝土收缩徐变引起的损失

完成第一批预应力损失后截面上的混凝土预压应力为

$$\sigma_{pcI} = (\sigma_{con} - \sigma_{l1})\ A_p / A_n = (956 - 82.1) \times 785/38\ 403 = 17.9\ \text{N/mm}^2 < 0.5 f_{cu} = 20\ \text{N/mm}^2$$

$$\rho' = \rho = (A_p + A_s)/2A_n = (785 + 452)/2 \times 38\ 403 = 0.016$$

$$\sigma_{l5} = (35 + 280\sigma_{pcI}/f_{cu})/(1 + 15\rho) = (35 + 280 \times 17.9/40)/(1 + 15 \times 0.016) = 129.3\ \text{N/mm}^2$$

第二批预应力损失为

$$\sigma_{l\,\text{II}} = \sigma_{l4} + \sigma_{l5} = 33.5 + 129.4 = 162.8\ \text{N/mm}^2$$

预应力总损失为

$$\sigma_l = \sigma_{l\,\text{I}} + \sigma_{l\,\text{II}} = 82.1 + 162.8 = 244.9\ \text{N/mm}^2 > 80\ \text{N/mm}^2$$

6. 抗裂度验算

$$\begin{aligned}\sigma_{pc\,\text{II}} &= [\ (\sigma_{con} - \sigma_l)\ A_p - \sigma_{l5} A_s]/A_n \\ &= [(956 - 244.9) \times 785 - 129.3 \times 452]/38\ 403 \\ &= 13.01\ \text{N/mm}^2\end{aligned}$$

荷载标准组合下的拉应力:

$$\sigma_{ck} = N_k / A_o = 660\ 000/43\ 231 = 15.26\ \text{N/mm}^2$$

荷载准永久组合下的应力:

$$\sigma_{cq} = N_q / A_o = 550\ 000/43\ 231 = 12.72\ \text{N/mm}^2$$

$$\sigma_{ck} - \sigma_{pc\,\text{II}} = 15.26 - 13.01 = 2.25\ \text{N/mm}^2 < f_{tk} = 2.39\ \text{N/mm}^2$$

$$\sigma_{cq} - \sigma_{pc\,\text{II}} = 12.72 - 13.01 < 0 \quad \text{抗裂度满足要求}$$

7. 施工阶段混凝土抗压验算

采用超张拉 5%,最大张拉力为

$$N_p = 1.05 \times 956 \times 785 = 787\ 983\ \text{N}$$

混凝土压应力

$$\sigma_{cc} = N_p / A_n = 5\ 787\ 983/38\ 403 = 20.5\ \text{N/mm}^2 < 0.8 f_{ck} = 0.8 \times 26.8 = 21.44\ \text{N/mm}^2$$

8. 施工阶段锚固区局部承压力验算

局部承压面积:

$$A_l = 2 \times \pi d_l^2/4 = 2 \times 3.14(100 + 2 \times 18)^2/4 = 29\ 053\ \text{mm}^2$$

$$A_{ln} = A_l - 2 \times \pi d_{lm}^2/4 = 29\ 053 - 2 \times 3.14 \times 50^2/4 = 25\ 578\text{mm}^2$$

局部承压计算底面积：

$$A_b = 250 \times (136 + 2 \times 62) = 65\ 000\ \text{mm}^2$$，如图 9-19(a)所示。

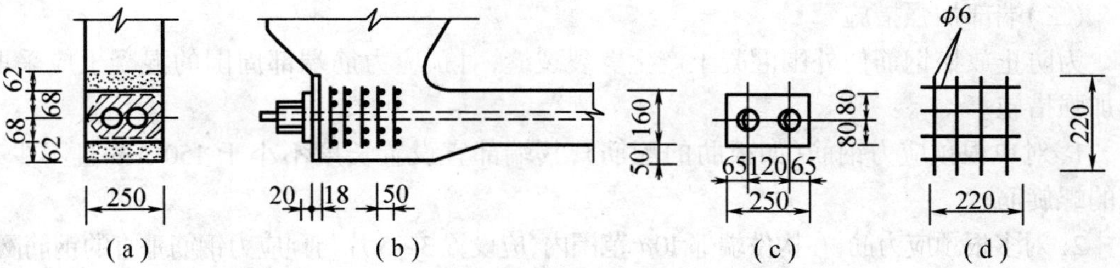

图 9-10 例 9-1 图

(a)端部受压面积图；(b)下弦端节点；(c)下弦截面；(d)方格网

混凝土局部承压强度提高系数：

$$\beta_l = \sqrt{A_b/A_l} = \sqrt{65\ 000/29\ 053} = 1.5$$

局部承压力：

$$F_l = 1.2\sigma_{con}A_p = 1.2 \times 956 \times 785 = 900\ 552\ \text{N}$$

钢筋网片：取钢筋直径 $d = 6$ mm 的钢筋网 5 片，间距 $s = 50$ mm，$A_{s1} = A_{s2} = 28.3\text{mm}^2$，如图 9-10(b)、(d)。

$$A_{cor} = 220 \times 220 = 48\ 400\ \text{mm}^2$$

配间接钢筋后局部承压能力提高系数：

$$\beta_{cor} = \sqrt{A_{cor}/A_l} = \sqrt{48\ 400/29\ 053} = 1.28$$

横向钢筋体积配筋率：

$$\rho_v = (n_1 A_{s1} l_1 + n_2 A_{s2} l_2) A_{cor} s = (4 \times 28.3 \times 220 + 4 \times 28.3 \times 220)/48\ 400 \times 50 = 0.021$$

局部承压能力验算：

$$0.9(\beta_c\beta_l f_c + 2\alpha\rho_v\beta_{cor}f_y)A_{ln} = 0.9(1 \times 1.5 \times 19.1 + 2 \times 1 \times 0.021 \times 1.28 \times 210) \times 25\ 578$$

$$= 919417.6\ \text{N} > F_l = 900\ 552\text{N}$$，局部承压满足要求

局部承压截面尺寸验算：

$$1.35\beta_c\beta_l f_c A_{ln} = 1.35 \times 1 \times 1.5 \times 19.1 \times 25\ 578$$

$$= 989\ 293\ \text{N} = 655.7\ \text{kN} > F_l = 900\ 552\ \text{kN}$$，局部承压截面尺寸满足要求。

第五节 预应力混凝土构件的基本构造要求

预应力混凝土结构构件的构造要求，除应满足普通钢筋混凝土结构的有关规定外，还应根据预应力张拉工艺、锚固措施、预应力钢筋种类的不同，满足其它的构造要求。

一、先张法构件构造要求

(一)预应力钢筋的净距

预应力钢筋的净距应根据浇筑混凝土、施加预应力及钢筋锚固等要求确定。其值不应小于其公称直径的 1.5 倍,且应符合下列规定:

1. 热处理钢筋和预应力钢丝不应小于 15 mm;

2. 预应力钢绞线不应小于 20 mm;

3. 预应力钢丝束及钢绞线束不应小于其外径的 1.5 倍,且不应小于 25 mm。

(二)端部加强措施

为防止放松钢筋使外围混凝土产生劈裂裂缝,对预应力筋端部周围的混凝土应采取下列加强措施。

1. 对单根预应力钢筋(如板肋的配筋),其端部宜设置长度不小于 150 mm 且不少于 4 圈的螺旋筋;

2. 对多根预应力筋,在构件端部 $10d$ 范围内,应设置 3~5 片与预应力钢筋垂直的钢筋网;

3. 对采用预应力钢丝或热处理钢筋的薄板,在板端 100 mm 范围内适当加密横向钢筋。

二、后张法构件构造要求

(一)预留孔道的要求

预应力钢筋的预留孔道应符合下列要求。

1. 孔道之间的水平净距不应小于 50 mm,孔道至构件边缘的净距不应小于 30 mm,且不宜小于孔道直径的一半。

2. 预留孔道的直径,应比预应力钢筋束外径及需穿过孔道的锚具外径大 10~15 mm。

3. 在构件两端及跨中应设置灌浆孔或排气孔,孔距不宜大于 12 m。

4. 凡制作时需要预先起拱的构件,预留孔道且随构件同时起拱。

5. 孔道灌浆要求密实,灰浆强度不应低于 CM20,可采用水泥浆,其水灰比宜为 0.4~0.45,为减少收缩,宜掺入 0.000 1水泥用量的铝粉。

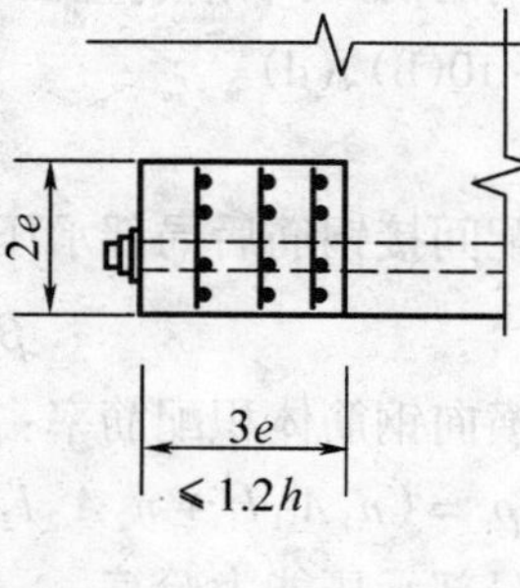

图 9-11 端部的间接钢筋

(二)端部构造要求

1. 选用可靠的锚具锚固预应力筋,其形式和质量应符合现行有关标准的规定。

2. 构件端部尺寸应考虑锚具的布置、张拉设备的尺寸和局部受压的要求,必要时应适当加大。在预应力钢筋锚具下及张拉设备的支撑处,应采用预埋钢垫板并设置间接钢筋和附加钢筋。外露金属锚具,应采取涂刷油漆、砂浆封闭等防锈措施。

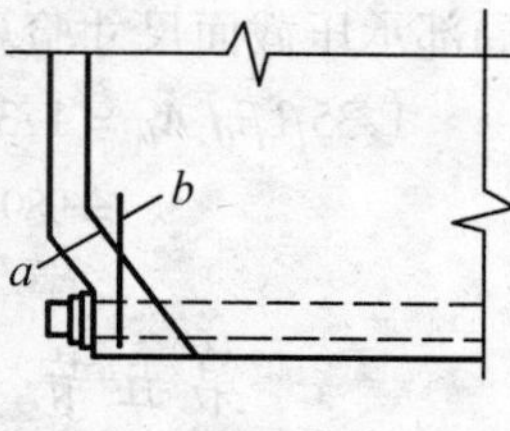

图 9-12 端部转角处钢筋

(a)折线构造钢筋

(b)竖向构造钢筋

3. 为防止孔道劈裂,在构件端部 $3e$ 且不大于 $1.2\ h$ 的长度范围内与间接钢筋配置区以外,应在高度 $2e$ 范围内均匀布置附加箍筋或网片,其体积配筋率不应小于 0.5%,如图 9-11 所示。

4. 当构件在端部有局部凹陷时,应增设折线构造钢筋,如图 9-12 所示。

习　题

一、填空题

9－1　普通钢筋混凝土结构存在的主要缺点有________和________。

9－2　预应力混凝土构件是使受拉区混凝土产生________。

9－3　预应力混凝土构件能够提高构件的________，减小________。不能提高构件的________。

9－4　施加预应力的方法主要有________和________。先张拉钢筋，后浇混凝土的方法称为________；后张拉钢筋，先浇混凝土的方法称为________。

9－5　后张法张拉预应力筋时，混凝土的强度不应低于混凝土设计强度的________。

9－6　预应力构件从张拉钢筋到破坏需经历________阶段及________阶段的各个应力变化过程。

9－7　钢筋张拉控制应力与________和________有关，冷拉热轧钢筋与钢丝和钢绞线相比，其控制应力可以定得________。后张法的控制应力比先张法构件的控制应力________。

9－8　引起预应力损失的因素有________种，其中________引起的损失占的比重最大。

9－9　为了防止普通钢筋混凝土结构的裂缝过早出现，充分利用高强度钢筋，可采用________。

9－10　先张法预应力混凝土构件中，预应力是靠________来传递的；后张法预应力混凝土构件中，预应力是靠________来传递的。

9－11　先张法的生产工艺比较________，适合工厂化成批生产________；后张法工序比较________，适用于________。

9－12　制作预应力构件时锚固预应力钢筋的工具，如果能够取下重复使用的称为________，留在构件中不能取下的称为________。

9－13　预应力混凝土结构构件根据预应力大小对构件截面裂缝控制的程度不同可设计成________和________。当构件在使用荷载作用下不出现拉应力，不出现裂缝的，称为________，当根据需要允许出现裂缝，但裂缝宽度不超过允许值的称为________。在实际工程中，________使用性能良好，经济效果明显。

9－14　预应力钢筋的张拉应力在构件施工和使用过程中会逐渐________，这种现象称为________。

9－15　引起预应力损失的因素有很多，工程中为简化计算，一般采用将各因素产生的预应力损失值________的方法来求预应力总损失。

9－16　为了分析和计算预应力构件各阶段的预应力损失值，对先张法构件，混凝土预压前的损失为________，混凝土预压后的损失为________，对后张法构件，混凝土预压前的损失为________，混凝土预压后的损失为________。

9－17　超张拉是指超过钢筋________的张拉方法。

9－18　对构件施加预应力能延迟裂缝的出现，提高构件的________和________。

9－19　影响预应力混凝土局部承压强度的最主要因素是________、________和

________。

9-20 预应力混凝土轴心受拉构件使用阶段的计算包括________、________、________和________,对采用锚具的后张法构件还需进行________验算。

9-21 当材料强度等级和截面尺寸相同时,预应力混凝土轴心受拉构件与普通钢筋混凝土轴心受拉构件的承载力________。但预应力混凝土构件的________大大提高。

9-22 《规范》将预应力构件的抗裂等级划分为________裂缝控制等级进行验算。

二、判断题

9-1 预应力混凝土构件比相同材料的普通混凝土构件承载力高。( )

9-2 预应力混凝土构件的主要优点是提高了结构的强度。( )

9-3 混凝土徐变和收缩是造成预应力损失的主要因素。( )

9-4 对构件的受压钢筋施加预应力将降低构件的抗裂度。( )

9-5 对构件的受拉钢筋施加预应力将降低构件的承载力。( )

9-6 有效预压应力与混凝土立方体强度值相同时,由混凝土徐变引起的预应力损失后张法比先张法低。( )

9-7 对受弯构件的受拉钢筋施加预应力,可提高构件抗裂度和斜截面的承载力。( )

9-8 张拉端锚具松动会引起预应力钢筋发生应力松弛而使预应力损失。( )

9-9 预应力混凝土构件中的所有预应力损失都是由钢筋的回缩变形而引起。( )

9-10 后张法预应力混凝土要求混凝土强度达到设计强度的70%以上时才可以张拉钢筋。( )

9-11 在计算预应力混凝土构件的混凝土预压应力时,可把预应力钢筋预拉应力的合力反向作用在截面上视为外力,并按弹性理论计算截面上混凝土的预压应力。( )

9-12 在钢筋应力松弛引起的预应力损失中,实际上还包括了钢筋的徐变损失,由于两者难以分开,所以计算中统称为钢筋应力松弛引起的损失。( )

9-13 所谓超张拉是指张拉控制应力超过钢筋屈服强度的方法。( )

9-14 相同条件下,先张法总预应力损失一般比后张法高。( )

9-15 先张法预应力构件进行蒸汽养护时,构件的长度越长,构件与端部的温差引起的预应力损失越大。( )

9-16 环形结构采用螺旋预应力筋,预应力筋环的直径超过3米时,可不考虑混凝土局部被挤压使预应力筋环直径减小而造成的预应力筋的应力损失。( )

9-17 混凝土收缩和徐变引起的损失在配直线预应力筋构件中约占总损失的60%,在配曲线预应力筋构件中约占总损失的30%。( )

9-18 冷拉热轧钢筋因其塑性相对较好,其张拉控制应力的取值比钢丝和热处理钢筋高。( )

9-19 预应力混凝土可用来建造大跨度结构是由于有反拱、变形小。( )

9-20 中等强度钢筋不宜作预应力筋是因为有效预应力低。( )

9-21 对混凝土施加预应力通常是通过张拉构件内的钢筋实现的。( )

9-22 在计算混凝土有效预压应力时先张法构件和后张法构件所用的面积相同。( )

9－23 其他条件相同，先张法构件和后张法构件的有效预压应力相同。 （ ）

9－24 后张法预应力钢筋的张拉是直接在混凝土构件上进行的，张拉控制应力的大小与混凝土截面有关。 （ ）

9－25 先张法预应力钢筋的张拉是在混凝土浇筑前进行的。张拉控制应力的大小与混凝土截面无关。 （ ）

9－26 预应力混凝土构件是对钢筋进行张拉的构件。 （ ）

三、选择题

9－1 预应力混凝土构件的混凝土强度等级不宜低于（ ）。

A. C40 B. C30 C. C25 D. C20

9－2 先张法预应力构件的总损失值应（ ），后张法预应力构件的总损失值应（ ）。

A. $\geqslant 100\ N/mm^2$ B. $\geqslant 80\ N/mm^2$ C. $\leqslant 100\ N/mm^2$ D. $\leqslant 80\ N/mm^2$

9－3 条件相同情况下，预应力混凝土梁受剪承载力与普通钢筋混凝土梁的受剪承载力相比要（ ）。

A. 高 B. 低 C. 相同 D. 不能确定

9－4 预应力混凝土采用后张法的钢筋张拉控制应力比相同钢筋采用先张法时控制应力（ ）。

A. 高 B. 低 C. 相同 D. 不能确定

9－5 用先张法生产的预应力混凝土构件，预应力是通过（ ）来传递的。

A. 钢筋与混凝土间的粘结力

B. 锚具直接挤压混凝土

C. 孔道内压力灌浆后与砂浆间的粘结力

9－6 预应力混凝土构件主要优点是提高构件的（ ）。

A. 正截面承载力 B. 延性 C. 抗裂度

9－7 预应力结构构件的混凝土，不需满足下列哪一要求（ ）。

A. 强度高 B. 收缩徐变小 C. 块硬早强 D. 强度不宜低于 C20

9－8 预应力混凝土中下论述哪一项不正确（ ）。

A. 预应力混凝土张拉控制应力允许值均以强度标准值的某个小于 1 的倍数表示

B. 后张法的张拉控制应力低于先张法的张拉控制应力

C. 钢丝和热处理钢筋张拉控制应力比冷拉钢筋高

D. 为了部分抵消预应力损失，张拉控制应力的取值可适当提高

9－9 当采用碳素钢丝、钢铰线、热处理钢等高强钢筋时，混凝土强度不宜低于（ ）。

A. C25 B. C30 C. C35 D. C40

9－10 下列哪一种钢筋不宜用作预应力筋（ ）。

A. 冷拉 HPB235 B. 甲级冷拔低碳钢丝

C. 热处理钢筋 D. 钢铰线

9－11 设计预应力混凝土构件时，张拉控制应力应（ ）。

A. 按预应力筋强度标准值确定

B. 越高越好，以减小预应力损失

C. 能使抗裂度越高越好

D. 按承载力大小计算

9-12 为了保证获得必要的预应力效果,避免将张拉控制应力定的过小,《规范》规定对下列哪种钢筋的张拉控制应力值不应小于$0.5f_{pyk}$( )。

A. 碳素钢丝 B. 冷拔低碳钢丝 C. 钢铰线 D. 冷拉钢筋

9-13 全预应力混凝土构件就是( )。

A. 在使用荷载作用下允许出现拉应力,但不允许出现裂缝的构件

B. 在使用荷载作用下不允许出现拉应力和裂缝的构件

C. 在使用荷载作用下允许出现裂缝,但裂缝宽度不超过允许值的构件

D. 在使用荷载作用下允许出现裂缝,裂缝宽度没有限制的构件

9-14 部分预应力混凝土构件就是( )。

A. 在使用荷载作用下允许出现拉应力,但不允许出现裂缝的构件

B. 在使用荷载作用下不允许出现拉应力和裂缝的构件

C. 在使用荷载作用下允许出现裂缝,但裂缝宽度不超过允许值的构件

D. 在使用荷载作用下允许出现裂缝,裂缝宽度没有限制的构件

9-15 预应力混凝土施工采用先张法或后张法,其适用范围分别是( )。

A. 先张法适用工厂预制构件,后张法适用现浇构件

B. 先张法适用工厂预制的中小型构件,后张法宜用大型构件和现浇构件

C. 先张法宜用于通用构件和标准构件,后张法宜用于非标准构件

D. 先张法宜用于中小型构件,后张法宜用于大型构件

9-16 通过预拉钢筋使混凝土受预压,则构件( )。

A. 承载力提高 B. 变形减小

C. 承载力提高,变形也减小 D. 变形增大

9-17 其他条件相同的情况下,采用先张法制作的构件比采用后张法制作的构件所建立的有效预压应力( )

A. 大 B. 小 C. 相同

9-18 条件相同的轴心受拉构件,分别采用先张法和后张法制作,当预应力总损失和混凝土有效预压应力相同时( )。

A. 二者张拉控制应力相等

B. 采用后张法张拉控制应力大些

C. 采用先张法张拉控制应力大些

9-19 为了减小由于混凝土徐变和收缩引起的预应力损失( )。

A. 应增加水泥用量 B. 应提高张拉控制应力

C. 采用蒸汽养护 D. 尽早施加预应力

9-20 设计预应力混凝土构件时( )。

A. 张拉控制应力越大,张拉钢筋越多越好

B. 抗裂度越高越好

C. 张拉控制应力适当,张拉钢筋应满足抗裂要求

D. 除了适当配置预应力筋外,还应适当配一些非预应力钢筋

9-21 直线配筋的先张法预应力构件,常温养护,其预应力损失按下列哪项组合考虑

( )。

A. $\sigma_{l1}+\sigma_{l2}+\sigma_{l3}+\sigma_{l4}+\sigma_{l5}$

B. $\sigma_{l1}+\sigma_{l2}+\sigma_{l4}+\sigma_{l5}$

C. $\sigma_{l1}+\sigma_{l4}+\sigma_{l5}$

D. $\sigma_{l1}+\sigma_{l3}+\sigma_{l5}$

9－22 减小由于锚具变形和钢筋内缩引起的损失的措施不当的是( )。

A. 尽量减少垫板

B. 选择锚具变形小或使预应力筋内缩小的锚具

C. 增加台座长度

D. 在钢模上张拉预应力筋

9－23 预应力混凝土轴心受拉构件与条件相同的普通混凝土轴心受拉构件相比较。( )。

A. 前者的承载力高于后者

B. 前者的抗裂度比后者大

C. 前者的承载力和抗裂度均低于后者

D. 前者与后者的承载力和抗裂度均相同

24. 一般要求不出现裂缝的预应力混凝土轴心受拉和受弯构件，在荷载短期效应组合( )。

A. 允许存在拉应力 B. 不允许出现拉应力 C. 拉应力为0

25. 严格要求不出现裂缝的预应力混凝土轴心受拉构件应满足( )。

A. 不允许出现拉应力

B. 允许出现拉应力，但拉应力应小于混凝土抗拉强度设计值

C. 允许出现拉应力，但拉应力应小于修正后的混凝土抗拉强度标准值

26. 验算后张法预应力混凝土轴心受拉构件端部局部承压时，钢筋总拉力为( )。

A. $1.2\sigma_{con}A_p$ B. $(\sigma_{con}-\sigma_{l2})A_p$ C. $1.2(\sigma_{con}-\sigma_{l2})A_p$ D. $\sigma_{con}A_p$

27. 后张法轴心受拉构件预留孔道之间的净距应满足( )。

A. 不应小于 15 mm B. 不应大于 15 mm C. 不应小于 25 mm D. 不应大于 25 mm

28. 后张法轴心受拉构件两端及跨中设置灌浆孔或排气孔，其孔距( )。

A. 不宜大于 12 m B. 不宜大于 15 m C. 不宜大于 20 m D. 没有限制

四、简答题

9－1 什么是预应力混凝土构件？为什么对构件施加预应力？

9－2 什么是张拉控制应力？为什么张拉控制应力取值不能太高或太低？

9－3 为什么后张法张拉控制应力比先张法定的低？

9－4 为什么冷拉热轧钢筋比钢丝和热处理钢筋的张拉控制应力定的高？

9－5 预应力结构对所用的钢筋有哪些要求？我国目前用于预应力混凝土结构中的钢材有哪些？

9－6 为什么在预应力混凝土构件中应采用高强钢筋和高强混凝土？而在普通钢筋混凝土构件中不能采用高强钢筋和高强混凝土？

9-7　施加预应力的方法有几种,其特点和主要区别是什么,各适用范围如何?

9-8　预应力混凝土对混凝土材料有哪些要求?

9-9　与普通钢筋混凝土构件相比,预应力混凝土构件的主要优点有哪些?

9-10　预应力损失有哪些,它们是如何产生的,采取什么措施可减少这些损失?

9-11　为什么要对构件的端部局部加强,其构造措施有哪些?

9-12　预应力混凝土构件的裂缝控制等级有哪几级?

9-13　为什么局部承压强度比均匀受压强度高?

五、计算题

9-1　设计 24 m 跨度折线形预应力混凝土屋架下弦杆

(一)设计条件:

1.构件端部尺寸:$b \times h = 250\ \text{mm} \times 160\ \text{mm}$

2.材料:混凝土采用 C40($f_{ck} = 26.8\ \text{N/mm}^2$, $ftk = 2.39\ \text{N/mm}^2$, $E_s = 3.25 \times 10^4\ \text{N/mm}^2$, $f_c = 19.1\ \text{N/mm}^2$)

预应力筋采用钢绞线($f_{ptk} = 1\,860\ \text{N/mm}^2$, $f_{py} = 1320\ \text{N/mm}^2$, $E_s = 1.95 \times 10^5\ \text{N/mm}^2$)

非预应力筋采用 HRB335($f_y = 300\ \text{N/mm}^2$, $E_s = 2 \times 10^5\ \text{N/mm}^2$)

3.内力:$N = 510\ \text{kN}$, $N_k = 430\ \text{kN}$, $N_q = 340\ \text{kN}$

4.施工方法:采用后张法生产,预留两个孔道,预应力筋孔道采用充压橡皮抽芯成型,$d = 30\ \text{mm}$,采用夹片式锚具(锚杯外径 100 mm),超张拉工艺($1.05\sigma_{con}$),混凝土强度达 100%设计强度时张拉预应力筋,一端张拉

5.裂缝控制等级为二级 结构安全等级为一级

(二)设计要求:

1.确定钢筋数量

2.验算使用阶段正截面抗裂度

3.验算施工阶段混凝土抗压承载力

4.验算施工阶段锚固区局部承压力

参考答案

一、填空题

9-1　抗裂度低　不能充分利用高强材料

9-2　预压应力

9-3　抗裂度　裂缝宽度　承载力

9-4　先张法　后张法　先张法　后张法

9-5　75%

9-6　施工阶段　使用阶段

9-7　张拉方法　钢筋种类　高　低

9-8　六　混凝土收缩和徐变

9－9 预应力混凝土

9－10 钢筋与混凝土之间的粘结应力 端部锚具

9－11 简单 中小型预应力混凝土构件 复杂 现场成型的大型预应力混凝土构件

9－12 夹具 锚具

9－13 全预应力混凝土 部分预应力混凝土 全预应力混凝土 部分预应力混凝土

部分预应力混凝土

9－14 降低 预应力损失

9－15 叠加

9－16 $\sigma_{l\,\mathrm{I}}=\sigma_{l1}+\sigma_{l2}+\sigma_{l3}+\sigma_{l4}$ $\sigma_{l\,\mathrm{II}}=\sigma_{l5}$ $\sigma_{l\,\mathrm{I}}=\sigma_{l1}+\sigma_{l2}$ $\sigma_{l\,\mathrm{II}}=\sigma_{l4}+\sigma_{l5}+\sigma_{l6}$

9－17 张拉控制应力

9－18 抗裂度 刚度

9－19 混凝土局部承压面积 局部承压时计算底面积 配置间接钢筋

9－20 承载力计算 抗裂度验算 裂缝宽度验算 承载力验算 端部锚固区局部受压

9－21 相同 抗裂度

9－22 三级

二、判断题

9－1 × 9－2 × 9－3 ✓ 9－4 ✓ 9－5 × 9－6 ✓
9－7 ✓ 9－8 × 9－9 × 9－10 × 9－11 ✓ 9－12 ✓
9－13 × 9－14 ✓ 9－15 × 9－16 ✓ 9－17 ✓
9－18 ✓ 9－19 ✓ 9－20 × 9－21 ✓ 9－22 ×
9－23 × 9－24 × 9－25 ✓ 9－26 ×

三、选择题

9－1 B 9－2 A B 9－3 A 9－4 B 9－5 A 9－6 C
9－7 D 9－8 C 9－9 D 9－10 A 9－11 A 9－12 D
9－13 B 9－14 C 9－15 D 9－16 B 9－17 B 9－18 C
9－19 C 9－20 D 9－21 C 9－22 D 9－23 B 9－24 A
9－25 A 9－26 D 9－27 C 9－28 A

四、简答题

9－1 预应力混凝土构件：在构件承受外荷载前，用某种方法在混凝土的受拉区预先施加压应力（产生预压变形），当结构承受由荷载产生的拉应力时，必须先抵消混凝土的预压应力，然后才能随着荷载的增加使混凝土受拉（也可能受压），使构件在正常使用情况下不裂或裂得较晚，同时减少裂逢宽度。

对构件施加预应力是为了提高构件抗裂能力，控制裂缝产生和裂缝宽度，提高耐久性；减少变形，提高刚度；充分利用高强材料，减少截面尺寸，减少材料用量，减轻自重，适用于大跨度及承受大荷载的构件。

9-2　张拉控制应力：张拉钢筋时，预应力钢筋中达到的最大应力值；σ_{con} = 总张拉力/预筋截面积张拉控制应力取值不能太高是因为考虑混凝土的离散性需对钢筋进行超张拉，钢筋接近或达到实际屈服强度；构件开裂时的弯矩太接近构件破坏时的弯矩，这种构件在正常使用荷载作用下不会开裂，变形极小，但构件一旦开裂，很快就接近破坏，破坏前无预兆，脆性破坏。不能太低是因为施工阶段预拉区混凝土产生拉应力，甚至开裂，后张法构件可能不满足端部混局部承压验算要求。

9-3　后张法张拉控制应力比先张法定的低是因为在先张法中，张拉钢筋达到控制应力时，构件混凝土尚未浇筑，当混凝土凝固后受到预压时，钢筋会随着混凝土的压缩而回缩，此时钢筋预拉应力已小于张拉时的控制应力。对后张法来说，张拉钢筋的同时混凝土受到预压，张拉到控制应力时，混凝土弹性压缩已完成，张拉控制应力不会降低。因此规定后张法张拉控制应力比先张法低。

9-4　冷拉热轧钢筋塑性较好，到达屈服强度后有较长的塑性伸长，所以张拉控制应力可定的高些，钢丝和热处理钢筋塑性较差，没有明显的屈服台阶，张拉控制应力应定的低些。

9-5　预应力结构对所用的钢筋有①强度高，建立预应力大，防止因应力损失达不到预期预应力；②足够的塑性，不发生脆性断裂；③与混凝土之间有足够的粘结强度，采用变形钢；④良好的加工性能，可焊性；⑤较低的松弛率我国目前用于预应力混凝土结构中的钢材有冷拉低合金钢、热处理钢筋、碳素钢丝、刻痕钢丝、钢铰线、冷拔低碳钢丝。

9-6　混凝土预压应力的大小取决于预应力钢筋张拉应力的大小，由于构件在制作过程中会出现各种预应力损失，为有效的建立足够的预应力，必须把张拉控制应力定的很高，甚至采用超张拉，因此必须采用高强度钢筋；同时，只有高强度混凝土才能有效的减小构件截面尺寸，减轻自重。在先张法中，预应力是靠钢筋预混凝土之间的粘结应力来传递的，而粘结强度随混凝土强度等级的增加而增加。另外，在先张法中放松预应力筋和后张法中张拉预应力筋时混凝土受到的压应力是很大的，因此必须采用高强混凝土。普通钢混构件应力达 20~30 N/mm^2 即开裂，而当构件达到最大裂缝宽度(0.2~0.3 mm)时，钢筋应力约为 150~250 N/mm^2，如果采用高强钢筋，在使用阶段其应力可达 500~1 000 N/mm^2，当钢筋应力达到屈服强度时，裂缝将很宽，不能满足使用要求。因此，在普通钢筋混凝土结构中采用高强钢筋和高强混凝土是不能发挥作用的。

9-7　施加预应力的方法有两种。特点：先张法施工工艺比较简单，质量容易保证，不需要永久的工作锚具，生产成本较低，台座越长，一次生产的数量就越多，但需要台座设备，第一次投资费用较大，且只能固定在一处，不能移动。后张法工序较复杂，不需要台座，比较灵活，构件可在现场施工，也可在工厂预制，由于构件是一个个的进行张拉，又需要安装永久性工作锚具，耗钢量大，成本较高。主要区别：(1)施工工艺不同：先张法在浇灌混凝土之前张拉钢筋，后张法是在构件结硬后在构件上张拉钢筋(2)预应力传递方式不同：先张法预应力混凝土构件，预应力是靠钢筋预混凝土之间的粘结力传递的，后张法是通过锚具传递的。

适用范围：先张法适合工厂化成批生产中、小型预应力构件；后张法适用于运输不变、现场成型的大型预应力混凝土构件。

9-8　①强度高，一般为 C30，当用碳素钢丝、钢铰线、热处理钢作为预应力筋时 C40；②收缩徐变小；③快硬早强；④不得掺加对钢筋有侵蚀作用的添加剂。

9-9　预应力混凝土的优点：①提高构件抗裂能力，控制裂缝产生和裂缝宽度，提高耐久性；②减少变形，提高刚度；③充分利用高强材料，减少截面尺寸，减少材料用量，减轻自重,适用于大跨度及承受大荷载的构件;④抗疲劳性能较好;⑤可作为结构的一种拼装手段和加固措施。

9-10　预应力损失有六项。

(一)张拉端锚具变形和钢筋内缩引起的损失 σ_{l1}

由锚具变形、锚具与垫板及构件间的缝隙被挤紧和钢筋在锚具内的滑移,使钢筋松弛内缩而引起预应力损失。

解决办法:1.选择锚具变形小或使预应力钢筋内缩小的锚具、夹具;2.减少垫板;3.增加台座长度。

(二)预应力钢筋与孔道壁之间摩擦引起的损失 σ_{l2}

由于施工偏差及孔道壁粗糙等原因,预应力钢筋张拉时预孔道壁表面接触产生摩擦阻力,使构件各截面上钢筋实际预拉应力都比张拉端小而引起预应力损失。

解决办法:

1.较长构件两端张拉,σ_{l2}减少一半;2.采用润滑剂,套上钢管等减小摩擦系数;3.采用刚度大的管子留孔道,以减小孔道局部偏差;4.采用超张拉。

(三)混加热养护时受张拉的钢筋与承受拉力的设备之间温差引起损失 σ_{l3}

蒸汽养护,升温时,混凝土未结硬钢筋的温度大于台座的温度,则钢筋的变形大于台座的变形;先张法,钢筋被拉紧并锚固于台座上,不能自由伸长,钢筋的拉筋程度较前变松,预应力损失。

解决办法:

1.采用两次升温养护;2.在钢模上张拉预应力筋。

(四)钢筋的应力松弛引起的损失 σ_{l4}

钢筋长度保持不变的条件下钢筋的应力会随时间的增长而逐渐降低,即钢筋应力松弛。钢筋应力保持不变的条件下应变会随时间的增长而逐渐增大,即钢筋的徐变,钢筋的松弛和徐变均将引起预应力损失。

解决办法:采用超张拉。

(五)混收缩、徐变引起预应力损失 σ_{l5}

一般温度湿度条件下,混凝土收缩,预压力下混凝土徐变,构件缩短,钢筋回缩,预应力损失。

解决办法:

1.高标水泥,降低水泥用量,降低水灰比,采用干硬性混凝土;2.混凝土浇筑密实;3.加强养护条件,减少收缩、徐变。

(六)用螺旋式预应力筋作配筋的环形构件因混凝土的局部挤压所引起损失 σ_{l6}

预应力钢筋对混凝土挤压,使环形构件的直径减小,预应力中的拉应力降低而引起预应力损失

解决办法:增大环形构件的直径。

9-11　端部局部加强的原因:

先张法:预应力混凝土构件的预应力是靠钢筋预混凝土之间的粘结力传递的,在传递长度范围内应保证钢筋预混凝土之间有可靠的粘结力,所以端部局部必须加强;后张法构件的预压力是通过锚具经垫板传给混凝土的,由于预压力较大,锚具下的垫板与混凝土的传力接

触面积很小,因此锚具下的混凝土将承受较大的局部压力。在局部压力作用下,构件端部会产生裂缝,甚至会发生局压不足而破坏,所以端部局部必须加强。

端部局部加强的构造措施:

先张法:

1.对单根预应力钢筋,其端部宜设置长度不小于150 mm的螺旋筋。当直径小于16 mm时,也可利用支座垫板上的插筋代替螺旋筋,此时插筋数量不少于4根,高度不宜小于120 mm。

2.对多根预应力筋,在构件端部10d范围内应设置3~5片钢筋网。

3.对采用钢丝配筋的薄板,在端部100 mm范围内应适当加密横向钢筋。

后张法:

1.构件端部尺寸应考虑锚具的布置、张拉设备的尺寸和局部受压的要求,在必要时应适当加大。

2.在预应力钢筋锚具下及张拉设备的支承处,应采用预埋厚度不小于10 mm的钢垫板及附加横向钢筋网片或螺旋式钢筋等局部加强措施。

3.对外露金属锚具应采取涂刷油漆、砂浆封闭等防锈措施。

9-12　一级:严格要求不出现裂缝的构件;荷载短期效应组合下,构件受拉边缘混凝土不应产生拉应力,即 $\sigma_t = \sigma_{ck} - \sigma_{pc} \leqslant 0$;$\sigma_{ck} = N_k / A_o$。

二级:一般要求不出现裂缝的构件;荷载短期效应组合下,构件受拉边缘混凝土允许产生拉应力,但拉应力不超过允许值,$\sigma_t = \sigma_{ck} - \sigma_{pc} \leqslant f_{tk}$,荷载长期效应组合下,构件受拉边缘混凝土不应产生拉应力,即 $\sigma_t = \sigma_{cq} - \sigma_{pc} \leqslant 0$;$\sigma_{cq} = N_q / A_o$。

三级:允许出现裂缝的构件;按荷载短期效应组合并考虑长期效应组合影响进行计算,即 $\omega_{\max} \leqslant \omega_{\lim}$。

9-13　局部承压强度比均匀受压强度高的原因

套箍强化:混凝土未直接受压部分向套箍一样约束受压部分横向变形的发展,使受压部分处于三向受压或双向受压应力状态,混凝土局部抗压强度大大提高。

应力扩散:只要在混凝土内存在未直接承受压力的面积,就有应力扩散的现象,混凝土局部抗压强度有所提高。

附录

附表1　普通钢筋强度标准值　(N/mm²)

种　类		符号	d(mm)	f_{yk}
热轧钢筋	HPB235(Q235)	ϕ	8~20	235
	HRB335(20MnSi)	Φ	6~50	335
	HRB400(20MnSiV、20MnSiNb、20MnTi)	Φ	6~50	400
	RRB400(K20MnSi)	Φ^{R}	8~40	400

注:1.热轧钢筋直径 d 系指公称直径;

2.当采用直径大于 40 mm 的钢筋时,应有可靠的工程经验。

附表2　预应力钢筋强度标准值　(N/mm²)

种　类		符号	d(mm)	f_{ptk}
钢绞线	1×3	ϕ^{s}	8.6、10.8	1 860、1 720、1 570
			12.9	1 720、1 570
	1×7		9.5、11.1、12.7	1 860
			15.2	1 860、1 720
消除应力钢丝	光面 螺旋肋	ϕ^{P} ϕ^{H}	4、5	1 770、1 670、1 570
			6	1 670、1 570
			7、8、9	1 570
	刻痕	ϕ^{I}	5、7	1 570
热处理钢筋	40Si2Mn	ϕ^{HT}	6	1 470
	48Si2Mn		8.2	
	45Si2Cr		10	

注:1.钢绞线直径 d 系指钢绞线外接圆直径,即现行国家标准《预应力混凝土用钢绞线》(GB/T 5224)中的公称直径 D_g,钢丝和热处理钢筋的直径 d 均指公称直径。

2.消除应力光面钢丝直径 d 为 4~9 mm,消除应力螺旋肋钢丝直径 d 为 4~8 mm。

附表3　普通钢筋强度设计值　(N/mm²)

种　类		符号	d(mm)	f_{yk}
热轧钢筋	HPB 235(Q235)	ϕ	210	210
	HRB 335(20MnSi)	Φ	300	300
	HRB 400(20MnSiV、20MnSiNb、20MnTi)	Φ	360	360
	RRB 400(K20MnSi)	Φ^{R}	360	360

注:在钢筋混凝土结构中,轴心受拉和小偏心受拉构件的钢筋抗拉强度设计值大于 300 N/mm² 时,仍应按 300 N/mm² 取用。

附表 4　预应力钢筋强度设计值　(N/mm^2)

种类		符号	f_{ptk}	f_{py}	f'_{py}
钢绞线	1×3	ϕ^s	1 860	1 320	390
			1 720	1 220	
			1 570	1 110	
	1×7		1 860	1 320	390
			1 720	1 220	
消除应力钢丝	光面 螺旋肋	ϕ^P ϕ^H	1 770	1 250	410
			1 670	1 180	
			1 570	1 110	
	刻痕	ϕ^I	1 570	1 110	410
热处理钢筋	40Si2Mn	ϕ^{HT}	1 470	1 040	400
	48Si2Mn				
	45Si2Cr				

注：当预应力钢绞线、钢丝的强度标准值不符合附表－2 的规定时，其强度设计值应进行换算。

附表 5　钢筋弹性模量　($\times 10^5\ N/mm^2$)

种类	E_s
HPB 235 级钢筋	2.1
HRB 335 级钢筋、HRB 400 级钢筋、RRB 400 级钢筋、热处理钢筋	2.0
消除应力钢丝（光面钢丝、螺旋肋钢丝、刻痕钢丝）	2.05
钢绞线	1.95

注：必要时钢绞线可采用实测的弹性模量。

附表 6　混凝土强度标准值　(N/mm^2)

强度种类	混凝土强度等级													
	C15	C20	C25	C30	C35	C40	C45	C50	C55	C60	C65	C70	C75	C80
f_{ck}	10.0	13.4	16.7	20.1	23.4	26.8	29.6	32.4	35.5	38.5	41.5	44.5	47.4	50.2
f_{tk}	1.27	1.54	1.78	2.01	2.20	2.39	2.51	2.64	2.74	2.85	2.93	2.99	3.05	3.11

附表 7　混凝土强度设计值　(N/mm^2)

强度种类	混凝土强度等级													
	C15	C20	C25	C30	C35	C40	C45	C50	C55	C60	C65	C70	C75	C80
f_c	7.2	9.6	11.9	14.3	16.7	19.1	21.1	23.1	25.3	27.5	29.7	31.8	33.8	35.9
f_t	0.91	1.10	1.27	1.43	1.57	1.71	1.80	1.89	1.96	2.04	2.09	2.14	2.18	2.22

注：1. 计算现浇钢筋混凝土轴心受压及偏心受压构件时，如截面的长边或直径小于 300 mm，则表中混凝土的强度设计值应乘以系数 0.8；当构件质量（如混凝土成型、截面或轴线尺寸等）确有保证时，可不受此限制；

2. 离心混凝土的强度设计值应按专门标准取用。

附表 8　混凝土弹性模量　（$\times 10^4$ N/mm²）

混凝土强度等级	C15	C20	C25	C30	C35	C40	C45	C50	C55	C60	C65	C70	C75	C80
E_c	2.20	2.55	2.80	3.00	3.15	3.25	3.35	3.45	3.55	3.60	3.65	3.70	3.75	3.80

附表 9　受弯构件的挠度限值

构件类型	挠度限值
吊车梁：手动吊车	$l_0/500$
电动吊车	$l_0/600$
屋盖、楼盖及楼梯构件：	
当 $l_0 < 7$ m 时	$l_0/200(l_0/250)$
当 7 m$\leqslant l_0 \leqslant$9 m 时	$l_0/250(l_0/300)$
当 $l_0 > 9$ m 时	$l_0/300(l_0/400)$

注：1. 表中 l_0 为构件的计算跨度。

2. 如表中括号内的数值适用于使用上对挠度有较高要求的构件。

3. 如果构件制作时预先起拱，且使用上也允许，则在验算挠度时，可将计算所得的挠度值减去起拱值；对预应力混凝土构件，尚可减去预加力所产生的反拱值。

4. 计算悬臂构件的挠度限值时，其计算跨度 l_0 按实际悬臂长度的 2 倍取用。

附表 10　结构构件的裂缝控制等级及最大裂缝宽度限值

环境类别	钢筋混凝土结构		预应力混凝土结构	
	裂缝控制等级	w_{lim}(mm)	裂缝控制等级	w_{lim}(mm)
一	三	0.3(0.4)	三	0.2
二	三	0.2	二	—
三	三	0.2	一	—

注：1. 表中的规定适用于采用热轧钢筋的钢筋混凝土构件和采用预应力钢丝、钢绞线及热处理钢筋的预应力混凝土构件；当采用其他类别的钢丝或钢筋时，其裂缝控制要求可按专门标准确定。

2. 对处于年平均相对湿度小于 60%地区一类环境下的受弯构件，其最大裂缝宽度限值可采用括号内的数值。

3. 在一类环境下，对钢筋混凝土屋架、托架及需作疲劳验算的吊车梁，其最大裂缝宽度限值应取为 0.2 mm；对钢筋混凝土屋面梁和托梁，其最大裂缝宽度限值应取为 0.3 mm。

4. 在一类环境下，对预应力混凝土屋面梁、托梁、屋架、托架、屋面板和楼板，应按二级裂缝控制等级进行验算；在一类和二类环境下，对需作疲劳验算的预应力混凝土吊车梁，应按一级裂缝控制等级进行验算。

5. 表中规定的预应力混凝土构件的裂缝控制等级和最大裂缝宽度限值仅适用于正截面的验算；预应力混凝土构件的斜截面裂缝控制验算应符合本规范第 8 章的要求。

6. 对于烟囱、筒仓和处于液体压力下的结构构件，其裂缝控制要求应符合专门标准的有关规定。

7. 对于处于四、五类环境下的结构构件，其裂缝控制要求应符合专门标准的有关规定。

8. 表中的最大裂缝宽度限值用于验算荷载作用引起的最大裂缝宽度。

附表 11　锚固钢筋的外形系数

钢筋类型	光面钢筋	带肋钢筋	三面刻痕钢丝	螺旋肋钢丝	三股钢绞线	七股钢绞线
钢筋外形系数 α	0.15	0.14	0.19	0.13	0.16	0.17

注:①光面钢筋末端应做 180°标准弯钩,但焊接骨架、焊接网及轴心受压构件中的光面钢筋可不做弯钩;

②当带肋钢筋的直径大于 25 mm 时,钢筋外形系数应再乘以修正系数 1.1;

③环氧树脂涂层带肋钢筋的外形系数尚应乘修正系数 1.25。

附表 12　钢筋锚固长度修正系数

保护层厚度	$>2d$	$>3d$	$>4d$	$>5d$
钢筋中心到中心间距	$>4d$	$>6d$	$>8d$	$>10d$
厚度修正系数	0.9	0.8	0.75	0.7

注:对位于构件顶部混凝土中的水平钢筋,不应进行上述厚度的修正。

附表 13　受拉钢筋的最小锚固长度,mm

钢筋类型	光面钢筋	带肋钢筋	三面刻痕钢丝	螺旋肋钢丝	三股钢绞线	七股钢绞线
最小锚固长度	$20d$	$25d$	$100d$	$80d$	$90d$	$100d$

附表 14　纵向受力钢筋的混凝土保护层最小厚度,mm

环境类型		板、墙、壳			梁			柱		
		≤C20	C25 ~ C45	≥50	≤C20	C25 ~ C45	≥50	≤C20	C25 ~ C45	≥50
一		20	15	15	30	25	25	30	30	30
二	*a*	—	20	20	—	30	30	—	30	30
	b	—	25	20	—	30	—	35	30	
三		—	30	25	—	40	35	—	40	35

注:基础中纵向受力钢筋的混凝土保护层厚度不应小于 40 mm;当无垫层时不应小于 70 mm。

附表 15 钢筋混凝土矩形截面受弯构件正截面受承载力计算系数表

ξ	γ_s	α	ξ	γ_s	α
0.01	0.995	0.010	0.33	0.835	0.275
0.02	0.990	0.020	0.34	0.830	0.282
0.03	0.985	0.030	0.35	0.825	0.289
0.04	0.980	0.039	0.36	0.820	0.295
0.05	0.975	0.048	0.37	0.815	0.301
0.06	0.970	0.058	0.38	0.810	0.309
0.07	0.965	0.067	0.39	0.805	0.314
0.08	0.960	0.077	0.40	0.800	0.320
0.09	0.955	0.085	0.41	0.795	0.326
0.10	0.950	0.095	0.42	0.790	0.332
0.11	0.945	0.104	0.43	0.785	0.337
0.12	0.940	0.113	0.44	0.780	0.343
0.13	0.935	0.121	0.45	0.775	0.349
0.14	0.930	0.130	0.46	0.770	0.354
0.15	0.925	0.139	0.47	0.765	0.359
0.16	0.920	0.147	0.48	0.760	0.365
0.17	0.915	0.155	0.49	0.755	0.370
0.18	0.910	0.164	0.50	0.750	0.375
0.19	0.905	0.172	0.51	0.745	0.380
0.20	0.900	0.180	0.52	0.740	0.385
0.21	0.895	0.188	0.528	0.736	0.389
0.22	0.890	0.196	0.53	0.735	0.390
0.23	0.885	0.203	0.54	0.730	0.394
0.24	0.880	0.211	0.544	0.728	0.396
0.25	0.875	0.219	0.55	0.725	0.400
0.26	0.870	0.226	0.556	0.722	0.401
0.27	0.865	0.234	0.56	0.720	0.403
0.28	0.860	0.241	0.57	0.715	0.408
0.29	0.855	0.248	0.58	0.710	0.412
0.30	0.850	0.255	0.59	0.705	0.416
0.31	0.845	0.262	0.60	0.700	0.420
0.32	0.840	0.269	0.614	0.693	0.426

附表 16　钢筋的计算截面面积及公称质量表

直径 d /mm	不同根数钢筋的计算截面面积/mm²									单根钢筋公称质量/(kg/m)
	1	2	3	4	5	6	7	8	9	
2.5	4.9	9.8	14.7	19.6	24.5	29.4	34.3	39.2	44.1	0.039
3	7.1	14.1	21.2	20.3	35.3	42.4	49.3	56.5	63.6	0.055
4	12.6	25.1	37.7	50.2	62.8	75.4	87.9	100.5	113	0.099
5	19.6	39	59	79	98	118	138	157	177	0.154
6	28.3	57	85	113	142	170	198	226	255	0.222
6.5	33.2	66	100	133	166	199	232	265	299	0.260
8	50.3	101	151	201	252*P*	302	352	402	453	0.395
8.2	52.8	106	158	211	264	317	370	423	475	0.432
10	78.5	157	236	314	393	471	550	628	707	0.617
12	113.1	226	339	452	565	678	791	904	1017	0.888
14	153.9	308	461	615	769	923	1077	1230	1387	1.21
16	201.1	402	603	804	1005	1206	1407	1608	1809	1.58
18	254.5	509	763	1017	1272	1526	1780	2036	2290	2.00
20	314.2	628	941	1256	1570	1884	2200	2513	2827	2.47
22	380.1	760	1140	1520	1900	2281	2661	3041	3421	2.98
25	490.9	982	1473	1964	2454	2945	3436	3927	4418	3.85
28	615.3	1232	1847	2463	3079	3695	4310	4926	5542	4.83
32	804.3	1609	2418	3217	4021	4826	5630	6434	7238	6.31
36	1017.9	2036	3054	4072	5089	6107	7125	8143	9161	7.99
40	1256	2513	3770	5027	6283	7540	8796	10053	11310	9.87

附表 17　钢筋混凝土板每米宽的钢筋面积表/mm²

钢筋间距 /mm	钢筋直径/mm											
	3	4	5	6	6/8	8	8/10	10	10/12	12	12./14	14
70	101.0	180.0	280.0	404.0	561.0	719.0	920.0	1121.0	1369.0	1616.0	1907.0	2199.0
75	94.2	168.0	262.0	377.0	524.0	671.0	859.0	1047.0	1277.0	1508.0	1780.0	2052.0
80	88.4	157.0	245.0	354.0	491.0	629.0	805.0	981.0	1198.0	1414.0	1669.0	1924.0
85	83.2	148.0	231.0	333.0	462.0	592.0	758.0	924.0	1127.0	1331.0	1571.0	1811.0
90	78.5	140.0	218.0	314.0	437.0	559.0	716.0	872.0	1064.0	1257.0	1483.0	1710.0
95	74.5	132.0	207.0	298.0	414.0	529.0	678.0	826.0	1008.0	1190.0	1405.0	1620.0
100	70.6	126.0	196.0	283.0	393.0	503.0	644.0	785.0	958.0	1131.0	1335.0	1539.0
110	64.2	114.0	178.0	257.0	357.0	457.0	585.0	714.0	871.0	1028.0	1214.0	1399.0

附表 17(续)

钢筋间距/mm	钢筋直径/mm											
	3	4	5	6	6/8	8	8/10	10	10/12	12	12./14	14
120	58.9	105.0	163.0	236.0	327.0	419.0	527.0	654.0	798.0	942.0	1113.0	1283.0
125	56.5	101.0	157.0	226.0	314.0	402.0	515.0	628.0	766.0	905.0	1068.0	1231.0
130	54.4	96.6	151.0	218.0	302.0	387.0	495.0	604.0	737.0	870.0	1027.0	1184
140	50.5	89.8	140.0	202.0	281.0	359.0	460.0	561.0	684.0	808.0	954.0	1099.0
150	47.1	83.8	131.0	189.0	262.0	335.0	429.0	523.0	639.0	754.0	890.0	1026.0
160	44.1	78.5	123.0	177.0	246.0	314.0	403.0	491.0	599.0	707.0	834.0	962
170	41.5	73.9	115.0	166.0	231.0	296.0	379.0	462.0	564.0	665.0	785.0	905.0
180	39.2	69.8	109.0	157.0	218.0	279.0	358.0	436.0	532.0	628.0	742.0	855.0
190	37.2	66.1	103.0	149.0	207.0	265.0	339.0	413.0	504.0	595.0	703.0	810.0
200	35.3	62.8	98.2	141.0	196.0	251.0	322.0	393.0	479.0	565.0	668.0	770.0
220	32.1	57.1	89.2	129.0	179.0	229.0	293.0	357.0	436.0	514.0	607.0	700.0
240	29.4	52.4	81.8	118.0	164.0	210.0	268.0	327.0	399.0	471.0	556.0	641.0
250	28.3	50.3	78.5	113.0	157.0	201.0	258.0	314.0	383.0	452.0	534.0	616.0
260	27.2	48.3	75.5	109.0	151.0	193.0	248.0	302.0	369.0	435.0	513.0	592.0
280	25.2	44.9	70.1	101.0	140.0	180.0	230.0	280.0	342.0	404.0	477.0	550.0
300	23.6	41.9	65.5	94.2	131.0	168.0	215.0	262.0	319.0	377.0	445.0	513.0
320	22.1	39.3	61.4	88.4	123.0	157.0	201.0	245.0	299.0	353.0	417.0	481.0

